21世纪全国高职高专农林园艺类规划教材

园林植物病虫害防治

张淑梅　卢　颖　主　编

黄大庄　吴晓刚　副主编

杨庆仙　王中武

衡雪梅　慕乾华　参　编

北京大学出版社
PEKING UNIVERSITY PRESS

内 容 简 介

园林植物病虫害防治是高等职业教育园林类专业课程之一,是根据高等职业教育培养高技术、高技能人才培养目标和要求,以培养综合防治能力为主线,在理论上注重突出实践中所需要的理论知识,在实践上注重突出技能训练与生产实际"零距离"的结合,能够满足培养实用型和应用型园林技术人才的需要。本书内容包括绪论、昆虫的基础知识、园林植物病害的基础知识、园林植物病虫害防治原理与方法、园林植物害虫及防治、园林植物病害及防治、实验实训指导。

本教材可供高等职业院校园林类专业使用,也可作为观赏园艺专业、中等职业学校园林专业以及相关专业培训教材,还可作为从事园林、农林业植物保护技术工作者参考使用。

图书在版编目（CIP）数据

园林植物病虫害防治/张淑梅,卢颖主编. —北京:北京大学出版社,2007.8
（21世纪全国高职高专农林园艺类规划教材）
ISBN 978-7-301-12576-2

Ⅰ.园… Ⅱ.①张… ②卢… Ⅲ.园林植物—病虫害防治方法—高等学校:技术学校—教材 Ⅳ.S436.8

中国版本图书馆CIP数据核字（2007）第114440号

书　　名：	园林植物病虫害防治
著作责任者：	张淑梅　卢颖　主编
责任编辑：	葛昊晗　解继华
标准书号：	ISBN 978-7-301-12576-2/S·0020
出　版　者：	北京大学出版社
地　　址：	北京市海淀区成府路205号　100871
电　　话：	邮购部 62752015　发行部 62750672　编辑部 62765126　出版部 62754962
网　　址：	http://www.pup.cn
电子信箱：	xxjs@pup.pku.edu.cn
印　刷　者：	北京飞达印刷有限责任公司
发　行　者：	北京大学出版社
经　销　者：	新华书店
	787毫米×980毫米　16开本　17.5印张　379千字
	2007年8月第1版　2013年6月第3次印刷
定　　价：	32.00元

未经许可,不得以任何方式复制或抄袭本书之部分或全部内容。
版权所有,侵权必究
举报电话：010-62752024；电子信箱：fd@pup.pku.edu.cn

前 言

园林植物病虫害防治是高职高专园林专业的一门专业必修课程，也是一门理论性和实践性较强的课程。根据高职高专的特点，本教材在编写上具有以下三个特点：① 注重基础理论知识为实践所用，重点培养学生实践能力和自主创新能力；② 在化学防治中重点介绍了常用、实用的一些新品种农药及农药的毒性、剂型、使用方法等内容，根据农业部农药检定所最新农药登记情况进行了重新核对，使"化学防治"内容准确、新颖；③ 每章有习题，并且，在书末附有习题参考答案。

全书内容包括绪论、昆虫的基础知识、园林植物病害的基础知识、园林植物病虫害防治原理与方法、园林植物害虫及防治、园林植物病害及防治、实验实训指导。教材在编写过程中，力求做到内容丰富，翔实，资料新，覆盖面广，能够满足培养实用型和应用型园林技术人才的需要。

本教材可供高等职业院校园林类专业教学使用，也可作为观赏园艺专业、中等职业学校园林专业以及相关专业培训教材，还可作为从事园林、农林业植物保护技术工作者参考使用。

本教材由张淑梅、卢颖担任主编，完成全书的统稿和校稿工作。具体编写任务如下：张淑梅（黑龙江农垦林业职业技术学院）编写第 4 章的第一节、第三节、第四节，第 5 章和习题参考答案；卢颖（黑龙江农业经济职业学院）编写绪论、第 3 章的第六节；黄大庄（河北农业大学）编写第 1 章的第三节、第 4 章的第二节；吴晓刚（河北旅游职业学院）编写第 2 章；杨庆仙（河北政法职业学院）编写第 3 章的第二节至五节；卢颖和杨庆仙编写第 3 章的第一节；王中武（吉林农业科技学院）编写第 1 章的第一节、第二节、第四节和第五节；衡雪梅（河南农业职业学院）编写第 6 章；慕乾华（黑龙江农垦林业职业技术学院）负责全书排版和插图处理。教材在编写过程中广泛参阅、引用了许多专家、学者的著作、论文和教材，在此一并致谢。这里需要特别说明的是书中的许多插图均来源于参考文献中的各位作者，但有些插图经多书引用，很难考证原图作者，因此本书中的插图出处有的只好空缺，如有插图原作者发现插图来源有误，请及时与我们联系，我们将在再版时予以更正，并表示歉意。

由于时间仓促，书中定有许多不完善之处，敬请各位同行和读者在使用过程中，对书中的错误和不足之处进行批评和指正，以便下次重印和再版时改进。

编　者

2007 年 3 月

目　　录

绪论 1
  0.1　园林植物病虫害防治的性质和任务 1
  0.2　园林植物病虫害的特点 1
    0.2.1　园林植物病虫害种类多，容易引起交叉危害 1
    0.2.2　园林植物病虫害危害重，持续时间长 2
    0.2.3　园林植物病虫害防治难，技术措施要求高 2
  0.3　园林植物病虫害防治工作的发展概况 2
  0.4　园林植物病虫害防治的重要性 3
  0.5　园林植物病虫害防治与国民经济的可持续发展 5
  0.6　习题 5

第1章　昆虫基础知识 6
  1.1　昆虫概述 6
    1.1.1　昆虫的概念 6
    1.1.2　昆虫与人类的关系 7
  1.2　昆虫的外部形态 7
    1.2.1　昆虫的头部 7
    1.2.2　昆虫的胸部 13
    1.2.3　昆虫的腹部 16
    1.2.4　昆虫的体壁 18
  1.3　昆虫的内部构造 19
    1.3.1　消化系统 20
    1.3.2　呼吸系统 21
    1.3.3　神经系统 21
    1.3.4　生殖系统 23
  1.4　昆虫生物学 24
    1.4.1　昆虫的生殖方式 24
    1.4.2　昆虫的个体发育和变态 25
    1.4.3　昆虫各虫期的特点 26
    1.4.4　昆虫的世代和年生活史 29

        1.4.5 昆虫的休眠和滞育 29
        1.4.6 昆虫的习性和行为 30
    1.5 园林植物昆虫的分类 32
        1.5.1 昆虫分类的基础知识 32
        1.5.2 园林植物重要昆虫类别 33
    1.6 昆虫与环境的关系 46
        1.6.1 气候因子对昆虫的影响 46
        1.6.2 土壤因子对昆虫的影响 49
        1.6.3 生物因子对昆虫的影响 49
        1.6.4 人类活动对昆虫的影响 50
    1.7 习题 50
第2章 园林植物病害的基础知识 52
    2.1 园林植物病害的概念与类型 52
        2.1.1 园林植物病害的概念 52
        2.1.2 园林植物病害的类型 52
        2.1.3 园林植物病害的症状 53
    2.2 侵染性病害的病原 54
        2.2.1 植物病原真菌 54
        2.2.2 植物病原细菌 66
        2.2.3 植物病毒 68
        2.2.4 植物寄生线虫 69
        2.2.5 寄生性种子植物 70
    2.3 植物侵染性病害的发生与流行 72
        2.3.1 病原物的寄生性和致病性 72
        2.3.2 植物病害的侵染过程和侵染循环 73
        2.3.3 植物病害的流行 76
    2.4 非侵染性病害的病原 78
        2.4.1 营养失调 78
        2.4.2 温度不适宜 79
        2.4.3 水分失调 79
        2.4.4 光照 79
        2.4.5 土壤pH值 80
        2.4.6 有毒物质 80
    2.5 植物病害的诊断 81
        2.5.1 病害诊断的步骤 81

  2.5.2 各类病害诊断方法 82
 2.6 习题 83
第 3 章 园林植物病虫害防治原理与方法 84
 3.1 园林植物病虫害防治原理 84
  3.1.1 园林植物病虫害综合防治的概念 84
  3.1.2 园林植物病虫害综合防治的策略 84
 3.2 园林植物病虫害防治方法 85
  3.2.1 植物检疫 85
  3.2.2 园林技术防治 87
  3.2.3 物理机械防治 90
  3.2.4 生物防治 93
  3.2.5 外科治疗 97
  3.2.6 化学防治 97
 3.3 习题 112
第 4 章 园林植物害虫及防治 113
 4.1 食叶害虫 113
  4.1.1 卷叶蛾类 113
  4.1.2 舟蛾类 114
  4.1.3 刺蛾类 116
  4.1.4 袋蛾类 118
  4.1.5 毒蛾类 120
  4.1.6 灯蛾类 122
  4.1.7 尺蛾类 123
  4.1.8 夜蛾类 124
  4.1.9 螟蛾类 126
  4.1.10 天蛾类 128
  4.1.11 枯叶蛾类 130
  4.1.12 潜蛾类 133
  4.1.13 叶甲类 135
  4.1.14 叶蜂类 136
  4.1.15 蝗虫类 137
 4.2 枝干害虫 139
  4.2.1 天牛类 139
  4.2.2 木蠹蛾类 143
  4.2.3 小蠹类 145

4.2.4　透翅蛾类 147
　　4.2.5　象甲类 148
4.3　吸汁害虫及螨类 149
　　4.3.1　蚜虫类 150
　　4.3.2　介壳虫类 152
　　4.3.3　粉虱类 156
　　4.3.4　木虱类 157
　　4.3.5　叶蝉类 158
　　4.3.6　蜡蝉类 160
　　4.3.7　蝽类 160
　　4.3.8　叶螨类 162
4.4　根部害虫 164
　　4.4.1　蝼蛄类 164
　　4.4.2　地老虎类 166
　　4.4.3　蛴螬类 167
　　4.4.4　金针虫类 170
　　4.4.5　蟋蟀类 172
4.5　习题 173

第5章　园林植物病害及防治 175

5.1　叶、花、果病害 175
　　5.1.1　叶斑病类 175
　　5.1.2　白粉病类 179
　　5.1.3　锈病类 182
　　5.1.4　灰霉病类 186
　　5.1.5　炭疽病类 188
　　5.1.6　叶畸形类 190
　　5.1.7　病毒病类 191
5.2　枝干病害 193
　　5.2.1　腐烂病类 194
　　5.2.2　溃疡病类 197
　　5.2.3　丛枝病类 199
　　5.2.4　锈病类 201
　　5.2.5　枯萎病类 205
　　5.2.6　枝枯病类 207
　　5.2.7　黄化病类 210

5.3 根部病害 ... 211
    5.3.1 猝倒病类 ... 211
    5.3.2 根腐病类 ... 213
    5.3.3 根瘤病类 ... 215
    5.3.4 纹羽病类 ... 217
    5.3.5 白绢病类 ... 218
5.4 习题 ... 219

第6章 实验实训 ... 221
6.1 实验1：昆虫的外部形态特征 ... 221
    1. 实验目的 ... 221
    2. 实验材料和用具 ... 221
    3. 实验内容 ... 221
    4. 实验方法与步骤 ... 221
    5. 实验要求 ... 222
    6. 实验报告 ... 222
6.2 实验2：昆虫的内部器官及昆虫生物学特性 ... 224
    1. 实验目的 ... 224
    2. 实验材料和用具 ... 224
    3. 实验内容 ... 224
    4. 实验方法与步骤 ... 225
    5 实验要求 ... 225
    6. 实验报告 ... 225
6.3 实验3：昆虫分类（一）... 226
    1. 实验目的 ... 226
    2. 实验材料和用具 ... 226
    3. 实验内容 ... 226
    4. 实验方法与步骤 ... 226
    5. 实验要求 ... 226
    6. 实验报告 ... 227
6.4 实验4：昆虫分类（二）... 227
    1. 实验目的 ... 227
    2. 实验材料和用具 ... 227
    3. 实验内容 ... 227
    4. 实验方法与步骤 ... 227
    5. 实验要求 ... 228

  6. 实验报告 228
6.5 实验 5：园林植物病害的症状 228
  1. 实验目的 228
  2. 实验材料和用具 228
  3. 实验内容 229
  4. 实验方法与步骤 229
  5. 实验要求 229
  6. 实验报告 229
6.6 实验 6：侵染性病原——真菌 230
  1. 实验目的 230
  2. 实验材料和用具 230
  3. 实验内容 230
  4. 实验方法与步骤 230
  5. 实验要求 231
  6. 实验报告 231
6.7 实验 7：常用农药性状的观察 231
  1. 实验目的 231
  2. 实验材料和用具 231
  3. 实验内容 232
  4. 实验方法与步骤 232
  5. 实验要求 232
  6. 实验报告 232
6.8 实训 1：波尔多液和石硫合剂的配制和质量检查 232
  1. 实训目的 232
  2. 实训材料和用具 233
  3. 实训内容 233
  4. 实训方法与步骤 233
  5. 实训要求 234
  6. 实训报告 234
6.9 实训 2：植物病虫害调查方法和预测预报 234
  1. 实训目的 234
  2. 实训材料和用具 234
  3. 实训内容 235
  4. 实训方法与步骤 235
  5. 实训要求 235

  6. 实训报告 235
6.10 实训 3：园林植物食叶害虫及危害状识别 236
  1. 实训目的 236
  2. 实训材料和用具 236
  3. 实训内容 236
  4. 实训方法与步骤 236
  5. 实训要求 237
  6. 实训报告 237
6.11 实训 4：园林植物蛀干害虫及危害状识别 237
  1. 实训目的 237
  2. 实训材料和用具 237
  3. 实训内容 237
  4. 实训方法与步骤 238
  5. 实训要求 238
  6. 实训报告 238
6.12 实训 5：园林植物地下害虫及危害状识别 238
  1. 实训目的 238
  2. 实训材料和用具 238
  3. 实训内容 239
  4. 实训方法与步骤 239
  5. 实训要求 239
  6. 实训报告 239
6.13 实训 6：园林植物叶部病害及危害状识别 239
  1. 实训目的 239
  2. 实训材料和用具 240
  3. 实训内容 240
  4. 实训方法与步骤 240
  5. 实训要求 241
  6. 实训报告 241
6.14 实训 7：园林植物枝干病害及危害状识别 241
  1. 实训目的 241
  2. 实训材料和用具 241
  3. 实训内容 241
  4. 实训方法与步骤 241
  5. 实训要求 242

6. 实训报告 242
6.15 实训 8：园林植物根部病害及危害状识别 242
　　1. 实训目的 242
　　2. 实训材料和用具 242
　　3. 实训内容 243
　　4. 实训方法与步骤 243
　　5. 实训要求 243
　　6. 实训报告 243
6.16 实训 9：园林植物病害的诊断 244
　　1. 实训目的 244
　　2. 实训材料和用具 244
　　3. 实训内容 244
　　4. 实训方法与步骤 244
　　5. 实训要求 246
　　6. 实训报告 246
6.17 实训 10：昆虫标本的采集、制作与鉴定 246
　　1. 实训目的 246
　　2. 实训材料和用具 246
　　3. 实训内容 246
　　4. 实训方法与步骤 246
　　5. 实训要求 249
　　6. 实训报告 249
6.18 实训 11：园林植物病害标本的采集、制作与鉴定 249
　　1. 实训目的 249
　　2. 实训材料和用具 249
　　3. 实训内容 249
　　4. 实训方法与步骤 250
　　5. 实训要求 251
　　6. 实训报告 251
习题参考答案 252
参考文献 263

绪　　论

0.1　园林植物病虫害防治的性质和任务

园林植物病虫害防治是研究园林植物病虫害的发生、流行规律及防治措施的一门学科，是直接为园林生产服务的一门应用科学。

园林植物病虫害防治包括园林植物病虫害的症状、病原特点、发病规律及害虫的形态特征、生活习性、预测预报及防治等几个方面的内容。园林植物病虫害防治涉及许多学科，如植物学、植物生理学、微生物学、土壤学、气象学、生态学、园林植物栽培学、数理统计等。因此，在学习和研究园林植物病虫害防治时，应注意与其他学科的横向联系，才能更好地提高园林植物病虫害的防治水平。

园林植物病虫害防治工作的任务是认识园林植物病虫害的特征、发生与流行规律，制订有效的综合防治措施，把病虫害对园林生产的损害减小到最低限度，保持优美的园林景观，充分发挥园林植物的绿化、美化作用，充分发挥城市园林的生态效益，改善城市生态环境。

0.2　园林植物病虫害的特点

0.2.1　园林植物病虫害种类多，容易引起交叉危害

随着我国国民经济的快速发展，园林植物种类和栽培技术发生了很大的变化。在自然景区、公园、城市街道及庭院绿化中，为了达到绿化、美化和观赏效果，通常将许多花、草、树木巧妙地配置在一起，形成独特的园林生态环境，打破了传统的园林格局，园林植物种类和数量大幅增加，为多种病虫害提供了丰富的危害对象，改变了园林植物原有的病虫种类和危害特点，形成了多种病虫害共同发生和危害的态势。1984 年《全国园林植物病虫害，天敌资源普查及检疫对象研究》的课题调查研究结果指出：我国园林植物共有病害 5 500 多种，虫害 8 265 种。园林植物特殊的生态环境和种类繁多的特点，为病虫害交叉危害相互传播提供了有利条件。例如，在我国北方园林中，经常将松树与芍药，松树与栎树混种；侧柏、桧柏与苹果树、梨树、海棠树配植在一起，给松芍锈病、松栎锈病和梨桧锈病的流行创造了有利条件。

0.2.2 园林植物病虫害危害重，持续时间长

园林植物大多数品种经过人工长期栽培，抗逆性减退，抗病、抗虫能力弱。园林植物生长的土壤条件差，生长空间狭窄，空气污染严重，光照条件不足，栽培方式多样（有露地、温室、盆栽、盆景、水栽等），生长周期长（如观赏乔木和灌木树种等）这些因素都造成了园林植物病虫危害重，发生时间长。近年来，检疫病虫对象的侵入也是造成园林植物病虫害危害严重的主要原因之一。例如，美洲斑潜蝇在北方温室、大棚的100多种花卉上危害严重，且持续时间较长甚至终年发生。

0.2.3 园林植物病虫害防治难，技术措施要求高

园林植物多数种植在人口稠密的城市和游人众多的景点，这种特殊环境给病虫害防治带来了很大难度，使用化学防治必须考虑用药的安全性，不能使用高毒和高残留农药，以免造成农药对居民或游人、花木和环境的污染与损害。园林观赏树木的经济价值较高，有些名贵、稀有品种或艺术盆景的精品，对病虫害的防治技术要求很高，如果受到病虫危害，就应不惜一切代价，进行防治，如天坛公园、黄山、颐和园的古松，皇帝陵的古柏等。因此，园林生产上应尽量减少化学农药的使用次数和用药量，加强栽培措施管理，增强园林植物的抗逆性，采取综合防治。

0.3 园林植物病虫害防治工作的发展概况

我国劳动人民在病虫害防治方面具有悠久的历史，2 600多年前就有治螟、治蝗的记载，2 300多年前就有利用灯光诱杀害虫的记载，1 800多年前已经应用汞剂、砷剂和藜芦杀虫；1 600多年前晋朝《南方草木状》中就有利用黄惊蚁防治柑橘害虫的记载；1 400多年前贾思勰《齐民要术》中有许多关于轮作和种子处理方法来预防病虫害的记载。

新中国成立至1955年以前国民经济处于恢复时期，工业生产较落后，在防虫方面以人工为主，化学农药为辅的策略。1955年以后，随着国民经济发展，国内工业已能大量生产农药，以六六六、DDT、一六〇五等为代表，此时期防虫已从人工为主逐步过渡到以化学药剂防治为主。1955年国家提出对病虫害要"依靠互助协作，主要采用以农业技术和化学药剂相结合的综合防治办法"进行防治，全国建立起病虫预测预报站。1958年以后，国家提出了"有虫必治，土洋结合，全面消灭，重点肃清"的植保方针，于是，在这个时期广泛防治各种病虫害。但是事实证明这种做法存在很大的缺点和不足。例如，为了达到16字方针中"全面消灭，重点肃清"要求，在防治工作中不顾经济效益和环境保护，滥用高毒农药的现象比较严重，忽视了综合防治，这种要求是做不到的，也是不必要的。

1970年前后，由于大面积连年使用化学农药，残留增多、环境污染、害虫抗药性增强等问题突出地反映出来。1975年召开全国植物保护工作会议，总结了新中国成立以来病虫害防治工作的经验教训，提出了"预防为主，综合防治"的植物保护工作方针。

我国园林植物栽培历史悠久，但是对园林植物病虫害防治是近几十年才开始研究的。1980年以前的几十年中，我国少数学者对个别花卉和观赏树木的病虫害曾做过调查和初步研究。1980年以后，我国园林植物病虫害研究和防治工作有了迅速的发展。最初从花木病虫害的种类和危害程度的调查开始，逐步对主要花木病虫害的发生规律和防治措施进行了研究。

1984年，城乡建设环境保护部下达了"全国园林植物病虫害，天敌资源普查及检疫对象研究"全国性课题，开展全国范围的调查研究工作。初步摸清了我国园林植物病虫害的种类、分布及危害程度，园林植物害虫天敌的种类，为今后进一步开展主要园林植物病虫害防治的研究工作奠定了基础。

目前，我国对园林植物生产中危害严重的病虫害，都进行了不同程度的研究。有些已基本掌握了发生和流行规律，并提出了科学的防治措施。近年来，有关园林植物病虫害的研究报告日益增多，还出版了许多园林植物病虫害防治的专著和期刊。许多高等农林院校都将园林植物病虫害防治列为必修课，中等农林学校也开设了相应的课程，各地市园林局均设有专门的园林植保技术人员。园林植物病虫害防治的研究工作已进入一个崭新的阶段。总之，我国在园林植物病虫害防治、教学和研究等方面都有较大的发展，形成了一整套完善的体系。

与先进国家相比，我国园林植物病虫害防治事业还有很大差距。根据以往的研究结果和防治经验，明确了园林植物病虫害防治工作的发展方向是从园林植物病虫害的生态调控和综合治理的角度出发。

综合治理是建立在三个基本观点之上的。第一是要保持园林生态系相对稳定，不使园林植物病虫害数量发生剧烈变化、暴发成灾的生态学观点，即不以消灭病虫害为目标，而是利用生态系多个物种之间的相互联系、相互制约，使病虫害保持低种群水平；不单纯依赖化学防治，而采用包括自然控制和人为防治在内的各种手段，将其危害控制在低经济损失水平。第二是尽可能减少环境污染，以免损害人类及其他有益生物生命安全的环境保护观点，即不用高毒的和高残留的农药，按科学防治指标使用农药以限制农药用量。第三是力求降低防治成本、增加收益的经济学观点。可以认为，综合治理策略是符合可持续发展要求的长期有效的园林植物病虫害防治工作的发展方向。

0.4　园林植物病虫害防治的重要性

园林绿化是城市建设的重要组成部分。人们利用丰富的园林植物对环境进行绿化、美化和净化，为人类创造优美环境的同时取得较好的经济效益和生态效益。然而，园林植物在生长发育过程中，常遭受各种病虫害的危害而导致生长不良，叶、花、果、茎出现坏死斑，或发生畸形、变色、萎蔫、腐烂及形态残缺不全或落叶等现象，甚至引起整株枯萎死亡，使其降低了绿化效果，失去了观赏价值，从而造成生态破坏和重大的经济损失。病虫害给园林植物造成的危害非常普遍。例如，1918 年以前榆树枯萎病只在荷兰、比利时和法国发生，随着苗木的调运，在短短的十几年里，传遍了整个欧洲，大约在 20 世纪 20 年代末，美国从法国输入榆树原木，将该病传入美洲大陆，很快在美国传播开，约有 40%的榆树被毁；1956 年天坛苗圃 2 m 高的樱花，因受根癌病危害，一次就毁掉 8 万多株；20 世纪 60 年代天坛公园古柏树受双条杉天牛危害，最多一年就伐除 70 多棵，而后又以每年 7 棵的速度继续死亡；1958—1990 年香山公园的黄栌先后三次受舞毒蛾、白粉病和木橑尺蠖的危害，到秋季时，远望一片黑黄，严重影响了红叶的景观；蛀干害虫天牛是我国杨柳树木的毁灭性蛀干害虫，在许多地区酿成了毁灭性的灾害，仅宁夏一地就因天牛灾害而砍伐成材树木 8 000 余万株，经济损失达数亿元；1984 年 8 月，花木公司在天坛公园盆栽和露地栽植的节日花卉一串红，受疫霉病危害，一次损失了 30%—50%；松突圆蚧自 20 世纪 80 年代在广东珠海邻近澳门的松林发现以来，危害面积逐年扩大，仅 1983—1984 年的一年时间，发生范围便由 9 个县（市）蔓延到 35 个县（市），发生面积达 7.3 万 hm^2，受害树木连片枯死，更新砍伐约 1.4 万 hm^2，给我国南方马尾松林造成极大的威胁。松材线虫病 1982 年在我国南京中山陵首次被发现后，先后在江苏、浙江、山东、广东、安徽 5 省 19 地区 47 县造成危害。1998 年面积达 7.3 万 hm^2，病死 1 500 多万株。1979 年在丹东发现美国白蛾，现除辽宁西南部未见发生外已遍及辽宁其他各地，危害 200 多种植物。1986 年在哈尔滨市的著名游览胜地太阳岛黄褐天幕毛虫大发生，风景区柳树的叶片被全部吃光，每个柳树的萌条上幼虫多达 20 多头，没有食物的幼虫开始到处爬行，昔日游人如织的太阳岛遍地是虫，严重影响哈尔滨市的旅游业。

月季黑斑病、菊花褐斑病、芍药和牡丹红斑病等发生普遍而严重。仙客来病毒病在各地均有发生，发病严重的城市病株率在 65%以上，使品质严重退化。水仙病毒病在我国水仙栽培区普遍发生，并逐年加重，发生面积占栽培面积的 70%～80%，鳞茎带毒率高达 80%以上，产量损失 7%～10%以上；还有大丽花、菊花、香石竹、一串红、山茶、月季等多种花木病毒病，有日益严重的趋势。花卉中的蚜虫、粉虱、蓟马、蚧壳虫和叶螨被称为"五小"害虫，其虫体很小，繁殖能力强，扩散蔓延快，防治效果不稳定，已严重危害园林植物正常生长，它们不仅使植物萎蔫、卷曲、变色，还能引起煤污病，严重影响观赏效果。此外，杨树腐烂病、溃疡病、泡桐丛枝病及红松疱锈病，松毛虫、天牛、小蠹虫等都是城市行道树、风景林的重要病虫。

园林植物在城镇园林绿化和风景名胜建设中占有重要地位，为保证这些植物的正常生长、发育，有效地发挥其园林功能及绿化效益，病虫害防治是不可缺少的环节。必须高度重视病虫害的防治工作。及时发现、准确诊断、弄清病虫种类、进行科学防治是城市绿地植物、风景园林植物正常发挥效益的重要保证。

0.5　园林植物病虫害防治与国民经济的可持续发展

　　我国政府已把可持续发展定为 21 世纪重大国策之一。可持续发展策略要求在国民经济发展的同时保护人类赖以生存的环境和资源，为此提出了环境、资源、人口健康和物种多样性等一系列指标。生态环境是人类生存和发展的基本条件，是经济、社会发展的基础。保护和建设好生态环境，实现国民经济可持续发展是我国现代化建设中必须始终坚持的一项基本方针。人类的经济活动，尤其是工业的迅速发展和城市人口猛增，导致城市环境日益恶化。而建设现代化城市最根本的目的是为人们提供一个高效、良好的投资环境，舒适的工作、生活环境。因此，改善城市生态和美化环境、进行大面积的绿化，已成为城市建设的一项重要内容，园林绿化作为城市生态系统的一个重要组成部分，不仅对城市生态环境具有不可替代的生态作用，而且它还是一项久远的社会投资。搞好生态环境建设很大程度上就是搞好城市园林绿化，然而病虫害是园林植物的大敌，园林植物在生产、移栽和养护管理过程中，都在遭受病虫害的威胁。总之，病虫害严重威胁着园林植物的生存、生长和再生产，制约着绿化、美化功能的发挥。病虫害防治是城市园林绿化养护管理的重要组成部分，是城市绿化美化事业健康、有序和可持续发展的重要基础，是巩固、提高和发展城市绿化美化成果的重要措施。如何控制园林植物病虫害又不破坏生态环境，是城市园林绿化决策者和管理者迫切需要解决的问题，也是城市园林植物病虫害防治工作由被动防治逐步走上主动地、顺应自然地、科学地控制轨道的关键。因此，做好园林植物病虫害防治工作，对于我国国民经济的可持续发展是非常重要的。

0.6　习　　题

1. 园林植物病虫害防治的概念和任务。
2. 园林植物病虫害的特点。
3. 园林植物病虫害防治与国民经济可持续发展的关系。

第1章 昆虫基础知识

本章引言：本章主要介绍昆虫的概念、昆虫的外部形态、昆虫的内部构造、昆虫的生物学、昆虫与环境的关系、园林植物主要目科的识别。要求学生了解昆虫在动物界中的分类地位及其与人类的关系；掌握昆虫主要的外部形态特征和内部构造；掌握昆虫的重要生物学特性与其在害虫防治方面的应用；重点理解上述各方面与害虫防治的关系，为园林植物害虫防治奠定基础。

1.1 昆虫概述

1.1.1 昆虫的概念

昆虫也称6足虫，属于动物界、节肢动物门、昆虫纲，身体分头、胸、腹三个体段，具有6足，一般具有4翅的节肢动物。

昆虫起源于3.5亿年前的泥盆纪，在漫长的演化过程中，形成了许多独特的适应特性，并分化众多的适应不同生态环境的类群，成为影响地球生态的重要生物因素。昆虫是动物王国中种类分化最繁多的类群，目前已知有100多万种，占地球所有动物种数的2/3。昆虫遍及地球的各个角落，从赤道到两极，从海洋、河流到沙漠，高至世界屋脊——珠穆朗玛峰，下至几米深的地下土壤，都有昆虫栖息。有人估计地球上昆虫的总重量可能是人类的12倍。昆虫在地球上的分布之广，也是其他动物不能比拟的。

在节肢动物中，还有很多动物，在形态、生理构造上与昆虫有很多类似之处，常易混淆，现将几个近似的纲分别比较，如表1-1。

表1-1 节肢动门主要纲比较表

纲名	体躯分段	眼	触角	足	翅	生活环境	代表
昆虫纲	头、胸、腹三部	复眼1对，单眼2~3个	1对	3对	1~2对	陆生或水生	蝗虫
甲壳纲	头胸、腹二部	复眼1对	2对	至少5对	无	多水生少陆生	蟹
蛛形纲	头胸、腹二部	单眼2~6对	无	2~4对	无	陆生	蜘蛛
唇足纲	头、体二部	复眼1对	1对	每体节1对	无	陆生	蜈蚣
倍足纲	头、体二部	复眼1对	1对	每体节2对	无	陆生	马陆

1.1.2 昆虫与人类的关系

（1）昆虫的有害方面。许多昆虫危害农林作物、花卉或寄生在人畜体上，称为"害虫"。如苍蝇、蚊子，吸血虫，称为"卫生害虫"。牛虻、厩蝇，叮咬牲畜，称为"畜牧害虫"。蝗虫、叶甲、金龟、天牛危害农林植物，称为"农林害虫"。在农业、林业生产上，人们栽培的植物没有一种不受害虫的危害。从植物的根、茎、叶、花、果实和种子，到已收获入库的粮食，都可以成为昆虫的食物。

（2）昆虫的有益方面。有些昆虫可以"吃"害虫，如步甲、食虫瓢虫、食蚜蝇、螳螂、寄生蜂等，称为"天敌昆虫"。有些昆虫能帮助植物授粉，如蜜蜂、壁蜂称为"传粉昆虫"。有些昆虫的虫体及代谢产物是重要的工业、医药和生活原料，如家蚕、白蜡虫、五倍子蚜虫等，称为"原料昆虫"。也有一些昆虫可以作为畜禽、鱼类和蛙类的饲料，如黄粉虫等，称为"饲料昆虫"。还有一些昆虫可以入药，如斑蝥、冬虫夏草等，称为"药用昆虫"。这些昆虫对人类有益称为"益虫"。

昆虫益害关系的界定，是随着人类物质生活和精神生活的发展需求而不断变化的。例如，飞虱是危害鱼苗的渔业害虫，但在南方也是人们喜食的食用昆虫。蟋蟀是危害植物根部的地下害虫，但在有些地区也可作为供人们玩赏的娱乐昆虫。目前，人们正在对有些昆虫进行生物学等方面的科学研究，并正在饲养开发，其经济价值将不断进入人类的生产生活中。

我们学习昆虫基础知识的目的，就是要学会如何认识园林昆虫，如何控制园林害虫，如何保护和利用有益昆虫，从而为园林生产服务。

1.2 昆虫的外部形态

昆虫种类繁多，外部形态复杂。但是它们的成虫阶段有共同的基本外部形态特征。了解昆虫的外部形态特征是识别害虫和利用益虫的基础。

1.2.1 昆虫的头部

头部是昆虫的第一个体段，通常着生1对触角，1对复眼，0～3个单眼和一副口器，是昆虫感觉和取食的中心。

昆虫的头部一般呈圆形和椭圆形，由几个环节愈合而成，但无分节痕迹，形成一个坚硬的头壳，并借助于可收缩的颈部与胸部相连。

在头壳的形成过程中，由于体壁的内陷，表面形成许多沟缝，将头壳分成许多小区。分别称为头顶、后头、额、颊区和唇基区等（如图1-1）。

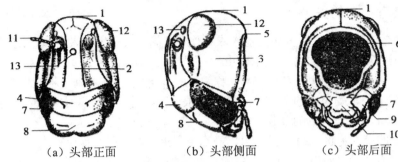

（a）头部正面　　　（b）头部侧面　　　（c）头部后面

1. 头顶　2. 额　3. 颊　4. 上颚　5. 后头　6. 后头孔　7. 上颚　8. 上唇
9. 下颚　10. 下唇　11. 触角　12. 复眼　13. 单眼

图 1-1　蝗虫头部的结构

昆虫的头部，常常发生一些变化，如象鼻虫头部延长成象鼻状，鹿花金龟的头部着生一对"鹿角"，这些变化与它们的取食行为和求偶行为有很大关系。

1. 头式

昆虫头部的形式称为头式。根据口器在头部着生的形式，昆虫的头式可分为下列三种类型（如图1-2）。

（a）下口式（螽斯）　（b）前口式（步甲）　（c）后口式（蝉）

图 1-2　昆虫的头式（仿 Eidmann）

（1）下口式。口器向下，和身体的纵轴垂直，大多数取食植物的茎叶，如蝗虫、螽斯、蟋蟀和一些鳞翅目昆虫的幼虫。

（2）前口式。口器向前伸出，和身体的纵轴接近平行。如在地下钻道活动的蝼蛄、有钻蛀习性的幼虫和捕食性的步甲等。

（3）后口式。口器向后伸出，不用时紧贴在腹面，口器和身体纵轴成锐角。一些吸植物汁液的害虫，如蚜虫、蝉、蝽类等。

2. 触角

触角是昆虫头部的一对附器。昆虫具有1对触角，着生于两复眼之间的触角窝内。触角由多数环节组成，其基本构造为：基部一节为柄节，通常粗短；第二节为梗节，较细小，上面常有感觉器；其余各节称鞭节，形状变化较大，通常分成若干个小节（如图1-3）。

触角是昆虫的感觉器官，主要是嗅觉器官，具有触觉和听觉的功能，在找寻食物和配偶中起着重要作用。昆虫触角的形状多种多样，常见的类型有以下几种（如图1-4）。

1. 柄节 2. 梗节 3. 鞭节

图1-3 触角的基本构造（仿周尧）

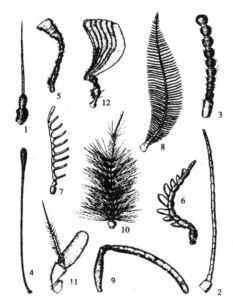

1. 刚毛状 2. 线状或丝状 3. 念珠状 4. 棒状 5. 锤状 6. 锯齿状 7. 栉齿状
8. 羽毛状 9. 膝状 10. 环毛状 11. 具芒状 12. 鳃片状

图1-4 触角的类型（仿周尧等）

（1）线状或丝状，如蟋蟀、螽斯等。

（2）刚毛状，如叶蝉、蚱蝉等。

（3）念珠状，如白蚁等。

（4）锯齿状，如叩头虫、吉丁甲等。

（5）双栉齿状或羽毛状，如刺蛾、天蛾等。

（6）膝状或肘状，如胡蜂、小蜂、步甲等。

（7）具芒状，如蝇类等。

（8）棒状或球杆状，如蝶类等。

（9）鳃片状，如金龟子等。

（10）锤状，如小蠹甲等。

(11) 环毛状，如雄性蚊子等。

昆虫触角的类型，不仅因昆虫种类不同而异，即使同种昆虫，因性别不同而异。例如，小地老虎雌蛾的触角丝状，雄蛾为栉齿状。一般雄蛾的触角较雌蛾发达。所以，触角是鉴别昆虫种类和性别的重要依据之一。

3. 眼

眼是昆虫头部的附器，是昆虫的视觉器官。在栖息、觅食、繁殖、避敌和决定行动方向等各种活动中起着重要作用。昆虫的眼有复眼和单眼两种。

（1）复眼。昆虫的成虫和不全变态类的若虫其头部都有一对复眼，复眼位于头部两侧颊区的上方，由许多六角形小眼所组成，是昆虫的主要视觉器官（如图1-5）。

通过复眼，昆虫可以感觉物体的形状。一个小眼可以感觉物体的一个局部，许多小眼集合起来可以嵌合形成完整的图像。小眼数量越多，复眼造像越清晰。例如蜻蜓组成一只复眼的小眼可达28 000多个。另外，复眼对光线的强弱、波长、颜色也具有明显的分辨率。

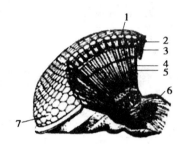

1. 角膜　2. 晶体　3. 色素细胞
4. 视觉细胞　5. 视杆　6. 视叶　7. 小眼面

图1-5　复眼的类型

（2）单眼。昆虫的单眼分为背单眼和侧单眼两类。它们只能感受光线的强弱和方向，而不能看清物体的形状。

背单眼为成虫和不全变态类的若虫所具有，与复眼同时存在，背单眼一般为3个，着生在额区的上方，排成倒三角形。有些昆虫为1~2个或者没有。背单眼的有无、数目及着生位置等可作分类特征。

侧单眼是全变态类昆虫幼虫所具有，位于头部的两侧。侧单眼的数目在各类昆虫中变化较大，常为1~7对。如膜翅目的叶蜂幼虫只有1对；鞘翅目的幼虫一般有2~6对，鳞翅目幼虫多数具6对，常排成弧形。

4. 口器

口器是昆虫头部的附器，是昆虫的取食器官。昆虫食性和取食方法不同，产生各种类型的口器。分为两个基本类型：咀嚼式口器和吸吮式口器。咀嚼式口器构造简单，是口器的原始形式。各种吸吮式口器，如刺吸式、虹吸式、舐吸式以及中间类型的咀吸式口器，皆由咀嚼式口器演化而来。

（1）咀嚼式口器。基本构造由上唇、上颚、下颚、下唇及舌组成（如图1-6）。

第 1 章　昆虫基础知识

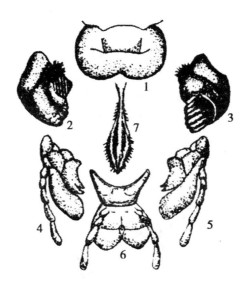

1. 上唇　2. 3. 上颚　4. 5. 下颚　6. 下唇　7. 舌

图 1-6　咀嚼式口器的构造（仿周尧）

① 上唇：位于口器的上方，外壁骨化强厚，内壁膜质，多毛，有感觉作用。

② 上颚：是一对坚硬的锥状构造，两个上颚相对，基部为磨区，端部为切区，可切断、撕裂和磨碎食物。

③ 下颚：位于上颚之下，左右成对。由轴节、茎基、内颚叶、外颚叶和下颚须构成。用来感触食物和辅助摄取食物。

④ 下唇：位于口器的底部，与下颚构造相似，但左右合并为一，由后颏、前颏、中唇舌、侧唇舌和下唇舌构成。用以盛托食物和感觉食物。

⑤ 舌：位于口腔中央，着生在下唇内壁的前颏上，是一块柔软的突起，帮助吞咽食物，并有味觉作用。

上述口器的 5 个主要部分共同围成一个腔，食物在这里经咀嚼后送入前肠。舌和下唇前颏相连的地方有唾液的开口，流出唾液和食物相混合。

咀嚼式口器的园林害虫，有直翅目的成虫、若虫，如尖头蚱、蝼蛄等；鞘翅目的成虫、幼虫，如天牛、金龟甲、叶甲等；鳞翅目的幼虫，如刺蛾、蓑蛾等；膜翅目的幼虫，如叶蜂等。益虫（天敌）中有鞘翅目的成虫、幼虫，如步行虫、瓢虫、虎甲等；脉翅目的成虫、幼虫，如草岭等。

咀嚼式口器危害植物的共同特点是以园林植物的根、茎（干）、叶、花、果或其他固定物质为食物。最明显的是造成叶片的缺刻、孔洞或将叶肉吃去，仅留网状叶脉，甚至全部被吃光。钻蛀性害虫常将茎干、果实等造成隧道、孔洞、蛀眼。还有的害虫吐丝将枝叶粘成团等危害现象。各类害虫的取食部位和方式不同,在植物上就造成不同的被害状。根据危害状就可能推断害虫的种类。

防治咀嚼式口器的害虫,通常使用胃毒剂和触杀剂,胃毒剂可喷洒在植物体上或制成毒饵,随着昆虫的取食,药物进入虫体,使其中毒死亡。

(2)刺吸式口器。由咀嚼式口器演变而成,是取食液体食物的一大类型。它的构造由下唇延长形成一管状的鞘,称为喙,这个鞘是分节的,前面凹陷成一条沟;上颚下颚变成2对细长的扁形口针,互相嵌合在一起形成两个管道,即唾液管和吸食管都被包埋在鞘沟里。危害植物时是借肌肉动作将口针刺入组织内,吸取汁液。而喙本身留在植物体外。园林植物的主要害虫(如蚧虫、蚜虫、绿盲蝽、叶蝉等)都是这一类型的口器(如图1-7)。

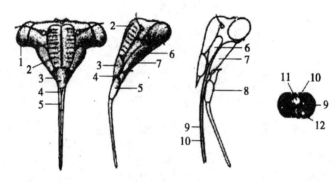

(a)头部正面观 (b)头部侧面观 (c)头部各部分 (d)口针横切面
1. 复眼 2. 后唇基 3. 前唇基 4. 上唇 5. 喙管 6. 上颚骨片 7. 下颚骨片
8. 下唇 9. 上颚口针 10. 下颚口针 11. 食物道 12. 唾道

图1-7 刺吸式口器(仿周尧)

刺吸式口器的害虫,是以植物汁液为食料,在其取食后,植物表面无显著的破损情况。但被刺吸后的叶片上出现各种颜色的斑点,出现畸形,如叶片皱缩、卷曲;叶、茎、根上形成瘿、瘤等。不同的危害部位和危害症状被用以辨别害虫的种类。如绿盲蝽危害菊花生长点、嫩头,使叶片出现枯黄斑点,叶面破损、增厚、卷缩成"球状"。另外,刺吸式口器的害虫在取食时,可将有害植物中的病原微生物随同食物吸入体内,而后随同唾液注入健康的植物中。很多蚜虫、叶蝉、飞虱、蓟马是传播植物病害的媒介,特别是病毒病的主要媒介,造成的危害更大。

防治刺吸式口器的害虫用内吸剂、触杀剂和熏蒸剂,施用胃毒剂是无效的。

不同种类的昆虫,取食不同的食物,其口器也发生相应的变化。如蛾、蝶类成虫形成虹吸式口器,适于吸食暴露在植物体表的花蜜、露水(如图1-8)。

苍蝇形成舐吸式口器,用于舐吸半流体或固体微粒。蜜蜂的口器为咀吸式;蓟马的口器为锉吸式等（如图1-9）。

各种不同的口器，决定了各种不同的取食方法。了解害虫口器的基本构造，取食习性，不仅便于辨认害虫的种类，推断危害的情况，更重要的是可以正确采取合理的防治措施。

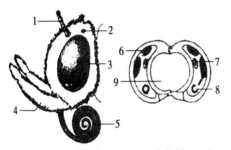

(a) 头部侧面观　(b) 喙的横切面

1. 触角　2. 单眼　3. 复眼　4. 下唇须
5. 喙　6. 肌肉　7. 神经　8. 气管　9. 食物道

图1-8　蛾蝶类虹吸式口器

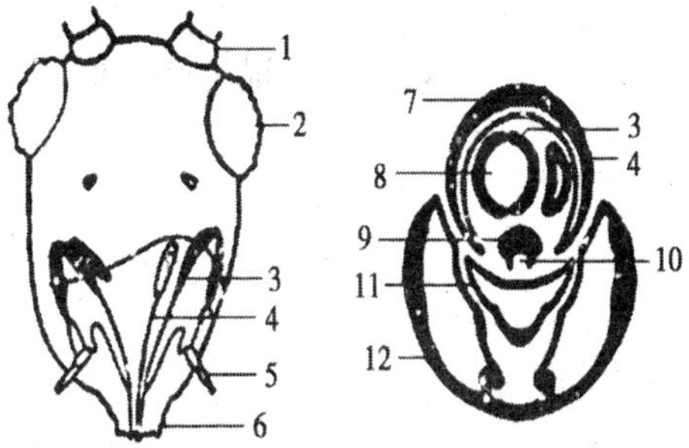

(a) 头部正面观　(b) 喙的横切面

1. 触角　2. 复眼　3. 下颚口针　4. 上颚口针
5. 下颚须　6. 喙　7. 上唇　8. 食物道　9. 舌
10. 唾道　11. 中唇舌　12. 侧唇舌

图1-9　蓟马锉吸式口器

1.2.2　昆虫的胸部

1. 基本构造

胸部是昆虫体躯的第二体段，以颈膜与头部相连，由3个体节构成，依次为前胸、中胸和后胸。每一胸节下方着生一对足，依次称为前足、中足和后足。大多数昆虫的中胸和后胸各着生一对翅，分别称为前翅和后翅。足和翅是昆虫的行动器官，所以，胸部是昆虫的运动中心。胸部要支撑足和翅的运动，胸节高度骨化，每一胸节都由背板、侧板（左右对称）和腹板4块骨板组成。其内面着生有强大的肌肉。胸部通常还有两对气门，位于中、后胸两侧的侧板上，是体内气管在体壁上的开口，用来进行呼吸。具翅胸节的小盾片，其形状、大小、色泽常作为识别昆虫种类的依据。

2. 足

足是昆虫胸部的附器。昆虫的足除少数已退化外，一般成虫均有3对足。前胸的1对叫前足，中胸、后胸的分别叫中足和后足。足的构造由基节、转节、腿节、胫节、跗节和前跗节组成。节间由膜相连，是各节活动部位（如图1-10）。

1. 基节 2. 转节 3. 腿节 4. 胫节 5. 跗节 6. 前跗节

图 1-10　胸足的基本构造（仿管致和）

昆虫胸足原来是行走的器官，后因生活方式、居住环境的关系，有着很大的变化。常见的有以下几种类型（如图1-11）。

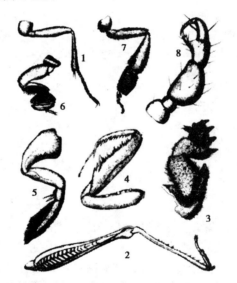

1. 步行足 2. 跳跃足 3. 开掘足 4. 捕捉足
5. 游泳足 6. 抱握足 7. 携粉足 8. 攀援足

图 1-11　胸足的类型（仿周尧等）

（1）步行足。足较细长，各节不特化，适于行走，如步行虫、蜉蝣等。

（2）跳跃足。后足的腿节特别发达，胫节细长，适于跳跃，如蟋蟀、尖头蚱蜢等。

（3）开掘足。胫节宽扁具齿，适于掘土，如蝼蛄（前足）等。

（4）捕捉足。为前足特化而成，基节延长，腿节复面有槽，胫节可折嵌其内，像一把折刀，如螳螂前足等。

（5）游泳足。足扁平，胫节和跗节边缘着生多数长毛，适于游泳，如飞虱的后足等。

（6）携粉足。胫节宽扁有槽，边缘着生长毛，便于携带花粉，如蜜蜂后足。

昆虫幼虫的胸足，其构造比成虫简单，各节间仅有一个关节。跗节不分节，跗节只有一个爪。有些幼虫的跗节和胫节合成一节，称胫跗节。

了解昆虫足的构造和类型，对于识别害虫、推断栖息场所、了解生活方式，以及在害虫防治和益虫保护上都有重要的实践意义。

3. 翅

翅是昆虫胸部的附器，是昆虫的飞行器官。昆虫是无脊椎动物中唯一能飞的动物，它的翅不同于鸟类或蝙蝠的翅，不是由前肢特化而成，而是由胸节背板两侧体壁向外延伸而来。

昆虫的翅为一种双层膜质表皮构造，其间有硬化的管道，以增加翅的强度，并有气管及神经通入其中。这些起骨架作用的管道，称为翅脉。昆虫具翅，对迁移、觅偶、取食、避敌等生命活动及进化有重大的意义。

昆虫的成虫一般具有2对翅，分别着生在中胸和后胸上。生于中胸的叫前翅；生于后胸的叫后翅。

（1）翅的构造。一般呈三角形，它有三条边，前面的边称前缘，后面的边称后缘或内缘，外边的称外缘。它又有三个角，前缘基部的角称肩角，前缘和外缘之间的角称翅尖或顶角，外缘和内缘之间的角称臀角。还有三个褶，把翅面分为臀前区、臀区、轭区和腋区（如图1-12）。

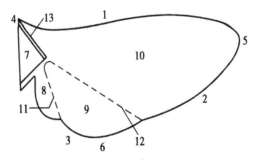

1. 前缘 2. 外缘 3. 内缘 4. 肩角 5. 顶角 6. 臀角 7. 腋区
8. 轭区 9. 臀区 10. 臀前区 11. 轭褶 12. 臀褶 13. 基褶

图 1-12　翅的基本构造（仿 Snodgrass）

（2）翅的类型。昆虫翅主要作用是飞行，一般为膜翅，但许多昆虫由于长期适应不同的生活环境条件，翅在形状、质地和功能上发生了许多变化。常见翅的类型有以下7种（如图1-13）。

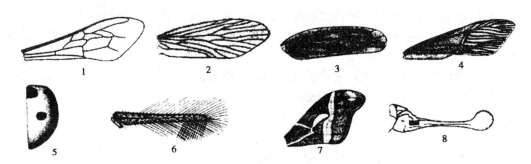

1. 膜翅 2. 毛翅 3. 复翅 4. 半鞘翅 5. 鞘翅 6. 缨翅 7. 鳞翅 8. 棒翅

图 1-13　翅的类型（仿彩万志）

① 复翅。前翅较厚，半透明似革质，翅脉较不显著，如直翅目的蝗虫。
② 膜翅。翅膜质，薄而透明，翅脉明显可见，如蜻蜓的前后翅、椿象的后翅。
③ 鳞翅。翅质地为膜质，但翅上有许多鳞片，如蛾蝶类的前后翅。
④ 半鞘翅。前翅基半部为皮革质或角质，端半部为膜质有翅脉，如椿象的前翅。
⑤ 缨翅。前后翅狭长，翅脉退化，翅的质地为膜质，边缘上着生很多细长缨毛，如蓟马的前后翅。
⑥ 鞘翅。翅质地坚硬如角质，不用于飞行，用于保护背部和后翅，如甲虫的前翅。
⑦ 棒翅。双翅目昆虫和蚧虫的雄虫的后翅退化成一对很小的棒状构造，飞行时用以平衡身体，又称平衡棒。

翅的类型是昆虫分类的主要依据，根据昆虫翅的类型，很容易对常见昆虫进行大类的划分，对识别昆虫有重要的意义。

1.2.3　昆虫的腹部

1. 基本构造

腹部是昆虫的第三体段，紧连胸部之后，由很多环节组成，里面包藏有消化、循环、生殖等器官，是生殖和代谢的中心。每节背面有背板一片，腹面有腹板一片，两侧有侧膜相连。相邻的两个腹节相互套叠，后一节的前缘套入前一节的后缘内。各环节之间有柔软的节间膜相连，因此腹部能纵横伸缩，既利于容纳大量内脏和卵的发育，也利于气体交换和进行交配、产卵等活动。腹部一般由 9~11 节组成，大多数不超过 10 节，很少数有 12 节。又如蜂、蝇腹节演化仅有 5~6 节。腹部第 1~8 节，每节侧面有气门一对。腹部末端有肛门，尾须。除无翅亚纲外，第 1~7 节无附肢，而在第 8、9 节上常有附肢，特化为雄虫交配、雌虫产卵的构造，统称为外生殖器。

2. 外生殖器

(1) 雌性外生殖器。着生于第8、9节腹面，在多数鳞翅目昆虫中，雌虫往往有两个生殖孔，第8节上的孔用以交尾。第9节上的孔用以产卵。产卵器由这两节的跗肢特化而成，第8节跗肢形成腹产卵瓣，第9节跗肢形成背产卵瓣和内产卵瓣。但产卵器通常由其中的两对产卵瓣组成，其余1对则退化。或特化成保护产卵器的构造。如蝉的产卵器，由腹产卵瓣和内产卵瓣形成，背产卵瓣成为包藏产卵管的鞘。但许多蝶、蛾、甲虫等昆虫，没有跗肢特化的产卵器，仅由腹部末端数节形成互相套入能伸缩的伪产卵器，只能将卵产在植物体表面、裂缝或凹陷处（如图1-14）。

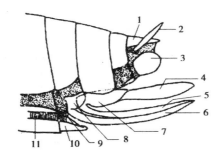

1. 肛上板 2. 尾须 3. 肛侧板 4. 背产卵瓣 5. 内产卵瓣 6. 腹产卵瓣
7. 第二截瓣片 8. 第一截瓣片 9. 生殖孔 10. 导卵器 11. 中输卵管

图1-14 雌性外生殖器的基本构造

(2) 雄性外生殖器。主要包括阳具和一对抱握器。阳具的主要部分为阳茎。抱握器的形状和大小变化较大，有叶状、沟状或钳状等，平时缩入体内不外露。雄性昆虫的外生殖器高度特化，是分种的重要依据。在鉴别鳞翅目昆虫近缘的属、种中应用最广（如图1-15）。

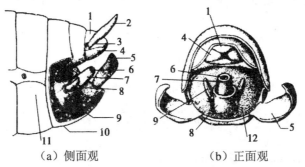

(a) 侧面观　　(b) 正面观

1. 肛上板 2. 尾须 3. 肛门 4. 肛侧板 5. 抱握器 6. 射精孔 7. 阳茎
8. 阳茎基 9. 阳基侧片 10. 下生殖板 11. 射精管 12. 生殖腔

图1-15 雄性外生殖器的基本构造

了解昆虫雌性、雄性外生殖器的构造，不仅可以区分雌雄，而且还可以区分种类，是昆虫分类的重要依据之一。

3. 尾须

尾须是腹部末节的须状外展物，长短和形状变化很大，其中有不分节呈短锥状（如蝗虫），也有细长分多节呈丝状（如缨尾目），还有很多中间型的。尾须上着生许多感觉毛，具有感觉作用。尾须的长短、形状和分节数目都可作为分类依据。

1.2.4 昆虫的体壁

昆虫的体壁在体表外最坚硬的一层，因为它生在肌肉的外围也叫外骨骼。作用有保持体形；保护内脏；防止体内水分过度蒸发；防止外来有毒物质和有害微生物的侵入；感受外界环境等。

1. 体壁的结构与功能

昆虫的体壁由外向内三部分组成：表皮层、皮细胞层和底膜（如图1-16所示）。

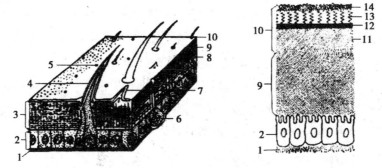

1. 底膜　2. 皮细胞层　3. 表皮层　4. 刚毛　5. 皮细胞腺　6. 腺细胞　7. 非细胞突起　8. 内表皮
9. 外表皮　10. 上表皮　11. 多元酚　12. 角质精层　13. 蜡层　14. 护蜡层

图1-16　昆虫体壁的构造（仿Richards，Weis-Fogh）

（1）皮层。表皮层依其成分和特性，可分三层，即内表皮、外表皮和位于外表皮之上的上表皮。

内、外表皮之间，纵贯许多微细孔道。

① 内表皮。内表皮最内一层。由皮细胞的向外分秘形成的最厚一层，无色而柔软，富于延展性。化学成分主要是蛋白质和几丁质，几丁质是节肢动物表皮的特征性成分。几丁质性质稳定，不溶于水、酒精等有机溶剂，也不溶于稀酸和浓碱中，有很强的抵抗力，在

自然界里能被几丁细菌分解。

② 外表皮。是由内表皮的外层硬化而来的，位于内表皮和上表皮之间。主要成分是几丁质和骨蛋白，是最坚硬的部分。

③ 上表皮。是最外最薄的一层，厚度通常不超过 1 μm。但其构造复杂，有脂腈层、蜡层及护蜡层，可防止水分的蒸发及渗透。

体壁的衍生物即体壁的外长物，由体壁向外突出或向内凹入，形成各种突起、点刻、脊、毛、刺、矩、鳞片等。

（2）皮细胞层。皮细胞层是排列整齐的单层活细胞，具有再生能力，向上分泌形成新表皮，向下分泌形成底膜。皮细胞特化可以形成刚毛、鳞片和各种腺体。

（3）底膜。底膜是紧贴在皮细胞层下的一层薄膜，由皮细胞分泌而成。

2. 体壁与害虫防治的关系

了解昆虫体壁的构造及其理化特性，对于防治害虫和研究杀虫剂毒理有重大意义。各种杀虫剂由昆虫体壁渗入体内，由血液或神经运送至组织中发生毒杀作用，其渗透量及速率，依药剂的种类、理化特性及昆虫表皮的结构和特性不同而异。昆虫表皮层的厚度是决定昆虫对药物敏感性的一个重要因素。幼虫在幼龄期的体壁薄，对药物的敏感性强，到老龄期的体壁厚，对药物的敏感性差，产生了抗药性。在昆虫的致病微生物中，一般真菌类使昆虫致病，主要途径是通过昆虫体壁感染。试验证明，利用白僵菌防治松毛虫，通过体壁接触感病远比通过消化道感病为高。

1.3　昆虫的内部构造

昆虫的内部器官都位于体壁所包围体腔中，主要包括消化、呼吸、神经、生殖等系统。昆虫没有高等动物"封闭式"血管系统，血液充满于整个体腔，所以体腔就是血腔。所有内部器官都浸浴在血液中。整个体腔由背隔膜和腹隔膜分成三个血窦，即背血窦、围脏窦、腹血窦。消化道横贯中央围脏窦中，背血管在消化道上方背血窦中，神经索在消化道下方的腹血窦中。呼吸的气管开口在体躯的两侧，即气门。这些器官都有各自独立的自主机能，但它们之间有密切的联系，构成不可分割的整体（如图 1-17）。

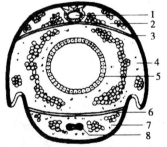

1. 背血管　2. 背血窦　3. 背膈
4. 围脏窦　5. 消化道　6. 腹膈
7. 腹血窦　8. 腹神经索

图 1-17　昆虫腹部横切面（仿 Snodgrass）

1.3.1 消化系统

昆虫的消化系统包括消化道及唾腺两个部分。

1. 消化道

消化道是一条从口腔至肛门纵贯于体腔的一根管道。分为前肠、中肠和后肠三部分（图1-18）。

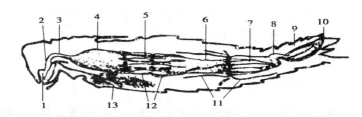

1. 口腔 2. 咽喉 3. 食道 4. 嗉囊 5. 前胃 6. 中肠 7. 回肠 8. 结肠
9. 直肠 10. 肛门 11. 马氏管 12. 胃盲囊 13. 唾腺

图1-18 昆虫消化系统模式图（仿Weber）

（1）前肠。前肠的顶端为口腔，接着是咽喉、食道、嗉囊以至前胃，此外，还附有唾腺。食物进入口腔后，与唾液混合，经咽喉、食道而入嗉囊，作短暂的停留后，再送入前胃，前胃为咀嚼式口器的昆虫所具有。内壁非常发达而坚韧，有齿状突起，用来机械磨碎食物。

（2）中肠。中肠又称胃，具有消化与吸收的作用。中肠内含有多种消化酶，在中肠内，食物的三种成分都要经过水解，淀粉分解为单糖，脂肪分解为甘油和脂肪酸，蛋白质分解为氨基酸，经分解后为肠壁所吸收。

中肠前端肠壁向外突出形成各种形状的盲管状附属物，称为胃盲囊。功能是增加中肠的分泌及吸收面积，胃盲囊的基部就是中肠和前肠的分界处。

（3）后肠。通常分为回肠（小肠）、结肠（大肠）和直肠。经中肠消化和吸收后的食物残渣，通过后肠形成粪便，由肛门排出。此外，在中、后肠交界处，生有许多细长的盲管，即马氏管，它是昆虫的一种排泄器官。

2. 昆虫的唾腺

唾腺是由皮细胞内陷形成的，它可将唾液分泌至口腔中，或直接注入寄主组织中（刺吸式口器），对食物进行初步消化。

3. 消化系统与害虫防治

昆虫中肠的消化液多呈弱酸性或弱碱性，ph值在6～8之间，例如，日本金龟甲ph值在

7.4~7.5之间。但鳞翅目幼虫中肠的酸碱度常呈强碱反应（ph值在8.5~9.9之间），如凤蝶的PH值在8.0~9.0之间，大蓑蛾ph值在9.0左右。由于昆虫肠液的ph值不同，同一种药物在不同害虫肠液中的溶性和毒力相差很多。如利用苏云金杆菌防治蛾蝶类幼虫，被食入消化道后，能繁殖伴孢晶体，使虫体中毒与中肠液呈碱性有关，中肠由麻痹到肠壁细胞破损，最后导致虫体全身瘫痪而死。然而苏云金杆菌对肠液呈偏酸性的蜜蜂（ph为6.8），就无毒害作用。但在不少鳞翅目幼虫中肠液的PH值基本近似，而对细菌制剂的反应很不相同。因为还有其他一些因素影响微生物杀虫剂的毒效。如肠道微生物区系丰富的害虫，对微生物杀虫剂敏感，在防治时可适当降低菌剂的用量。反之，药量酌情增加。最近有人认为昆虫肠道中的蛋白酶能使伴孢晶体分解成小分子，这种小分子才是真正的毒素。今后进一步研究蛋白酶与伴孢晶体与毒力的关系是很有实际意义的。又如多角体病毒对寄主的侵染过程，首先在碱性肠液中解体，释放出病毒粒子后侵入肠壁细胞，再侵入体腔。据试验舞毒蛾、柞蚕等幼虫在食物中含有过多的氯化物或碳水化合物时对多角体病毒的感染变得特别敏感。

1.3.2 呼吸系统

大多数昆虫靠气管进行呼吸，呼吸作用是有机体能量转变的过程，它的重要意义就在于氧化体内的有机物质，产生能量，以供生长、发育、繁殖、运动的需要。

（1）呼吸系统的构造。昆虫的呼吸系统是由各式气管组成，气管可分纵行气管，横行气管及分布虫体各部的支气管。纵行气管中由胸部第1对气门到腹部末1对气门组成，左右两条最大的气管称为侧纵干。因串通各气门，是体内气体流通的重要通道。支气管由粗到细，一分再分，成为很细的微气管，密布在各组织间，直接输送新鲜气体到组织中。

气门是气管在体壁上的开口。气门在胸、腹各节的两侧。昆虫成虫的气门通常10对，位于中后胸有2对。腹部第1~8节有8对；幼虫有气门9对，位于前胸和腹部第1~8节上，但不同的昆虫气门数目和位置常有一些变化。

（2）呼吸系统与害虫防治。根据昆虫的呼吸作用以及气门的开闭特性，可选择适当的防治措施，提高防治效果。如在一定容积范围内应用熏蒸剂，另加适量的CO_2，使气门的开放时间延长，使有毒气体更多地进入虫体，CO_2还能防止熏蒸剂燃烧的危险。此外，可以堵塞或封闭昆虫的气门，使昆虫缺氧窒息而死。如应用无毒皂液，或有毒的油类乳剂，除有堵塞封闭作用以外，因表面张力小，很容易由气门进入气管，而至微气管，腐蚀气管壁，并通过气管壁进入组织内，使昆虫中毒死亡。

1.3.3 神经系统

1. 神经系统的组成

昆虫的一切生命活动都受神经系统支配。昆虫的神经系统由位于消化道背面的脑和位于消化道腹面的腹神经索组成。昆虫的脑由前脑、中脑和后脑组成。腹神经索由1个咽喉下神经节、3个胸神经节和8个腹神经节组成，每个神经节之间由神经索相互连接。

（1）神经原。组成脑和腹神经索的基本单位为神经原。一个神经原包括一个神经细胞和神经纤维两大部分。从神经细胞分出的主枝称轴状突。轴状突上的分枝称"侧支"，轴状突和侧支端部的分枝称"端丛"，从神经细胞直接伸出的神经纤维称为树状突（如图1-19）。

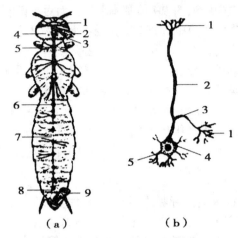

(a) 神经系统：1. 脑 2. 背血管 3. 食道 4. 咽喉下神经节 5. 胸神经节
6. 腹神经节 7. 腹神经索 8. 腹神经节 9. 直肠
(b) 神经原：1. 端丛 2. 轴状突 3. 侧枝 4. 神经细胞体 5. 树状突

图 1-19　神经系统和神经原

一个神经细胞可能只有一个主支，也可以有两个或更多的主支，分别称为单极神经原、双极神经原和多极神经原。神经纤维对神经冲动的传导有方向性而不能逆转。因此，按其传导方向和功能，将神经原分为：感觉神经原，属双极神经原或多极神经原，其轴状突能将神经冲动自外而内传入中枢神经系统；运动神经原，属单极神经原，将冲动传导至各种反应器官；联系神经原，也属单极神经原，细胞体位于神经球内。各种神经原互相联系，集合成球，称为神经节。

2. 外界刺激与昆虫的反应

外界刺激与昆虫的反应就是通过感觉神经原的传入纤维发出相应的冲动，经联系神经原，传送至运动神经原而使反应器官作出反应。这是一切刺激与反应相互联系的一条基本途径，这一过程，称为反射弧。构成反射弧的各种神经原的神经末梢，并不直接相连，它们是通过已酰胆碱来传导冲动的。已酰胆碱完成传导即被胆碱酯酶水解为胆碱和乙酸而消失。下一个冲动来时，重新释放出乙酰胆碱而继续实现冲动的传导。

3. 神经系统与害虫防治

烟碱、除虫菊素、有机氯、有机磷等都是神经毒剂，能扰乱神经机能并快速击倒而致死。如 1605 等有机磷剂，就是抑制胆碱酯酶的活性，使神经末梢释放出来的乙酰胆碱无法进行水解，扰乱正常的代谢活动，使昆虫神经长时间过度兴奋，虫体最后因疲劳而死亡。

1.3.4 生殖系统

1. 生殖器官的构造和功能

生殖系统是昆虫产生生殖细胞、繁殖后代的器官，一般称为内生殖器官，位于腹部消化道的两侧或侧背面。雌性昆虫的内生殖器官主要由 1 对卵巢、1 对侧输卵管、1 根中输卵管、受精囊和附腺组成。雄性内生殖器官主要由 1 对睾丸、1 对输精管、贮精囊及射精管组成（如图 1-20）。

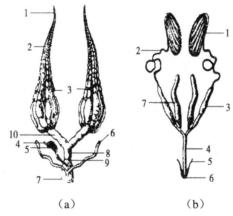

（a）雌性内生殖器官：1. 悬带 2. 卵巢 3. 卵巢管 4. 受精囊腺 5. 受精囊
6. 附腺 7. 生殖腔 8. 中输卵管 9. 生殖孔 10. 侧输卵管
（b）雄性内生殖器官：1. 睾丸 2. 输精管 3. 贮精管 4. 射精管
5. 阳茎 6 生殖孔 7. 附腺

图 1-20 雌、雄内生殖器官构造图（仿 Snodgrass）

2. 交配和受精

昆虫的交配和受精是两个不同的概念，交配和受精过程不是同时进行的。交配是指雌雄两性交合的过程；受精指精子与卵子结合而成受精卵的过程。受精过程发生于交配之后产卵之前。雌雄虫交配时，精子首先贮于受精囊内，到排卵时，受精囊内的精子便溢出，使卵子受精。

3. 生殖系统与害虫防治

了解昆虫生殖系统的构造及功能，可应用于害虫测报及防治。

（1）利用性引诱剂防治害虫。昆虫进行性活动的因素是多种多样的，但两性产生性外激素，是吸引交配的主要化学物质。许多鳞翅目的昆虫在交尾孔的附近具有香气腺，可以招引异性昆虫。目前使用的性诱剂多数是根据或模拟天然的性外激素的化学结构而合成的，并广泛用于生产上诱集或诱杀害虫。

（2）进行害虫绝育。对于一些一生只交配一次的害虫，采用射线或化学不孕剂处理，破坏雄虫生殖器官，造成雄虫不育，但仍保持较强的交配竞争力，不育雄虫释放后与雌虫交配，并刺激排卵，但卵未受精，不能孵化，从而使害虫数量减少。

（3）进行害虫预测预报。通过解剖观察雌成虫卵巢发育程度及抱卵量，可以预测害虫的产卵期和发生量，同时分析害虫的虫源性质和迁飞趋势，为稳、准、狠的开展综合防治提供科学依据。

1.4 昆虫生物学

昆虫生物学是研究昆虫的一生和一年的发生经过及其所表现出来的行为习性。主要包括昆虫的生殖、个体发育规律以及行为习性等。了解昆虫的生物特性，可以找出害虫发生过程中的薄弱环节，控制害虫的发生和危害，合理地保护和利用益虫。

1.4.1 昆虫的生殖方式

昆虫在长期的环境适应与进化过程中形成了适于自身的各种生殖方式，常见的有两性生殖、孤雌生殖和多胚生殖等。

1. 两性生殖

两性生殖是最普遍的生殖方式。两性生殖也称两性卵生，它的特点是雌雄个体必须经过两性交配，精子与卵子结合形成受精卵，由雌虫将受精卵产出体外，卵经过一定时间后发育成新个体。

2. 孤雌生殖

孤雌生殖不经两性交配即产生新个体，或虽经两性交配，但其卵未受精，产下的未受精卵仍能发育成新个体。孤雌生殖分为以下三种类型。

（1）偶发性孤雌生殖。偶发性孤雌生殖是指某些昆虫在正常情况下进行两性生殖，但雌成虫偶尔产出的未受精卵也能发育成新个体的现象。常见的，如家蚕、某些毒蛾和枯叶蛾等。

（2）经常性孤雌生殖。经常性孤雌生殖也称永久性孤雌生殖。这种生殖方式在某些昆虫中经常出现，如蜜蜂和小蜂总科。在自然情况下，雄虫极少，甚至尚未发现雄虫，几乎或完全行孤雌生殖，如某些竹节虫、粉虱、蚧和蓟马等。

（3）周期性孤雌生殖。周期性孤雌生殖也称循环性孤雌生殖。昆虫在进行一次或多次孤雌生殖后，再进行一次两性生殖。这种以两性生殖与孤雌生殖交替的方式繁殖后代的现象，称为异态交替或世代交替。如棉蚜从春季到秋末，进行孤雌生殖 10~20 余代，到秋末冬初则出现雌、雄两性个体，进行交配产卵越冬。

3. 多胚生殖

一个受精卵细胞产生两个以上胚胎的生殖方式。这种生殖方式常见于膜翅目的一些寄生性蜂类，如小蜂科、小茧蜂科和细蜂科等部分种类，这种生殖方式是对难以寻找寄主的一种适应。

1.4.2 昆虫的个体发育和变态

1. 昆虫的个体发育

昆虫的个体发育是从卵发育为成虫的全过程，包括胚胎发育和胚后发育两个阶段。胚胎发育是指昆虫在卵内的发育过程，一般是从受精卵开始到幼虫破卵而出为止。胚后发育是指幼虫破卵而出（称孵化）到成虫性成熟为止的发育过程。昆虫的胚后发育阶段，概括地说是一个随着变态的生长发育阶段。

2. 昆虫的变态

昆虫在生长发育过程中，不仅是单纯体积增长，同时其外部形态、内部器官构造以及生活习性上都要发生一系列的变化，这种现象称为变态，常见的变态有两种类型。

（1）不完全变态。不完全变态昆虫一生要经过卵、幼虫、成虫三个虫态。幼虫和成虫相似称之为"若虫"。不完全变态的若虫与成虫仅在体型大小、性器官发育程度等方面存在差异，在外部形态和取食习性等方面基本相同，常见的有直翅目、半翅目和同翅目昆虫（如图 1-21）。

（2）完全变态。完全变态昆虫一生要经过卵、幼虫、蛹、成虫四个虫态。完全变态的幼虫与成虫在外部形态、内部构造和生活习性上都不一样，如常见的金龟子、天牛等鞘翅目昆虫，蛾蝶类等鳞翅目昆虫，蜂、蚁等膜翅目昆虫，蚊、蝇等双翅目昆虫（如图 1-22）。

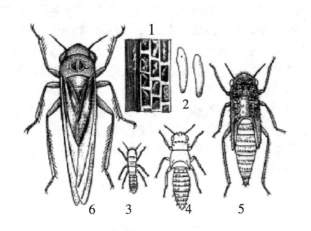 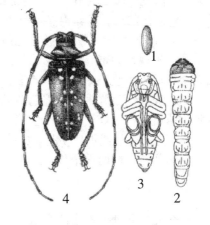

1. 卵 2. 卵放大 3. 第1龄若虫
4. 第3龄若虫 5. 第5龄若虫 6. 成虫

图 1-21　叶蝉

1. 卵 2. 幼虫 3. 蛹 4. 成虫

图 1-22　天牛

1.4.3　昆虫各虫期的特点

1. 卵期

卵期是昆虫个体发育的第一个阶段，是指从母体产下的卵到孵化所经过的时期。

（1）卵的构造。卵是一个大型细胞，外面包有一层起保护作用的卵壳，有保护卵和防止卵内水分过量蒸发的作用。卵的前端有1个或若干个小孔，称为卵孔，是精子进入卵内的通道，也称**精孔**或受精孔。卵下面的一薄膜称卵黄膜，其内充满原生质和卵黄，卵黄是胚胎发育的营养物质，卵黄周围靠近卵膜是一层周质，卵的中央是细胞核（如图1-23）。

（2）卵的类型和产卵方式。昆虫卵的大小种间差异很大，大的可达40mm（螽斯），赤眼蜂的卵则很小和长度仅有 0.02～0.03mm。

昆虫卵的形状也是多种多样的。最常见的为卵圆形和肾形，此外还有半球形、球形、桶形、瓶形和纺锤形等（如图1-24）。

昆虫的产卵方式有单个分散产的，也有许多卵聚产。有的昆虫将卵产在物体表面，有的昆虫将卵产在隐蔽的场所甚至寄主组织内。

与杀虫剂的关系。卵壳的不透水性，只能使用酯类药剂或熏蒸剂杀卵；卵壳、卵黄膜的厚度影响药剂的穿透力；卵的发育期影响药效，一般越冬卵抗药力强，胚胎发育期抗药力弱，所以利用杀卵剂应注意适期适量。

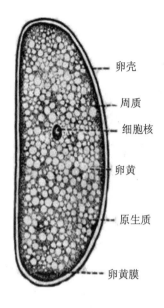

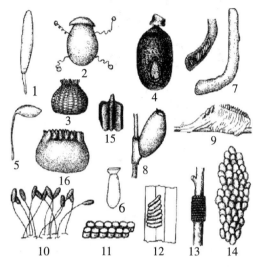

1. 瘿蚊 2. 蜉蝣 3. 鼎点金刚钻 4. 竹节虫 5. 小蜂
6. 米象 7. 东亚飞蝗 8. 头虱 9. 螳螂 10. 草蛉 11. 菜蝽
12. 灰飞虱 13. 天幕毛虫 14. 玉米螟 15. 木叶蝶 16. 蜇蠊

图 1-23 卵的基本构造图　　　　　　　**图 1-24 卵的类型**

2. 幼虫期

幼虫是昆虫个体发育的第二阶段。昆虫从卵孵化出来后发育到蛹（全变态昆虫）或成虫（不全变态昆虫）之前的整个发育阶段，称为幼虫期或若虫期。幼虫期是昆虫一生中的主要取食危害时期，也是防治的关键阶段。

（1）幼虫的类型。完全变态昆虫的幼虫由于食性、习性和生活环境十分复杂，幼虫在形态上变化极大。根据足的有无和数目，主要分为以下 3 种类型（如图 1-25）。

① 无足型。幼虫既无胸足，也无腹足，如蚊、蝇的幼虫等。
② 多足型。幼虫除具有 3 对胸足外，还具有 2～8 对腹足，如蛾、蝶的幼虫等。
③ 寡足型。幼虫只有 3 对胸足无腹足，如金龟子、瓢虫的幼虫等。

3. 蛹期

蛹是完全变态昆虫由幼虫变为成虫的过程中所必须经过的一个过渡虫态。蛹有三种类型（如图 1-26）。

（1）裸蛹。裸蛹也称自由蛹、离蛹。蛹的足、翅露于体外，可自由活动，腹节间也可活动，如：鞘翅目的甲虫、膜翅目的蜂类的蛹。

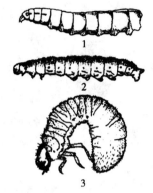

1. 无足形　2. 多足形　3. 寡足形

图1-25　幼虫的类型

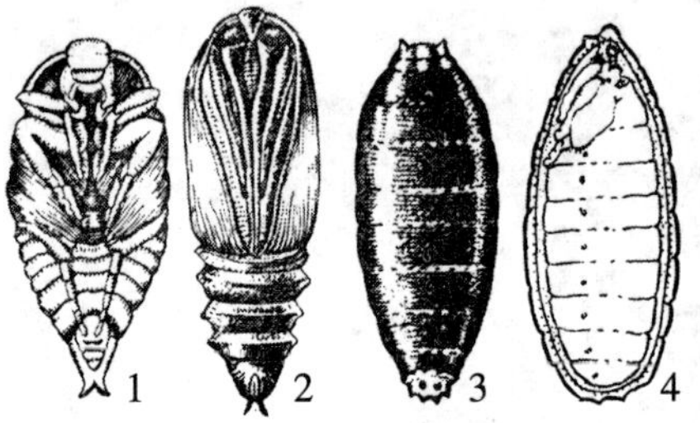

1. 离蛹　2. 被蛹　3. 围蛹　4. 围蛹的透视

图1-26　蛹的类型

（2）被蛹。被蛹附肢、翅贴在体上，不能活动，大多数或全部腹节也不能活动，如鳞翅目的蛾、蝶类的蛹。

（3）围蛹。蛹体本身是裸蛹，由幼虫末次蜕皮形成的蛹壳包围，如多数蝇类的蛹。

蛹是不活动的虫期，不取食，也很少进行主动的移动，缺少防御和躲避敌害的能力，而内部进行着激烈的器官组织的解离和生理活动，要求相对稳定的环境来完成转变过程。因此老熟幼虫在化蛹前寻找适当的蔽护场所，如潜藏于树皮缝中、土中、地被物下，或吐丝结茧将其包于其中。

蛹期防治。蛹不食不动，借助茧、土室或隐蔽地点，防治可用灌水的方法使蛹窒息，也可采摘蛹，或深翻地时深埋，也可用药剂防治。

4. 成虫期

昆虫的成虫期是昆虫发育的最后一个阶段，也是昆虫的生殖时期，包括羽化、交尾、产卵。

（1）羽化。成虫从它前一个虫态蜕皮而出的过程称为羽化。不完全变态昆虫的若虫脱去最后一次皮，完全变态昆虫从蛹壳中钻出，则羽化为成虫。初羽化的成虫色浅而柔软，待翅和附肢充分伸展，体壁硬化后，才能飞行和行走。

（2）性成熟和补充营养。有的昆虫在羽化后，性器官已经成熟，不需取食即可交配产卵如家蚕。有的昆虫在刚羽化时，生殖器官尚未发育成熟，还要继续取食，这种对生殖器官发育不可缺少的成虫期取食称为补充营养，如桑天牛、铜绿金龟子。利用昆虫补充营养可诱捕，并作为预测预报和防治的措施。

成虫羽化后至第一次交配或产卵的间隔期，分别称为交配前期和产卵前期。

（3）性二型。同一种昆虫，雌雄个体除第一性征（雌、雄外生殖器）不同外，其个体的大小、体形的差异、颜色的变化甚至生活行为等方面也有差别，这种现象称为性二型或雌雄二型现象，例如，锹形甲和犀金龟雌雄个体有差异（如图 1-27）。

（4）多型现象。同种昆虫，在同一性别上具有两种或两种以上的个体类型，称为多型现象。例如蜜蜂群中有蜂王、雄蜂和工蜂，工蜂和蜂王一样，也是雌雄个体，但已丧失了生殖功能。蚜虫的有翅型和无翅型（如图 1-28）。

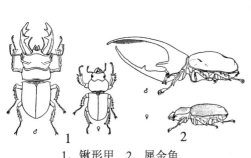

1. 锹形甲　2. 犀金龟

图 1-27　雌雄二型

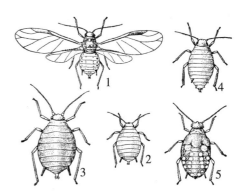

1. 有翅胎生雌蚜　2. 小型无翅胎生雌蚜
3. 大型无翅胎生雌蚜　4. 干母　5. 有翅若蚜

图 1-28　蚜虫的多型现象

多型现象是昆虫适应环境的一种生存对策。昆虫种群中各种类型数量往往与环境变化有一定关系，通过对环境因子的分析可以推测种群的数量，制订防治指标，开展对害虫的科学防治。

1.4.4　昆虫的世代和年生活史

（1）昆虫的世代。一个新个体从离开母体发育到性成熟产生后代产止的个体发育史称为一个世代，简称一代。各种昆虫完成一个世代所需时间不同，时代短的只有几天，如蚜虫 8～10 天就可以完成一代；世代长的可达几年甚至十几年，如桑天牛、大黑鳃金龟 2 年完成一代，美洲的一种蝉 17 年才完成一代；有的昆虫 1 年完成 1 代，如舞毒蛾。

（2）昆虫的生活年史。一种昆虫在一年内的发育史或当年的越冬虫态开始活动起到第二年越冬虫态止的发育经过称生活年史，也称生活史。

了解昆虫的世代和生活年史有利于更好地掌握虫情、虫态，以寻找合适的时机防治。

1.4.5　昆虫的休眠和滞育

昆虫在一年的生活过程中，当遇到不良环境条件时，出现越冬或越夏现象，从表面看都是生命活动暂时性的休止，从产生或消除这种现象的条件，以及昆虫对这些条件的反应看，是两种不同的生命现象，分为休眠和滞育。

（1）休眠。由不良环境条件直接引起的，当不良环境条件消除时，便可恢复生长发育。如东亚飞蝗以卵越冬，甜菜夜蛾以蛹越冬等都属于休眠性越冬。休眠性越冬的昆虫耐寒力较差。

（2）滞育。昆虫长期适应不良环境而形成的种的遗传性。在自然情况下，当不良环境到来之前，生理上已经有所准备，即已进入滞育。一旦进入滞育必需经过一定的物理或化学的刺激，否则恢复到适宜环境也不进行生长发育。

研究昆虫的休眠和滞育，有助于进行害虫的发生期预测，寻求害虫的薄弱环节，开展越冬防治。

1.4.6 昆虫的习性和行为

1. 昆虫的趋性

趋性是昆虫对外界刺激（如光、温度、湿度和某些化学物质等）所产生的趋向或背向行为活动。趋向活动称为正趋性，负向活动称为负趋性。昆虫的趋性主要有趋光性、趋化性、趋温性、趋湿性等。

（1）趋光性。昆虫对光的刺激所产生的趋向或背向活动，趋向光源的反应，称为正趋光性；背向光源的反应，称为负趋光性。不同种类，甚至不同性别和虫态的趋光性不同。多数夜间活动的昆虫，对灯光表现为正的趋性，特别是对黑光灯的趋性尤强。

（2）趋化性。昆虫对一些化学物质的刺激所表现出的反应，其正、负趋化性与觅食、求偶、避敌、寻找产卵场所等有关。如一些夜蛾，对糖醋液有正趋性；菜粉蝶喜趋向含有芥子油的十字花科植物上产卵；而菜蛾则不趋向含有香豆素的木犀科植物上产卵，表现为负趋化性。

趋温性、趋湿性是指昆虫对温度或湿度刺激所表现出的定向活动。

2. 假死性

昆虫受到某种刺激或震动时，身体卷缩，静止不动，或从停留处跌落下来呈假死状态，稍停片刻即恢复正常而离去的现象，如金龟子、象甲、叶甲以及粘虫幼虫等都具有假死性。假死性是昆虫逃避敌害的一种适应。

3. 昆虫的群集性

同种昆虫的个体大量聚集在一起生活的习性，称为群集性。但各种昆虫群集的方式有所不同，可分为临时性群集和永久性群集两种类型。

临时性群集是指昆虫仅在某一虫态或某一阶段时间内行群集生活，然后分散。如美国白蛾、天幕毛虫的低龄幼虫行群集生活，老龄后即行分散生活；多种瓢虫越冬时，其成虫群集在一起，当度过寒冬后即行分散生活。

永久性群集出现在昆虫个体的整个生育期，一旦形成群集后，很久不会分散，趋向于群居型生活。如东亚飞蝗卵孵化后，蝗蝻可聚集成群，集体行动或迁移，蝗蝻变成虫后仍不分散，成群远距离迁飞。多数昆虫的永久性群集主要是由于视觉器或嗅觉器受到环境的刺激，引起虫体内特殊的生理反应，并产生外激素的作用所造成的。

4. 本能

昆虫以一系列非条件反射表现出可遗传的复杂神经活动，即为昆虫的本能，并由内激素调节控制，如：筑巢、结茧。

5. 昆虫活动的昼夜节律

绝大多数昆虫的活动，如交配、取食和飞翔等都与白天和黑夜密切相关，其活动期、休止期随昼夜的交替而呈现一定节奏的变化规律，这种现象称为昼夜节律。根据昆虫昼夜活动节律，可将昆虫分为以下几类：

（1）日出性昆虫：如蝶类、蜻蜓、步甲和虎甲等，它们在白天活动。

（2）夜出性昆虫：如小地老虎等绝大多数蛾类，它们在夜间活动。

（3）昼夜活动的昆虫：如某些天蛾、大蚕蛾和蚂蚁等，它们白天黑夜均可活动。

有的还把弱光下活动的昆虫称为弱光性昆虫，如蚊子等，常在黄昏或黎明时活动。

由于大自然中昼夜的长短变化是随季节而变化的，所以很多昆虫的活动节律也表现出明显的季节性。多化性昆虫，各世代对昼夜变化的反应也不相同，明显地表现在迁移、滞育、交配、生殖等方面。昆虫的昼夜活动节律，表面上似乎是受光的影响，但实际上昼夜间还有很多变化着的其他因素，例如温度和湿度的变化、食物成分的变化、异性释放外激素的生理条件等。

6. 拟态和保护色

一种动物"模拟"其他生物的姿态，得以保护自己的现象，称为拟态。这是动物朝着在自然选择上有利的特性发展的结果，如一些尺蛾幼虫在树枝上栖息时，以末对腹足固定于树枝上，身体斜立，体色和姿态酷似枯枝；竹节虫多数种类形似竹枝；再如没有防御能力的食蚜蝇的外形与具有蛰刺的胡蜂极为相似，因而都不易被袭击者所发现。

保护色是指一些昆虫的体色与其周围环境颜色相似的现象。如栖居于草地上的绿色蚱蜢，其体色或翅色与环境极为相似，不易被敌害发现，利于保护自己。菜粉蝶蛹的颜色因化蛹场所的背景不同而异，在甘蓝叶上化的蛹常为绿色或黄绿色，而在篱笆或土墙上化蛹时，多呈褐色。

有些昆虫既有保护色，又有与背景形成鲜明对照的体色，称为警戒色，更有利于保护自己。如蓝目天蛾，其前翅颜色与树皮相似，后翅颜色鲜明并存类似脊椎动物眼睛的斑纹，当遇到其他动物袭击时，前翅突然展开，露出后翅，将袭击者吓跑。

1.5 园林植物昆虫的分类

1.5.1 昆虫分类的基础知识

（1）昆虫分类的意义和基本方法。昆虫分类的特征主要利用翅的有无、质地等，口器的类型，变态的类型，触角、足、腹部附肢的形态等。在分科和科以下的分类中，除上述特征以外，翅脉是一个很重要的特征，身体上的构造、胸部和骨板、刚毛的排列方式等也是常用的依据。而分种鉴定时，外生殖器的构造，常是可靠的特征。昆虫分类是以成虫形态特征为主，因为成虫是昆虫个体发育的最后阶段，形态已固定，种的特征已显示。

昆虫的分类阶梯是界、门、纲、目、科、属、种。种是分类的基本单位。为了更好地反映物种间的亲缘关系，在种的分类等级基础上设"亚"级即亚纲、亚目、亚科、亚属、亚种，在目、科上加"总"级。在种下增加亚种和生态型。现以蔷薇白轮盾蚧为例，说明昆虫分类阶梯顺序：

  门 节肢动物门 Arthropoda
   纲 昆虫纲 Insecta
    亚纲 有翅亚纲 Pterygota
     目 同翅目 Homoptera
      亚目 胸喙亚目……
       总科 蚧总科 Coccoidea
        科 盾蚧科 Diaspididae
         属 白轮盾蚧属 *Aulacaspis*
          种 蔷薇白轮盾蚧 *rosae*

昆虫分类系统很多，如何排列以及亚纲和各大类的设立，分目的多少很不一致，在我国，近年来有逐渐统一的趋向。现在一般都将昆虫分为2个亚纲，33个目。

（2）昆虫命名法规及学名的组成。昆虫学名是采用国际上统一规定的双命名法，并用拉丁文书写成的，每一学名包括前面的属名和后面的种名，学名在印刷时应排斜体。种名后是定名人的姓氏。属名的第一个字母必须大写，种名全部小写，后面姓氏的第一个字母也要大写。对一些比较熟悉的定名人的姓氏，可以缩写。有些昆虫在种名后面，还有小写的亚种名，这就成了三命名法。

例如，菜粉蝶：*Pieris rapae* Linnaeus （编写 Linn。）
　　　　　　属名　　种名　　定名人（林奈）
茶尺蠖：*Ectropis oblique hypulina* Wehrli
　　　　属名　　　种名　　亚种名　　定名人

1.5.2 园林植物重要昆虫类别

与园林植物有关的昆虫约有 10 个目，它们是直翅目、等翅目、半翅目、同翅目、缨翅目、脉翅目、鞘翅目、鳞翅目、双翅目、膜翅目等，另外，螨类属于蛛形纲的蜱螨目。分别简介如下：

1. 直翅目 Orthoptera

体小至大型，一般为善跳的昆虫。复眼发达，单眼 3 个或无，触角丝状或鞭状，口器咀嚼式，下口式，前胸发达，呈马鞍型；有翅 2 对，前翅复翅，后翅膜翅。后足多为跳跃足，有些前足为开掘足。雌虫产卵器发达，不完全变态。多为植食性。重要的科有 4 个科（如图 1-29）。

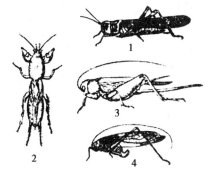

1. 蝗科　2. 蝼蛄科　3. 蟋蟀科　4. 螽斯科

图 1-29　直翅目的代表科（仿周尧）

（1）蝼蛄科 Gryllotalpidae。触角短于体长，前胸背板大，前足为开掘足，前翅短，仅及腹中部，后翅纵折伸过腹部末端，尾须长，产卵器不露出体外。杂食性，常取食各类萌发幼芽苗木根部，常在土中穿行挖掘隧道，使土壤与植物根部脱离而死亡，如华北蝼蛄、东方蝼蛄。

（2）蝗科 Locustidae。俗称蝗虫或蚂蚱。体粗壮，触角较体短，丝状或剑状。前胸背板马鞍形，听器位于第一腹节两侧。产卵器粗短，呈凿状。典型的植食性昆虫，如竹蝗、东亚飞蝗及短额负蝗等，严重危害菊花、小丽花等各种园林植物。

（3）蟋蟀科 Gryllidae。体粗壮，色暗。触角比体长，端部尖细。听器在前足胫节两侧，雄虫发音器在前翅近基部。尾须长而多毛。产卵器发达，针状或长矛状，危害各种植物幼苗、或取食根、叶、种子等。如油葫芦和大蟋蟀等，是常见的苗圃害虫。

（4）螽斯科 Tettingonidae。多为绿色，触角比体长。听器在前足胫节基部。雄虫能发音。产卵器特别发达，刀状或剑状。也有无翅与短翅的种类。多为植食性，少为肉食性，危害桑树及柑橘的枝条，如中华露螽斯。

2. 等翅目 Isoptera

体小至大型，体软为多型社会性昆虫。头部坚硬，复眼小或无，单眼 1 对或无，触角念珠状，口器咀嚼式。有翅型，翅 2 对，膜翅。许多个体为无翅型，足粗短，跗节 4～5 节。渐变态，如白蚁。危害园林植物的种类有：黄胸散白蚁和家白蚁等（如图 1-30）。

3. 半翅目 Hemiptera

通称"蝽"。体中小型，略扁平。口器刺吸式，自头的前端伸出，不用时贴在头胸的腹面。触角呈丝状，多为 4 节。前翅半鞘翅，后翅膜翅，静止时前翅平覆体背。前胸背板发达，中胸有三角形小盾片。很多种类有臭腺，开口于腹面后足基节旁，不完全变态，多为植食性，少数为肉食性。与园林植物关系密切的有蝽科、网蝽科、盲蝽科、缘蝽科、猎蝽科等（如图 1-31）。

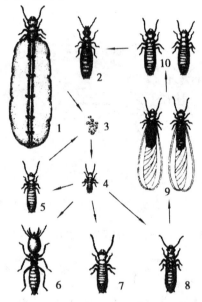

1. 蚁后 2. 雄蚁 3. 卵 4. 若蚁
5. 补充生殖蚁 6. 兵蚁 7. 工蚁
8. 长翅生殖蚁若虫 9. 长翅雌、雄生殖蚁
10. 脱翅雌、雄生殖蚁

图 1-30　等翅目的代表科（家白蚁）

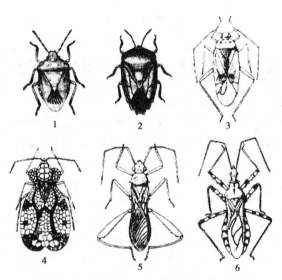

1. 蝽科 2. 荔蝽科 3. 盲蝽科 4. 网蝽科
5. 缘蝽科 6. 猎蝽科

图 1-31　半翅目的代表科（仿周尧等）

（1）蝽科 Pentatomidae。体小至大型，体色多变。头小三角形，触角多 5 节，喙 4 节，具单眼，小盾片发达，三角形。前翅分为革区、爪区、膜区 3 部分。膜区有多数纵脉，且多出自一基横脉上。多为植食性，少数肉食性。常见有梨椿象、赤条蝽、麻皮蝽等。

（2）网蝽科 Tingidae。体小，极扁平。触角 4 节，末节常膨大。前胸背板向后延伸盖住小盾片。前翅有革区和膜区之分，前翅及前胸背板全部呈网状。成、若虫均群集叶背危害，被害处常有黏稠状分泌物及蜕下的皮。园林植物常见的有梨冠网蝽、杜鹃冠网蝽等。

（3）盲蝽科 Miridae。体多小型，略瘦长，无单眼。前翅有楔区。触角及喙均为4节。产卵器发达，为镰刀状，产卵于植物组织中。多数植食性，如危害菊花的绿盲蝽、牧草盲蝽等。少数肉食性，如食蚜黑盲蝽等。

（4）缘蝽科 Coreidae。体小型，触角4节，生在喙基部与复眼连线之上。前翅膜区有多条平行纵脉，且均出自1条横脉。足较长，有些后足腿节粗大。全为植食性，常见有危害小丽花及草坪的亚姬缘蝽。

（5）猎蝽科 Reduviidae。体中型。头后部细缩如颈状。喙3节，坚硬弯曲，触角4节。有单眼。前足能捕捉。前翅膜片有2翅室。全为肉食性，如黄足猎蝽、黑红猎蝽等。

4. 同翅目 Homoptera

体小型至大型。口器刺吸式，自头的后方伸出。触角刚毛状、锥状或丝状。前后翅质地均匀，膜质或革质，静止时呈屋脊覆于体背。少数种类无翅，不完全变态，植食性。有些种类在刺吸植物汁液的同时能传播植物病毒，如叶蝉。与园林植物关系密切的有蝉科、叶蝉科、木虱科、粉虱科、蚜科、蚧科等（如图 1-32）。现在有的昆虫分类学家主张将同翅目归属于半翅目中。

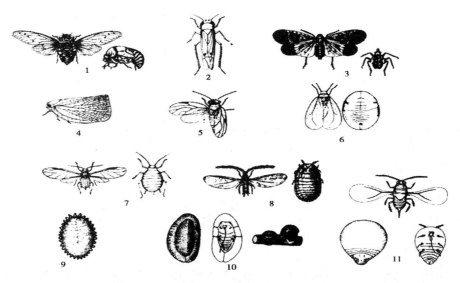

1. 蝉科 2. 叶蝉科 3. 蜡蝉科 4. 蛾蜡蝉科 5. 木虱科 6. 粉虱科
7. 蚜科 8. 绵蚧科 9. 粉蚧科 10. 蚧科 11. 盾蚧科

图 1-32 同翅目的代表科

（1）蝉科 Cicadidae。体中至大型。单眼3个，触角刚毛状。翅膜质透明，翅脉粗大。

前足腿节膨大近似开掘式。雄虫腹部第一节有发音器。成、若虫均刺吸植物汁液。雌成虫产卵于树木枝条中，易使枝条枯死，若虫钻入土中吸食根部汁液。常见有蚱蝉等。

（2）叶蝉科 Cicadeliidae。体小型。头部较圆，不窄于胸部。触角刚毛状，着生于两复眼间。前翅革质不透明。后足发达，善跳跃，胫节下方有两排刺。常见有大青叶蝉、小绿叶蝉等。

（3）木虱科 Psyllidae。体小型，外形似小蝉，善跳，触角 9～10 节，末节顶端具有 2 根刚毛，单眼 3 个，喙 3 节，跗节 2 节，爪 2 个。若虫体扁，有侧伸大型翅芽，常分泌蜡丝覆盖虫体，有些种类若虫期能形成虫瘿。常见种类有梧桐木虱、槐木虱、梨木虱等。

（4）粉虱科 Aleyrodidae。体小型、纤弱，体翅被蜡粉。前翅仅有 2 条纵脉，并呈交叉状，后翅只有 1 条直脉。若虫、成虫腹末背面有皿状孔，是本科显著特征，渐变态。常见种类有温室白粉虱、黑刺粉虱等，危害多种花卉。

（5）蚜科 Aphididae。体小型。触角丝状 6 节，第 1、2 节短粗，其余各节细长，末节中部突然变细。分无翅和有翅两种类型，翅膜质透明，前翅大，后翅小，前翅有翅痣。腹部第 5 或第 6 节背面两侧生有腹管，腹末有突起的尾片，常有世代交替或转主现象。常见的有棉蚜、绣线菊蚜、月季长管蚜等。

（6）蚧总科 Coccoidae。通称介壳虫。形态多样，雌雄异型。雌成虫无翅，通常体被介壳或蜡粉、蜡块、蜡丝所覆盖，固定在植物上不动，口器位于前胸腹面。雄成虫只有 1 对前翅，一条二分叉的翅脉。足的跗节只有 1 节，末端有 1 个爪。雄虫口器退化不取食，有的种类未发现雄虫。常见有吹绵蚧、日本松干蚧、日本球坚蚧等。

5. 缨翅目 Thysanoptera

通称蓟马。体小，细长，一般 1～2mm，小者 0.5 mm。翅，狭长，无脉或最多两条纵脉，翅缘着生长而整齐的缨毛。足短小，末端膨大呈泡状。渐变态。多数植食性，少数肉食性。与园林植物关系密切的有蓟马科和管蓟马科（如图 1-33）。

（1）蓟马科 Thripidae。翅狭而端部尖锐。雌虫腹部末端圆锥形，刺状产卵器从侧面看，其尖端向下弯曲。常见的有温室蓟马和花蓟马、烟蓟马。

（2）管蓟马科 Phloeothripidae。体暗褐色或黑色。翅表面光滑无毛，前翅无翅膜。腹部末节呈管状，无产卵器。常见的有中华蓟马和稻管蓟马。

6. 脉翅目 Neuroptera

体中小型。翅膜质，前后翅大小形状相似，翅脉和边缘多呈网状，边缘两分叉。成虫口器咀嚼式，幼虫双刺吸式。全变态。本目成、幼虫都是捕食性的益虫。常见的有草蛉科和蝶角蛉科（如图 1-34）。

（1）草蛉科 Chrysopidae。体中型，草绿色、黄色或灰白色。触角丝状，比体长。复眼有金属闪光。前后翅透明且非常相似，前缘区有 30 条以下横脉，不分叉。幼虫纺锤形，体侧各节有瘤突，丛生刚毛。常见有大草蛉、丽草蛉、中华草蛉等。

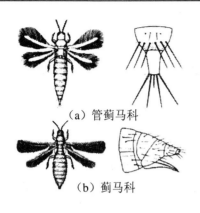
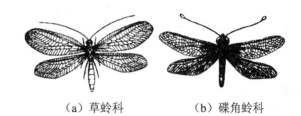

图 1-33 缨翅目的代表科　　　　　　　　图 1-34 脉翅目的代表科（仿周尧）

（2）蝶角蛉科 Ascalaphidae。体大，外形似蜻蜓，但触角似蝴蝶，球杆状，相当长，几乎等于体长。幼虫头大，腹部背面和侧面生有瘤突，其上生有毛，常将蜕皮、粪便及树叶等脏物背袱在体背上，埋伏于地面，捕食经过的小型昆虫，如黄花蝶角蛉。

7. 鞘翅目 Coleoptera

通称甲虫，是昆虫纲中最大的一个目。体小至大型，体壁坚硬。成虫前翅为鞘翅，静止时平覆体背，后翅膜质折叠于鞘翅下，少数种类后翅退化。前胸背板发达且有小盾片。口器咀嚼式。触角形状多变，有丝状、锯齿状、锤状、膝状或鳃叶状等。复眼发达，一般无单眼。多数成虫有趋光性和假死性，全变态。幼虫寡足型或无足型，蛹为离蛹。本目包括肉食亚目和多食亚目（如图 1-35）。

（1）肉食亚目 Adephaga。腹部第一节腹板被后足基节窝所分割，前胸背板与侧板之间有明显的分界。肉食亚目代表科步甲科和虎甲科（如图 1-36）。

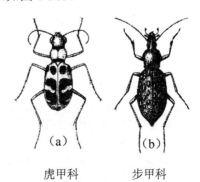

1. 前胸腹板　2. 后足基节窝　3. 后足基节

图 1-35 肉食亚目和多食亚目的特征（仿 Matheson）　　　图 1-36 肉食亚目代表科（仿周尧）

① 步甲科 Carabidae。体小至大型，呈黑褐、黑色或古铜色，具金属光泽，少绒毛。触角着生于上颚基部与复眼之间，头窄于前胸。如金星步甲等。

② 虎甲科 Cicindelidae。体小至中型，多绒毛，有鲜艳的色斑和金属光泽。触角着生于上颚基部的额区，头宽于前胸。如中华虎甲等。

（2）多食亚目 Polyphaga。腹部第一节腹板不被后足基节窝分开，前胸背板与侧板之间无明显分界，多食亚目代表科（如图1-37）。

① 金龟甲科 Scarabaeoidea。体小至大型，较粗壮。触角鳃叶状，通常10节。前足胫节端部宽扁具齿，适于开掘；后足着生位置接近中足而远离腹末。触角上少毛（食粪种类相反）。幼虫体柔软多皱，向腹面弯曲呈"C"型，称蛴螬。成虫取食植物叶、花、果，幼虫土栖，危害植物根、茎。常见有小青花金龟、白星花金龟、铜绿丽金龟等。

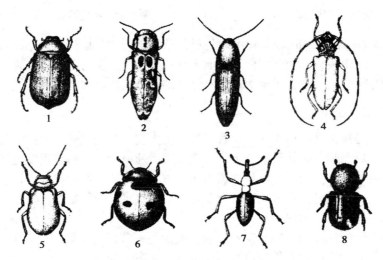

1. 金龟甲科　2. 吉丁甲科　3. 叩头甲科　4. 天牛科
5. 叶甲科　6. 瓢甲科　7. 象甲科　8. 小蠹科

图1-37　多食亚目的代表科

② 叩头甲科 Elateridae。体扁，中等大小，灰褐或黑褐色。触角锯状、丝状或梳状。前胸背板发达，后缘两侧有刺突。前胸腹板中间有1齿。前胸上下能活动，似叩头。幼虫体细长，坚硬，呈黄褐色，生活于地下，是主要的地下害虫之一。如沟金针虫、细胸金针虫等。

③ 吉丁甲科 Buprestidae。体小至中型，成虫近似叩头甲，体色较艳，有金属光泽。触角锯状。前胸不能上下活动，前胸背板后缘两侧无齿突。幼虫近似天牛幼虫，乳白色，无足，头小，前胸大而扁平，如杨十斑吉丁虫、苹果小吉丁虫等。多在树皮下、枝杆或根内钻蛀，俗称"溜皮虫"。

④ 天牛科 Cerabycidae。体小至中型，触角丝状或鞭状，与体等长甚至超过体长。复

眼肾脏形。足跗节为隐5节（第4节隐）。幼虫长圆筒形，前胸大而扁平，足小或无，腹部1~6或7节的背面及腹面常呈卵形肉质突，称步泡突，便于在坑道内行动。幼虫蛀食树干、枝条及根部。如星天牛、光肩星天牛、合欢双条天牛、菊天牛等。

⑤ 叶甲科 Chrysomelidae。体小至中型，圆或椭圆形，具金属光泽，俗称金花虫。触角较短，多为丝状。跗节隐5节（第4节隐）。幼虫胸足发达，体上具肉质刺及瘤状突起。成虫危害植物叶片，幼虫还有潜叶、蛀茎及咬根的种类。如杨树叶甲、榆紫叶甲、柳蓝叶甲等。

⑥ 象甲科 Curculionidae。体小至大型，粗糙，色暗（少数鲜艳）。头部向前延伸成象鼻状；口器很小，着生在头端部。触角膝状，端部膨大。幼虫体柔软，肥而弯曲，头部发达，无足。成、幼虫危害植物，成虫有假死性。如杨干象、梨卷叶象甲和杨卷叶象甲等。

⑦ 瓢甲科 Coccinellidae。体小至中型，体背隆起呈半球形，腹面平坦，外形似半圆瓢。鞘翅上常具红、黄、黑等色斑。头小，部分隐藏在前胸背板下。触角短小，棒状，11节。跗节隐4节（第3节隐）。幼虫身体有深或鲜明的颜色，行动活泼，体上有枝刺或带毛的瘤突。多数种类为肉食性。如异色瓢虫、七星瓢虫等。还有一些为植食性，如二十八星瓢虫。

8. 鳞翅目 Lepidoptera

通称蛾、蝶类。体小至大型，常以翅展表示。成虫体、翅密生鳞片，并由其组成各种颜色和斑纹。前翅大，后翅小，少数种类雌虫无翅。触角丝状、羽毛状、棍棒状等。口器虹吸式，不用时呈发条状卷曲在头下方，全变态。幼虫多足型，咀嚼式口器。蛹为被蛹，腹末有刺突。本目成虫一般不危害植物，幼虫多为植食性，有食叶、卷叶、潜叶、钻蛀茎、根、果实等，分为蝶亚目和蛾亚目。

（1）蝶亚目（锤角亚目）Rhopalocera。通称蝴蝶。触角端部膨大成棒状。前后翅无特殊联锁构造，飞翔时后翅肩区贴着在前翅下。白天活动，休息时翅竖立在背面或不时扇动，蝶类代表科（如图1-38）。

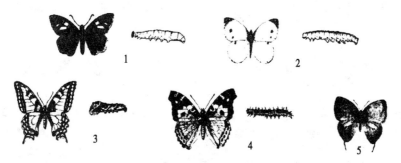

1. 弄蝶科　2. 粉蝶科　3. 凤蝶科　4. 蛱蝶科　5. 灰蝶科

图 1-38　蝶类代表科

① 凤蝶科 Papilionidae。多为大型颜色鲜艳的种类。底色黄或绿色，带有黑色斑纹，

或底色黑色带有蓝、绿、红等色斑。前翅三角形，后翅外缘呈波浪状，臀角常有尾突。触角棒状，由基部向上渐变粗。幼虫体色深暗，光滑无毛，前胸背中央有一触之即外翻的臭丫腺，为红或黄色，如柑橘凤蝶、樟青凤蝶等。

② 粉蝶科 Pieridae。体中型。多为白色，黄色或橙色，并带有黑色或红色斑纹。前翅三角形，后翅卵圆形。触角棍棒状。幼虫绿或黄色，圆筒形，多皱纹，表面有许多绒毛和毛瘤。如菜粉蝶、斑粉蝶、树粉蝶、山楂粉蝶等。

③ 蛱蝶科 Nymphalidae。体中至大型。翅上有各种鲜艳的色斑。前足退化，足的跗节均无爪。前翅三角形，后翅卵圆形，翅外缘呈波浪状，少数种类后翅臀角有尾突。幼虫体色深，体表多有成对棘刺，少数头部或尾部突起呈角状，如柳紫闪蛱蝶等。

（2）蛾亚目（异角亚目）Heterocera。通称蛾类。触角形状各异，但不呈棒状和锤状。飞翔时前后翅用翅缰连接。多为夜间活动，休息时翅平放在身上或屋脊状覆于体背，蛾类代表科（如图 1-39）

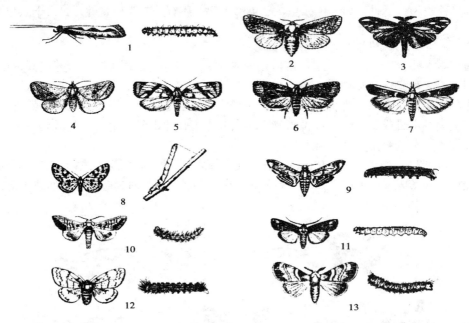

1. 菜蛾科　2. 木蠹蛾科　3. 袋蛾科　4. 刺蛾科　5. 卷蛾科　6. 小卷蛾科　7. 螟蛾科
8. 尺蛾科　9. 天蛾科　10. 舟蛾科　11. 夜蛾科　12. 毒蛾科　13. 枯叶蛾科

图 1-39　蛾类代表科

① 透翅蛾科 Aegeriidae。体狭长，小至中型，外形似蜂，黑褐色，常有红或黄色斑纹。触角棒状，雄的有齿或栉状。翅狭长，大部分透明，仅在翅缘和翅脉上有鳞片。足细长，有距。腹部尾端常生毛束。幼虫钻蛀木本植物的茎和枝条，如白杨透翅蛾、苹果透翅蛾等。

② 袋蛾科 Psychidae。又名蓑蛾、避债蛾。雌雄异形，雄蛾有翅，触角羽状，无喙，翅面鳞片薄，近于透明。雌虫无翅，形如幼虫，终生居住在幼虫编织的鞘中，交配时也不离鞘，卵产在鞘内。幼虫肥胖，胸足发达，腹足5对，初龄就吐丝缀叶编织袋囊，取食时头胸伸出袋外，负鞘行走，如大袋蛾、茶小袋蛾等。

③ 刺蛾科 Eucleidae。体中型。粗壮多毛，多呈黄、褐或绿色，具红或暗色斑纹，喙退化。雄蛾触角栉齿状，雌蛾丝状。前后翅中室内有"M"脉主干存在。幼虫又称洋辣子，蛞蝓型，头小能缩入前胸内。胸足退化，腹足呈吸盘状。体被枝刺毛簇，触人皮肤有痛感，如黄刺蛾、褐边绿刺蛾等。

④ 螟蛾科 Pyralidae。小至中型。体细长，脆弱，腹末尖削，色暗淡。触角丝状。下唇须长，伸出头的前方。体上鳞片细密紧贴，光滑。前翅狭长三角形，后翅有发达的臀区，臀脉3条。幼虫体细长，光滑，无次生刚毛，多钻蛀或卷叶危害，如楸螟、微红梢斑螟、竹织叶野螟等。

⑤ 卷蛾科 Tortricidae。小至中型。鳞毛紧贴而光滑，多为黄、褐、灰等色。前翅肩区发达，顶角突出，休息时成钟罩状。幼虫圆筒形，体色因种而异，卷叶、缀叶危害，如松褐卷蛾、苹果卷叶蛾、槐小卷叶蛾等。

⑥ 木蠹蛾科 Cossidae。中至大型，体粗壮，翅多灰色，有黑斑纹。无喙。幼虫粗壮，通常白色、黄色或红色，钻蛀多种树木，少数危害根部，如柳干木蠹蛾、芳香木蠹蛾等。

⑦ 尺蛾科 Geometridae。小至大型，体瘦长，翅大而薄，前后翅颜色相似，并常有波状纹相连，休息时四翅平铺。个别种类雌虫无翅，腹部第二节侧板下方有听器。幼虫除3对胸足外只有1对腹足（不含尾足），行走明显拱腰造桥，故称造桥虫。幼虫休息时常模拟枝条状。如国槐尺蛾、丝棉木金星尺蛾等。

⑧ 枯叶蛾科 Lasiocampidae。中至大型，体粗壮多毛，触角羽毛状，单眼与喙退化。后翅肩角扩大，有1或数根肩脉，有些种类后翅外缘呈波状，休息时露于前翅两侧，形似枯叶而得名。幼虫粗壮，体被长短不一的长毛，化蛹于丝茧内，如黄褐天幕毛虫及各种松毛虫等。

⑨ 天蛾科 Sphingidae。多为大型，体粗。触角纺锤形，末端弯曲成钩状。前翅狭长，外缘倾斜，后翅短小。幼虫粗大，圆筒形，有的种类体侧常有斜纹或眼状斑，胴部每节分6~8个小环，第8腹节背面有尾角，如豆天蛾、桃天蛾等。

⑩ 舟蛾科 Notodontidae。又名天社蛾，极似夜蛾。中至大型。触角丝状或锯齿状。前翅后缘中央常有突出的毛簇，休止时翅呈屋脊状，毛簇竖起如角。幼虫体光滑或具次生刚毛，休止时，头尾翘起似舟形。幼虫有群居性，常危害阔叶树及果树，如杨扇舟蛾、国槐羽舟蛾。

⑪ 灯蛾科 Arctiidae。体中型，粗壮且较鲜艳，腹部多为黄或红色，常有黑点。翅多为白、黄或灰色，翅面常有条纹或斑点，触角羽状或丝状。幼虫体被辐射状毛丛，毛丛着生在毛瘤上，常见有美国白蛾等。

⑫ 毒蛾科 Lymantriidae。体中型，粗壮。体色多为白、黄、褐等色。触角多为栉状或羽状，口器和下唇须退化。静止时多毛的前足伸向前方，多数种类雌虫腹末有毛丛。幼虫腹部6、7节背面各具1翻缩腺，如舞毒蛾、杨毒蛾等。

⑬ 夜蛾科 Noctuidae。为鳞翅目第一大科。中至大型，体粗壮。前翅狭长，常有横带和斑纹，后翅三角形，白或灰白色。触角丝状、栉状或羽状。幼虫多光滑少毛、体色较深，如地老虎类等。

⑭ 潜蛾科 Lyonetiidae。微小至小型。头颜面光滑，头顶有粗鳞，下颚须发达。触角长，第1节膨大，下方呈凹形盖在复眼上形成眼罩。前翅披针形，顶角尖，略向上或向下弯曲。后翅线形，缘毛长，中室消失。后足胫节多被长毛。成虫休止时前翅尖端多上翘或下折，易于识别。幼虫扇形或圆筒形，常在叶内潜食危害，如杨白潜蛾等。

9. 双翅目 Diptera

包括蚊、蝇、虻等多种昆虫。体小至中型。前翅1对，后翅特化为平衡棒，前翅膜质，脉纹简单。口器刺吸式或舐吸式。复眼发达。触角有芒状、念珠状和丝状。全变态。幼虫蛆式，无足。多数围蛹，少数被蛹。与园林植物关系密切的有瘿蚊科、食蚜蝇科、实蝇科、花蝇科和寄蝇科（如图1-40）。

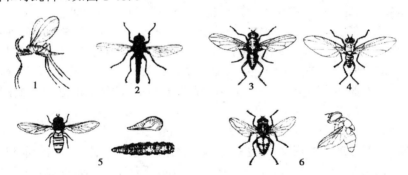

1. 瘿蚊科　2. 食虫虻科　3 花蝇科　4. 潜蝇科　5. 食蚜蝇科　6. 寄蝇科

图1-40　双翅目代表科（仿周尧等）

（1）长角亚目 Nematocera。成虫触角很长，至少6节，线状或念珠状，身体纤细脆弱。幼虫除瘿蚊外，都有明显骨化的头部。

瘿蚊科 Cecidomyiidae。体小似蚊。复眼发达。触角念珠状，每节有两个或一个膨大生有普通毛或环生放射状细毛。翅上脉纹很少，仅3～5条，如柳瘿蚊等。

（2）芒角亚目 Aristocera。泛指蝇类与食蚜蝇类。触角短，3节，第3节背面具触角芒。幼虫蛆式，无头。

① 食蚜蝇科 Syrphidae。体小至中型，形似蜜蜂或胡蜂。体常有黄白相间的横斑。成虫活泼，飞翔时能在空中静止不动而又突然前进，产卵于蚜虫多处，幼虫捕食蚜虫。如细

腰食蚜蝇、黑带食蚜蝇等。

② 实蝇科 Trypetidae。小至中型，体常有黄、棕、橙、黑等色，触角芒无毛。翅宽大，常有暗色雾斑，第一条中脉向前弯曲。成虫静止时常不停扇动翅。幼虫蛆形，白色，如柑橘小实蝇、梨实蝇等。

③ 花蝇科（种蝇科）Anthomyiidae。小至中型。体细长多毛，成虫活泼。翅的后缘基部连接身体处有一片质地较厚的腋瓣，翅脉全是直的，第一条中脉不向前弯曲。幼虫蛆式，圆柱形，后端截平，有6～7对突起包围的气门板，腐食性或植食性，如种蝇等。

④ 寄蝇科 Tachinidae。小至中型，体粗多毛，暗褐色或黑色，具褐色斑纹。小盾片不发达。腹末多刚毛。中足基部后上方有一鬃毛列。幼虫蛆形，末端齐截。多寄生于鳞翅目、直翅目、鞘翅目幼虫和蛹体内，如地老虎寄蝇、松毛虫狭颊寄蝇等。

10. 膜翅目 Hymenoptera

包括蜂和蚁。除一部分植食性外，大部分是捕食性和寄生性，很多是有益的种类。体小至大型。口器咀嚼式或咀吸式。复眼发达。触角膝状、丝状或锤状等。前、后翅膜质，用翅钩连接，脉纹奇特。雌虫产卵器发达，有的变成螫刺。全变态。幼虫类型不一。裸蛹，有的有茧。有植食性、捕食性和寄生性，多数属天敌昆虫。可分广腰亚目与细腰亚目。与园林植物关系密切的有叶蜂、茎蜂、姬蜂、茧蜂、小蜂、赤眼蜂、金小蜂等科。

（1）广腰亚目 Symphyta。腹部很宽的连接在胸部，足的转节为2节，翅脉较多，后翅至少有3个基室，全为植食性（如图1-41）。

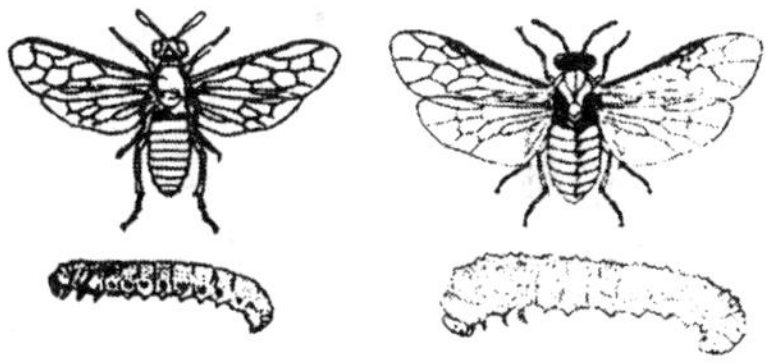

（a）三节叶蜂科　（b）叶蜂科

图1-41　广腰亚目代表科（仿周尧）

① 叶蜂科 Tenthredinidae。小至中型，体粗壮，前足胫节有2端距。触角丝状或棒状。前胸背板深凹。幼虫食叶或蛀果，体光滑多皱，腹足6～8对（含尾足），如樟叶蜂、月季叶蜂等。

② 茎蜂科 Cephidae。中、小型，体细长。触角线状。前足胫节端部有1个距。前胸背板后缘平直。幼虫多蛀茎危害，如梨茎蜂等。

③ 三节叶蜂科 Argidae。体小而粗壮。触角3节，第3节最长。前足胫节有2端距。幼虫足2～8对，如蔷薇叶蜂、杜鹃叶蜂等。

（2）细腰亚目 Apocrida。胸腹部连接处收缩成细腰状或延长成柄状，翅上脉纹较少，后翅最多只有2个基室，足的转节多为1节，多数为寄生性益虫（如图1-42）。

① 姬蜂科 Ichneumonidae。体小至大型，触角丝状，16节以上。前翅端部第二列有1个小翅室和第二回脉。雌虫腹末纵裂从中伸出产卵器。卵多产在鳞翅目、鞘翅目幼虫和蛹体内，如黑尾姬蜂、松毛虫黑点瘤姬蜂等。

② 茧蜂科 Braconidae。小至中型。触角丝状。前翅无第二回脉，翅面上常有雾斑。休

止时触角常摆动。产卵于鳞翅目幼虫体内,幼虫成熟时爬出寄主体外结黄白色小茧化蛹,如松毛虫绒茧蜂、桃瘤蚜茧蜂等。

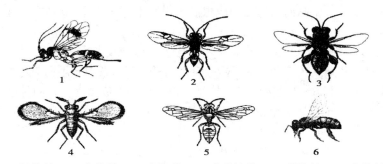

1. 姬蜂科 2. 茧蜂科 3. 小蜂科 4. 赤眼蜂科 5. 胡蜂科 6. 蜜蜂科

图 1-42　细腰亚目代表科(仿周尧等)

③ 赤眼蜂科(纹翅卵蜂科)Trichogrammalidae。体微小。触角短膝状,腰不细。翅脉极度退化,前翅宽,翅面有成行的微毛。足的跗节3节,成虫和蛹的复眼为赤红色,产卵于鳞翅目卵内,如松毛虫赤眼蜂、广赤眼蜂等。

④ 小蜂科 Chalcididae。微小到小型。头胸部常有黑或褐色粗点刻,如黄或橙色的斑纹。触角膝状。后足腿节膨大,下缘外侧有成列刺突,后足胫节向内弯曲。多寄生于鳞翅目、双翅目、鞘翅目、同翅目幼虫蛹内,如广大腿小蜂等。

⑤ 蚁科 Formicidae。通称蚂蚁。体小,触角膝状,柄节很长。腹部与胸部连接处有1～2节呈结节状。筑巢群居,具明显多型现象。雌雄生殖蚁有翅,工蚁与兵蚁无翅。肉食性、植食性和多食性,如双齿多刺蚁。

11.　螨类 Acarina

(1)螨类的危害。园林植物的害虫,除有害昆虫外,还包括一大类害螨。近年来螨类对园林植物的危害有日益加剧的趋势,对叶、嫩茎、叶鞘、花蕾、花萼、果实、块茎、鳞茎,造成不同的危害症状,从地上到地下都有其踪迹,在同一种观赏植物上有几种螨类的危害。

螨类属于蛛形纲,蜱螨亚纲,螨目。在自然界分布广泛,其中植食性螨类危害农作物和果树,如叶螨科和瘿螨科等,是有害的螨类。而捕食性螨类则捕食植食性的害虫及害螨,如植绥螨科和长须螨科等,称为益螨。植食性螨类危害农作物,引起叶片变色、变形甚至脱落,如棉红蜘蛛引起棉叶变红,柑桔黄蜘蛛引起桔叶变形。有的危害柔嫩组织,形成疣状突起。在仓库内危害粮食的螨类,常引起粮食色味变劣,人畜误食或被感染易引起肠胃炎及皮疹。

(2)螨类的特征。螨类不是昆虫,它与昆虫有很多明显的区别。

① 身体分节不明显,无头、胸、腹三段之分。

② 无翅、无眼或只有1～2对单眼。

③ 有足 4 对（少数只有 2 对足）。
④ 变态经过卵、幼螨、若螨和成螨。

螨类的形体通常为圆形或卵圆形，一般是由 4 个体段构成，即颚体段、前肢体段、后肢体段和末体段（或臀体段）（如图 1-43）。

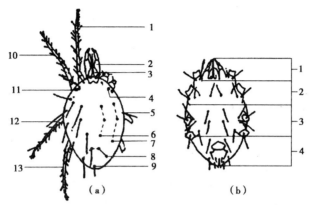

(a) 雌螨背面：1. 第一对足 2. 须肢 3. 颚刺器 4. 前足体段茸毛
5. 肩毛 6. 后足体段背中毛 7. 后足体段背侧毛 8. 骶毛 9. 臀毛
10. 第二对足 11. 单眼 12. 第三对足 13. 第四对足
(b) 雌螨腹面：1. 颚体段 2. 前肢体段 3. 后肢体段 4. 末体段

图 1-43 螨类的体躯结构

颚体段相当于昆虫的头部，与前肢体段相连，界限分明。附器只有口器，口器有两种类型：一是咀嚼式口器，二是刺吸式口器，由 1 对螯肢及 1 对须肢组成。螯肢分为 2 节，须肢分 5 节。

肢体段相当于昆虫的胸部，一般着生 4 对足。着生前面 2 对足的为前肢体段，着生后面 2 对足的为后肢体段。两体段之间，有的种类有一明显缢纹，有的则无。前肢体段背面常有 1～2 对单眼及气门器。足由 6 个环节组成：基节、转节、腿节、膝节、胫节及跗节，跗节末端常有 1～3 个爪和吸盘式中垫。

末体段相当于昆虫的腹部，与后肢体段紧密相连，很少有明显的分界，肛门及生殖孔一般开口于末体段的腹面。生殖孔在前，肛门在后。

螨类多系两性卵生繁殖，发育阶段雌雄有别，雌虫经过卵、幼螨、第一若螨、第二若螨及成螨。雄螨则没有第二若螨期。幼螨有足 3 对，若螨有足 4 对。有些种类亦可孤雌生殖。螨类繁殖速度很快，一年最少 2～3 代，最多 20～30 代。农林上有害螨类很多，常给农林造成严重灾害。有些种类可捕食或寄生于农林害虫或害螨，可控制害虫和害螨的危害。

1.6 昆虫与环境的关系

昆虫的发生发展与环境有着密切的关系，而环境条件是多方面的，如食料、温度、光照、土壤及生物等，这些条件都是昆虫的各种生态因子。研究昆虫与周围环境相互关系的科学，就是昆虫生态学。研究昆虫生态的目的，是为了能主动掌握害虫发生发展的规律，为预测预报提供理论根据，并在这个基础上制订合理的综合防治措施，有目的地改变害虫的生活条件，保护、利用天敌昆虫和致病微生物等。

1.6.1 气候因子对昆虫的影响

1. 温度

（1）温度对昆虫生长发育的影响。温度是最主要的气候因子，对昆虫的生存和发育有很大影响。昆虫是变温动物，它的体温在一定范围内随着周围环境的温度变化而变化。每种昆虫的发育，都有它适宜的温度范围，这个范围称昆虫的有效温区，或称适宜温区。在有效温区内，发育速度随温度增高而加快，一般昆虫的，适宜温区在 8~40℃。在这个范围内还有对昆虫生长发育和繁殖最适宜的范围，称最适温区，一般在 22~30℃。有效温区的下限为最低有效温度，是昆虫开始生长发育的温度，即发育起点，一般为 8~15℃。有效温区的上限，即最高有效温度，是昆虫因高温过度而生长发育开始被抑制的温度，称高温临界，一般为 35~45℃。昆虫在发育起点温度以下，或高温临界以上的一定范围内，并不死亡而呈休眠状态，当温度恢复到有效温度范围内仍可恢复活动。这样在发育起点以下有一个低温停育区，温度再下降，昆虫因过冷而死亡，称为致死低温区。在高温临界以上有一个高温停育区，温度再升高，昆虫则因过热而死亡，即致死高温区，一般要在 45℃以上。

（2）昆虫生长发育的积温法则。昆虫生长发育的基础是新陈代谢，是由一系列生物化学反应所构成，而这一系列反应又是在各种酶的作用下进行的。在一定温度范围内，温度升高可以提高酶的活性，加速生长发育速度，形成昆虫生长发育的速度与温度成正比，发育所需时间与温度成反比的关系。如温度过高或过低，使酶的活性受到抑制或破坏，导致昆虫发育停滞甚至死亡。

昆虫和其他生物一样，在生长发育过程中，完成一定的发育阶段（一个虫期或一个世代）从外界摄取一定的热量，发育所经历的时间与该时间内温度的乘积（总热量）为一个常数，即：

$$K = NT$$

K—积温常数　　　　N—发育时间　　　　T—温度

由于昆虫必须在发育起点温度以上才能开始发育，因此在公式中温度（T）应该减去发育起点温度（C），即有效温度（T−C）与发育时间（历期）的乘积是一个常数（K），公式：

$$K=N(T-C) \text{ 或 } N=K/(T-C)$$

由上述公式表示的昆虫发育时间与有效温度的乘积是一个常数的定则，称有效积温法则，积温的单位通常用日度表示。

某种昆虫或一个虫态的发育起点和有效积温的测定，一般是通过几种不同温度条件下的发育历期，如：

第一种温度条件下　$K=N_1(T_1-C)$

第二种温度条件下　$K=N_2(T_2-C)$

由于同种昆虫或其某一虫态的有效积温 K 为一常数，即

$$N_1(T_1-C)=N_2(T_2-C)$$

换算公式：

$$N_1T_1-N_1C=N_2T-N_2C$$
$$N_1C-N_2C=N_1T_1-N_2T_2$$
$$C(N_1-N_2)=N_1T_1-N_2T_2$$
$$C=(N_1T_1-N_2T_2)/(N_1-N_2)$$

根据上面公式计算出发育起点温度 C，再将 C 代入两种观察温度中的任何一种，再根据公式 $K=N_1(T_1-C)$ 或 $K=N_2(T_2-C)$，求出有效积温。

例如：将某一昆虫的卵放在 18℃ 和 25℃ 两种温度条件下观察，平均发育日期分别为 9 天和 3.5 天，计算发育起点温度

$$C=(9\times18-3.5\times25)/(9-3.5)$$
$$=(162-87.5)/5.5$$
$$=74.5/5.5$$
$$=13.5℃$$

将计算出的发育起点温度代入 25℃ 条件下观察的数中，求有效积温。

$$K=3.5\times(25-13.5)$$
$$=3.5\times11.5$$
$$=40.25 \text{ 日度}$$

有效积温法则应用：

（1）预测害虫发生期。例如：已知槐尺蠖卵的发育起点温度为 8.5℃，卵期有效积温为 84 日度，卵产下当时的日平均温度为 20℃，若天气情况无异常变化，预测 7 天后槐尺蠖的卵就会孵出幼虫。

∵　$N=K/(T-C)$

∴　$N=84/(20-8.5)=7.3$ 天

（2）推测某种昆虫在不同地区每年发生的世代数。

世代数＝某地全年有效积温总和/某种昆虫完成一个世代有效积温

＝K_1/K

例如：槐尺蠖的发育起点温度，卵为 8.5℃，幼虫为 10.5℃，蛹为 9.5℃，完成一代所需要的有效积温是 485 日度，1958 年 4～8 月在北京高于 8.5℃（槐尺蠖的发育起点温度）有效积温为 1 873 日度，可推算出槐尺蠖在北京每年发生世代数。

发生世代数＝1 873/485＝4 代

（3）控制昆虫发育进度。利用人工繁殖寄生蜂防治害虫，按释放日期的需要，可根据 $T=K/N+C$ 计算出室内饲养寄生蜂所需要的温度，通过调节温度来控制寄生蜂的发育速度，在合适的日子释放出去。

例如：利用松毛虫赤眼蜂防治落叶松毛虫，赤眼蜂的发育起点温度为 10.34℃，有效积温为 161.36 日度，根据放蜂时间，要求 12 天内释放，应在何种温度才能按时出蜂。代入公式，即：$T=161.36/12+10.34=23.8℃$

但是必须指出，有效积温法则还有一定的局限性。只考虑了昆虫的发育起点温度，没有考虑过高温度对昆虫发育的延缓的影响，田间变温和室内恒温对昆虫的作用不是一致的，昆虫发育不只是温度单因子的影响，同时还受食料、湿度等环境因子的作用。因此，我们在应用有效积温法则时，不能绝对化，要注意到它的局限性。

2. 湿度

水是代谢作用不可缺少的介质，一般昆虫身体的含水量为体重的 50～90%，同种昆虫因龄期、虫态及营养状态不同而含水量也有变化，一般由幼虫到成虫含水量逐渐降低。昆虫获得水的主要途径，从食物中取得，其次直接饮水、体壁吸水和体壁代谢水。

昆虫对湿度的反应和温度一样，需要有一定的适宜湿度范围，一般昆虫抵抗高湿的能力比低湿的大，但有些昆虫如蚜虫、蚧虫、螨类以及蓑蛾幼虫，在少雨低湿条件下，发育生殖较为适宜，尤在干旱寄主缺水的情况下，因为汁液浓度增高，提高了营养成分更有利于繁殖。有些种类在孵化、蜕皮、化蛹、羽化时缺乏水分而畸形或导致大量死亡。某些生活于树干中的天牛幼虫，在树木干燥的情况下，休眠可缓慢发育达数年之久，又如在大雨、暴雨时对个体细小的有害生物的机械冲刷作用，使虫口密度显著下降，有时还能将正在树上取食的松毛虫冲走，造成大量死亡，甚至使猖獗终止。

3. 光

光也是重要生态因子之一。光量和光线性质对昆虫视觉有不同的反应，对昆虫的行为和生命活动有着不同影响。昆虫对光的强弱的反应有趋光性和背光性，昼出性和夜出性的区别，如吉丁虫成虫在阳光下特别活跃。

昆虫对光波的反应偏于短光波部分在 2 530～7 000 埃。目前应用的属紫外光的黑萤光灯，简称黑光灯，其光波是 3 650 埃，对多数昆虫有很强的诱集作用。不同昆虫对光色也有不同的反应，如大白粉蝶在觅食时，特别偏好蓝色和紫色，其次是红色和绿色，不趋向灰色和蓝绿色，但到了产卵期就偏好翠绿色和蓝绿色，不趋向黄色和纯蓝色。多数蚜虫对黄色和黄绿色特别敏感，可利用黄色器皿或黄色胶粘板捕蚜。

利用昆虫的趋光性，装置灯光诱集器，不仅可作为预测预报的重要手段，在一定季节又可作为综合防治的重要措施。

1.6.2　土壤因子对昆虫的影响

土壤是昆虫特殊的生态环境，有很多昆虫栖憩在土壤中，如蝼蛄、蟋蟀、叩头甲、虎甲、隐翅甲、步行虫等。有些昆虫几乎一生都在土壤中度过，如金龟甲、蚱蝉、地老虎、尺蠖、天蛾、蚜虫等。有些昆虫幼虫在土壤中度过的；有些昆虫胚胎发育在土壤中完成的；有些昆虫在土壤中结茧化蛹，很多昆虫必须在土壤中越冬等。所以土壤与昆虫的生活活动有着密切的关系，在对园林害虫综合防治中，一方面可有目的地改变土壤条件，如进行冬耕冬翻，改进园艺技术等；另一方面可采取对害虫不利，对园林植物和有益生物有利的措施，调整新的生态平衡，达到防治的目的。

1.6.3　生物因子对昆虫的影响

1. 天敌因素

昆虫通过食物与其他生物或其他昆虫之间建立密切的联系，称为食物链。它是自然界动植物间有机联系的纽带，彼此之间相互依赖，如蚜虫、蚧虫吸食园林植物；瓢虫、草蛉取食蚜虫、蚧虫。食物链有多个环节，有多个分支，每个环节的昆虫或昆虫天敌既是消费者，又是供给者，形成了复杂的相互从属的关系，如有一个环节的变化，常引起某一昆虫群体的重大变化，这对植物保护的理论与实践有重要意义。

在自然界中昆虫本身就是构成食物链的一环，常处在被残食或被寄生的地位。昆虫的天敌包括有致病微生物，食虫昆虫和其他食虫动物等。

昆虫的致病微生物有病毒、细菌、真菌等，都能引起昆虫发病，在气候、环境条件适宜时，可使昆虫大量死亡，如多角体病毒感染鳞翅目幼虫造成流行性疫病，苏云金杆菌属的杀螟杆菌、青虫菌等，随同食物进入昆虫消化道后致病死亡，藻菌、半知菌类的真菌能通过昆虫体壁，侵入虫体，生长繁殖，使虫体僵硬死亡。上述微生物在生产实践中已被应用，在生防领域已成为最有效的一种手段。

天敌昆虫有捕食性和寄生性两大类，捕食性天敌昆虫种类很多，最常见的有螳螂、蜻蜓、草蛉、步行甲、瓢虫、食蚜蝇、盲蝽象等。寄生性天敌昆虫种类也很多，其中又分外寄生和内寄生二类。在寄主昆虫体表寄生的昆虫，称外寄生天敌。在寄主昆虫体内寄生者，称内寄生天敌。内寄生天敌昆虫中最主要的有赤眼蜂、小蜂、小茧蜂、姬蜂、寄生蝇等。

对各种寄生昆虫的利用在我国害虫生物防治中已显示出重要的作用，其中对赤眼蜂的研究利用最有成效。

2. 植物的抗虫作用

植物对昆虫的取食所产生的抗性反应，称为植物的抗虫性，也称抗虫机制。抗虫性包括三个方面：

（1）排趋性。植物的形态、组织上、结构上的特点和生理生化上的特性，或体内某些特殊物质的存在，阻碍昆虫对植物的选择，或由于植物发育阶段与害虫的危害时期不吻合，使局部或全部避免受害。

（2）抗生性。植物体内存在某些有毒物质，害虫取食后引起生理反应甚至死亡，或植物受害后产生一些特殊反应，阻止害虫继续危害。

（3）耐害性。植物受害虫的危害后，由于本身强大的补偿能力使产量损失很小，如多种阔叶树被害后再生能力强，常可忍受大量的失叶。

1.6.4　人类活动对昆虫的影响

（1）改变一个地区的昆虫组成。人类在生产活动中，常有目的地从外地引进某些益虫，如澳洲瓢虫相继被引进各国，控制了吹绵蚧。但人类活动中无意带进一些危险性害虫，如苹果绵蚜、葡萄根瘤蚜、美国白蛾等，也给生产带来了灾难。

（2）改变昆虫的生活环境和繁殖条件。人类培育出抗虫、耐虫植物，大大减轻了受害程度。大规模的兴修水利，植树造林和治山改水活动，从根本上改变昆虫的生存环境，从生态上控制害虫的发生，对东亚飞蝗的防治就是一个例子。

（3）人类直接消灭害虫。1949年后人类大规模的治虫活动，对害虫的防治具有明显的作用。如近年来对森林害虫的飞机防治，果树食心虫、叶螨和卷叶蛾的成功防治，就是明显例证。但在化学防治中，由于用药不当，出现某些害虫危害猖獗现象。例如，果树上的叶螨类久治不下，滥用农药就是主要原因之一。

总之，昆虫的发育、繁殖、分布及其种群的消长，受多种生态因子的影响。某种昆虫能否大发生取决于环境条件是否适合，其次是昆虫本身的特性，即适应性与多产性的相互配合。适宜的环境条件是害虫大发生的主要动力。在掌握其发生规律的基础上，可将控制自然环境作为控制害虫的基本措施。

1.7　习　　题

1. 昆虫具有哪些特征？与其他动物有什么不同？

2. 昆虫的口器有哪些类型？
3. 举例说明昆虫常见的触角、足和翅的类型。
4. 根据哪些特征可以把鳞翅目蛾类幼虫与膜翅目叶蜂的幼虫区分开？
5. 不同变态类昆虫各虫态的生物学意义如何？
6. 休眠与滞育有何不同？
7. 昆虫的哪些生物学习性可被利用来防治害虫？
8. 温度、湿度、光、风、土壤因素和生物因素对昆虫的主要影响是什么？

第 2 章　园林植物病害的基础知识

本章引言：本章主要介绍园林植物病害的概念及其症状类型；植物病原真菌、细菌、病毒、线虫和寄生性种子等主要病原物的基本形态、特点及症状表现；园林植物侵染性病害的发生、侵染过程和侵染循环，分析园林植物病害流行的条件及如何诊断园林植物病害，目的是为了有效防治园林植物病害打下良好的基础。

2.1　园林植物病害的概念与类型

2.1.1　园林植物病害的概念

园林植物在生长发育过程中由于受到生物或非生物因素的干扰和破坏，致使其内部生理、组织结构、外部形态发生病理变化，最后导致产量降低、品质变劣、甚至死亡的现象称为园林植物病害。

园林植物受到生物侵染和不适宜的环境条件影响后，首先表现为生理代谢失调，继而导致组织结构和外部形态发生一系列变化，出现病态。这一系列逐渐加深和持续发展的过程，称为病理变化过程，简称病理程序。如月季受黑斑病菌侵染后，首先是呼吸作用降低，色素及氨基酸含量下降，病部组织发生变色、坏死，最后叶片上出现黑色坏死斑，病叶早落。

有些园林植物虽然受到生物和不良环境因素的影响，表现出某些病态，但却增加了它们的经济和观赏价值，如碎锦郁金香、月季品种中的"绿萼"是由病毒和类菌原体侵染引起的；羽衣甘蓝是食用甘蓝叶的变态。人们将这些"病态"植物视为花卉中的名花或珍品，因此不被当作病害。

2.1.2　园林植物病害的类型

引起园林植物发病的直接原因称为病原。按其性质分为生物性病原和非生物性病原。由生物性病原引起的病害称为侵染性病害，由非生物性病原引起的病害称为非侵染性病害。

（1）侵染性病害。侵染性病害又称传染性病害。引起侵染性病害的病原有真菌、细菌、病毒、类菌质体、类病毒、线虫、寄生性种子植物、寄生性螨类等。被病原物寄生的植物称为寄主。由于侵染性病害具有寄生性和传染性，在环境条件适宜时，很容易造成严重危害，是植物病理学研究的重点。

（2）非侵染性病害。非侵染性病害是由不适宜的环境因素作用引起的，因不具传染性，所以称为非传染性病害或生理性病害。引起非侵染性病害的非生物因素主要有土壤营养元素缺乏、水分供应失调、气候因素和有毒物质对大气、土壤和水体的污染等。

侵染性病害和非侵染性病害是互为因果关系和。不适宜的环境条件引起园林植物生长发育变弱，抵抗力降低，为病原物的侵染提供了条件，容易诱发侵染性病害；当园林植物受到生物因素侵染后，使其消弱了对不良环境条件的适应能力，容易诱发非侵染性病害。

2.1.3 园林植物病害的症状

植物得病后其外表的不正常表现称为症状，症状分为病状和病症。

植物得病后其本身的不正常表现称为病状，所有病害都有病状。

植物得病后生长在病部病原物的特征称为病症。只有侵染性病害有病症。但由病毒、类菌质体、类病毒和多数线虫引起的病害在病部不表现病症。

1. 病状的类型

常见植物病害的病状类型有以下 5 种：

（1）变色。植物发病后，细胞内叶绿素或其他色素的增减导致色泽的变化。一种表现为整个植株全部或部分叶片褪绿、变黄，或呈现其他颜色；另一种表现为花叶，病株叶片色泽深浅不均，遍及全株，是病毒病的常见病状。变色的主要表现有褪绿、花叶、黄化、着色等。

（2）斑点。植物发病后，在叶、茎、果等部位，出现组织局部坏死，表现为边缘明显，形状、大小、颜色各不相同的斑点，斑点上还可以呈现轮纹、花纹等特点。如褐斑、黑斑、紫斑、角斑、条斑、轮纹斑、大斑、小斑等。

（3）坏死和腐烂。植物受害后，组织细胞死亡，组织解体或不解体。若组织不解体，称为坏死，如各种斑点、条斑、枯焦等；若患病组织解体，称为腐烂，如软腐、褐腐、红腐、黑腐等。

（4）萎蔫。植物的根或茎的维管束组织受病原侵染而引起，但外表无病症出现。萎蔫与生理性缺水不同，即使补充水分，也不能恢复正常生长发育。如枯萎、黄萎、青枯等病状。

（5）畸形。植物得病后，组织细胞生长过度或生长不良的结果，称为畸形，有增生型和减生型。增生型是指植物受病原物刺激，引起组织细胞的生长过度，如瘤肿、癌肿、簇生、丛枝、疮痂等；减生型是指植物受病原物刺激，引起细胞组织的生长不足，如矮化、纤细、褪色、花叶等。

2. 病症的类型

病症是生长在植物病部病原物的特征。常见的病症有：

（1）霉状物。在发病部位出现的各种形态和颜色的霉层。由各种真菌的菌丝、孢子梗和孢子构成，如红霉、黑霉、灰霉、青霉等。

（2）粉状物。是病原真菌的孢子在发病部位形成的各种色泽粉状物，如白粉、锈粉、黑粉等。

（3）粒状物。病原真菌的繁殖体（分生孢子器、分生孢子盘、子囊壳）在病部的表现。不同病害粒点病症的形状、大小、突出表面的程度、数量的多寡、稀密程度都不尽相同。

（4）伞状物（根朽）和马蹄状物（木腐）。

（5）菌核与菌索。由真菌的菌丝特化成一种致密的组织结构，称为菌核。有许多菌丝结合在一起，形成像绳索状的组织，称为菌索。

（6）脓状物。病部出现脓状液体，细菌病害所特有。

3. 症状在诊断上的应用

症状是植物特性和病原特性相结合的综合反应，不同病害的症状有一定的特异性和稳定性，许多病害是根据症状命名的，可根据病害典型的症状表现直接诊断。但在诊断具体的病害时，还应注意因环境条件和发病时期的不同，造成症状表现的多样性和变形性，以及不同病害的的同型性及局限性。

2.2 侵染性病害的病原

2.2.1 植物病原真菌

真菌是生物中一个庞大的类群，已描述的有1万多属，12万余种，世界报道植物病原真菌有8 000种。真菌分布极广，土壤中、水中及地面上的物体都有真菌存在。真菌与人类关系密切，有些真菌是重要的工业和医药微生物；有些真菌可用于生产抗生素、有机酸、酶制品；有些真菌可入药（如灵芝、茯苓、冬虫夏草等）；有些真菌可食用（如木耳、香菇等）；有些真菌可寄生于昆虫和其他微生物，有拮抗作用；有些真菌可以和植物根系共生形成菌根，促进植物的生长发育；但也有很多真菌可以引起植物病害。1986年全国大中城市园林病虫害普查统计资料显示，在1 254种园林植物中，有病害5 508种，其中真菌病害占90.6%。危害严重的有月季黑斑病和白粉病、菊花黑斑病、仙客来灰霉病、梨和柏树的锈病、苗木立枯病等。

真菌是具有真正细胞结构，不具叶绿体，没有根茎叶分化的真核异养生物。

特点：① 营养体简单，没有根茎叶分化，呈丝状菌丝体。
② 典型的繁殖方式是产生各种孢子。
③ 生活方式为异养，营腐生或寄生生活。

1. 真菌的营养体

真菌营养生长阶段的结构称为真菌的营养体。真菌的营养体是由菌丝体构成，构成菌丝体的基本单位是菌丝。菌丝在培养基表面生长而形成的群体形态称为菌落。

菌丝：极细小又多分支的单根丝状体，无色、透明，管状，直径1～15μm。真菌的菌丝分为有隔菌丝和无隔菌丝。

低等真菌：多核无隔的大细胞。如卵菌、接合菌。

高等真菌：多核有隔的大细胞。如子囊菌、担子菌（如图2-1）。

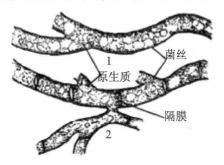

1. 无隔菌丝 2. 有隔菌丝

图2-1 真菌的菌丝体

真菌的菌丝由孢子萌发产生的芽管发展而成，以菌丝先端进行无限延伸生长。菌丝的繁殖能力很强，每一段都可以在细胞间生长蔓延，形成各种形态的吸器，伸入寄主细胞内吸取营养。吸器的形态因真菌的种类不同而异，有瘤状、分枝状、指状、掌状和丝状等（如图2-2）。真菌的菌丝体在不适宜条件下或生长的后期可形成特殊组织，如菌核、菌索、子座等。

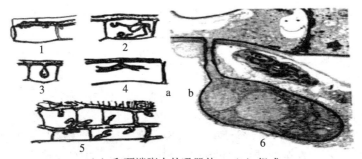

（a）和顶端膨大的吸器体　（b）组成
1. 白锈菌 2. 霜霉菌 3. 4. 白粉菌 5. 锈菌
6. 条形柄锈菌成熟吸器透射电镜照片，成熟的吸器由管状的颈部

图2-2 真菌的吸器类型

2. 真菌的繁殖体

（1）真菌的营养体（菌丝体）生长到一定时期产生的繁殖器官叫繁殖体。真菌的繁殖体为孢子或孢子体。真菌的孢子相当于植物的种子，由单细胞或多细胞组成，但无胚的分化。真菌的繁殖分为无性繁殖和有性繁殖。

真菌的无性繁殖是指没有经过性细胞或性器官的结合而产生新个体的一种繁殖方式。产生的孢子为无性孢子，和高等植物无性繁殖大体相似。常见的无性孢子有芽孢子、粉孢子、厚膜孢子、游动孢子、孢囊孢子和分生孢子（如图2-3）。

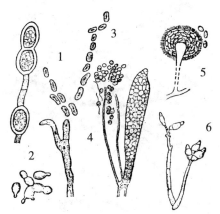

1. 厚膜孢子　2. 芽孢子　3. 粉孢子
4. 游动孢子　5. 孢囊孢子　6. 分生孢子

图 2-3　真菌无性孢子类型

① 芽孢子。由单细胞真菌发芽生殖而成。

② 粉孢子（又称节孢子）。菌丝顶端细胞分隔，形成较短的长方形细胞，相互脱离形成粉末状孢子。

③ 厚（垣）膜孢子。菌丝顶端或中间原生质浓缩，细胞壁加厚，形成圆形或椭圆形的休眠孢子，能度过不良的环境条件。

④ 游动孢子和孢囊孢子。菌丝生长到一定时期后，顶端膨大，形成圆形的孢子囊，囊内的原生质分割成许多小块，产生孢子囊，其成熟后，破裂而散出大量孢子。有1～2根鞭毛的为游动孢子，能在水中游动。无鞭毛的为孢囊孢子，不能在水中游动。

⑤ 分生孢子。产生在菌丝特化成的分生孢子梗上，孢子梗分支或不分支，伸出病部外面。孢子成熟时脱落，孢子的形状、色泽多样。有些真菌的分生孢子着生在由菌丝形成的分生孢子盘上，或分生孢子器里，它们都是真菌的无性子实体。

（2）真菌的有性繁殖。有性繁殖是通过性器官或性细胞的结合而产生新个体的一种繁殖方式。产生的孢子称为有性孢子。多数真菌生长到后期，由菌丝分化的性细胞称为配子，性器官称为配子囊。其繁殖过程包括质配→核配→减数分裂3个阶段。首先经过两个性细胞的结合，使两个细胞融合为1个双核细胞，即为质配，然后，融合细胞内的两个单倍体核结合成1个双倍体核，完成核配，最后，经过1次减数分裂和1次有丝分裂，使双倍体核分裂形成4个单倍体核。常见的有性孢子有接合子、接合孢子、卵孢子、子囊孢子和担孢子（如图2-4）。

① 接合子。两个同形异性的配子囊结合而形成，如低等鞭毛菌。

② 接合孢子。由两个同型异性的配子囊（藏卵器和雄器）结合而形成，如接合菌亚门真菌的有性孢子。

③ 卵孢子。由两个异型的配子囊（大的叫藏卵器，小的叫雄器）结合而形成，如卵菌纲的有性孢子。

④ 子囊孢子。由异型配子囊（雄器和产囊体）质配后，细胞核在产囊丝上的子囊合并，然后进行减数分裂和有丝分裂，形成2～8个内生的子囊孢子，如子囊菌的有性孢子。

⑤ 担孢子。直接经过性别不同的初生菌丝结合形成双核菌丝，经锁状联合的特殊结构进行细胞分裂，最后形成担子，在担子上着生小梗，顶端膨大，发育成4个担孢子，如担子菌的有性孢子。

（3）真菌的子实体。真菌的子实体是由菌丝发育而成，着生孢子的特殊器官。分无性子实体和有性子实体。如分生孢子盘、分生孢子器、闭囊壳、子囊壳等（如图2-5）。

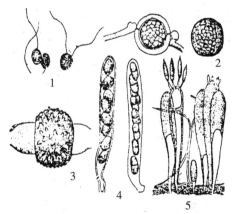

1. 接合子 2. 卵孢子 3. 接合孢子
4. 子囊孢子 5. 担孢子

图2-4 真菌的有性孢子

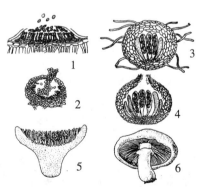

1. 分生孢子盘 2. 分生孢子器 3. 闭囊壳
4. 子囊壳 5. 子囊盘 6. 担子果

图2-5 真菌的子实体类型

3. 真菌的生活史

真菌从一种孢子开始经过生长和发育，最后又产生同一种孢子的过程，称为真菌的生活史。

在一个生长季节里无性孢子可以发生若干代，生长后期产生配子囊、配子，经过有性结合产生有性孢子，为真菌的有性孢子阶段。有性孢子1年只发生1次，数量较少，抵抗不良环境能力强，常是休眠孢子。次年休眠孢子萌发后，再产生菌丝体，从而完成真菌个体发育的循环过程。但少数真菌只有无性阶段尚未发现有性阶段。也有真菌没有无性阶段或整个生活史中不产生任何孢子，其生活过程由菌丝来完成。（如图2-6）。

一种真菌的生活史只在一种寄主上完成，称单主寄生，同一种真菌在两种以上寄主才能完成生活史称转主寄生。

4. 真菌的主要类群

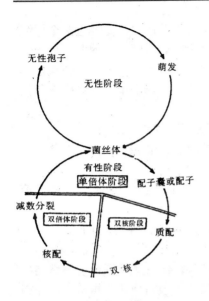

图2-6 真菌的生活史

真菌和其他生物一样，也按界、门、纲、目、科、属、种的阶梯进行分类。种是分类的基本单位。真菌的分类体系很多，学术界意见不一，目前多数人认为安斯沃思（Ainsworth 1973）提出的分类系统较为合理，将真菌分为五个亚门。五个亚门分类检索如下：

真菌界分门检索表

1. 无性时期产生游动孢子；有性时期产生卵孢子……………………鞭毛菌亚门
2. 无性时期产生孢囊孢子
   （1）有性时期产生接合孢子……………………………………接合菌亚门
   （2）有性时期产生子囊孢子……………………………………子囊菌亚门
   （3）有性时期产生担孢子………………………………………担子菌亚门
3. 无性时期产生分生孢子，或无有性时期……………………………半知菌亚门

（1）鞭毛菌亚门。鞭毛菌是一类最低等的真菌，其营养体为单细胞或无隔膜的菌丝体。无性繁殖在孢子囊内产生游动孢子。低等鞭毛菌的有性繁殖产生接合子；较高等类型产生卵孢子。鞭毛菌亚门多数水生，少数两栖和陆生。与园林植物关系密切的有：

① 腐霉属（Pythium）。菌丝发达，生长旺盛时呈白色棉絮状。孢囊梗生于菌丝的顶端或中间，与菌丝区别不大。孢子囊棒状、姜瓣状或球状，不脱落。萌发时先形成泡囊。在泡囊中产生游动孢子，藏卵器内仅产生一卵孢子。存在于潮湿的土壤中，在多雨的条件下有利于病害的发生。能引起各种针、阔叶树及花卉幼苗的猝倒、根腐和果腐等病害（如图2-7）。

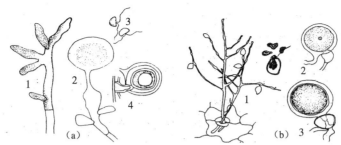

(a)：腐霉属:1. 孢子囊　2. 孢子囊形成泡囊　3．游动孢子　4. 雄器与藏卵器侧生

(b)：疫霉属:1. 孢囊梗、游动孢子　2. 雄器与藏卵器侧生　3. 雄器在藏卵器基部

图 2-7　腐霉属和疫霉属

② 疫霉属（Phytophthora）。孢囊梗与菌丝有明显区别，孢囊梗顶端产生孢子囊。孢子囊柠檬形、卵形或球形，有乳头状突起，成熟后脱落，萌发时产生游动孢子，不形成泡囊。藏卵器内仅形成一个卵孢子。危害花木的根、茎基部，少数危害地上部分，引起芽腐、叶枯等病害。如山楂根腐病、牡丹疫病等。

③ 单轴霜霉属（Plasmopara）。孢囊梗单根或成束从气孔伸出，单轴式分枝。分枝与主轴成直角。孢子囊较小，无色，卵球形，顶端常有乳突，萌发时产生游动孢子或芽管。如葡萄霜霉病、菊花和月季霜霉病菌等（如图 2-8）。

④ 白锈菌属（Albugo）。孢囊梗平行排列在寄主表皮下，棍棒状，粗短，不分枝，其顶端着生成串的球形孢子囊，自上而下的陆续成熟。在受害部位产生白色凸起的疱状孢子囊堆称为白锈病。孢子成熟后突破表皮，散发到空气中，由气流传播，引起多种植物的白锈病。如牵牛花、二月菊白锈病等（如图 2-9）。

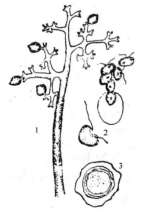

1. 孢囊梗　2. 游动孢子　3. 卵孢子

图 2-8　单轴霜霉属

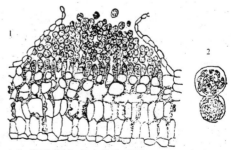

(a) 突破寄主表皮的孢囊堆　(b) 卵孢子

图 2-9　白锈属菌

（2）接合菌亚门。接合菌营养体为无隔菌丝。无性繁殖在孢子囊内产生孢囊孢子，有性繁殖产生接合孢子。接合菌分布于土壤及动植物残体上，多为陆生的腐生菌，少数为弱寄生菌，侵染植物的花、果实、块根和块茎。能引起贮藏器官的腐烂。重要的属有：

根霉属（Rhizopus）。营养体为发达的无隔菌丝，分化出匍匐丝和假根，孢囊梗2~3根从匍匐丝上与假根相对应处向上长出。顶端形成球形孢子囊，孢子囊内孢囊孢子无色至浅褐色。引起瓜果蔬菜等腐烂（如图2-10）。

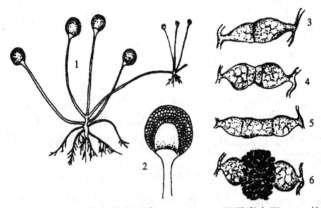

1. 孢子囊及假根　2. 放大的孢子囊　3. 4. 5. 配子囊交配　6. 接合孢子

图2-10　根霉属

（3）子囊菌亚门。子囊菌为真菌中形态复杂、种类较多的一个亚门。其主要特征是营养体为有隔菌丝（除酵母菌外），能产生菌核、子座等组织。无性繁殖产生多种类型的分生孢子，有性繁殖产生子囊和子囊孢子。子囊棍棒形或圆筒形，少数呈圆形或椭圆形。每个子囊内通常有8个子囊孢子，但也有少于8个。大多数子囊菌在产生子囊的同时，下面的菌丝将子囊包围起来，形成一个包被，对子囊起保护作用，形成具有一定形态的子实体，统称子囊果。有的子囊果无孔口，叫闭囊壳，产生在寄主表面，成熟后开裂散出子囊孢子，由气流传播。有的子囊果呈瓶状，顶端有开口，叫子囊壳，常单个或多个聚生在子座中，孢子由孔口涌出，借助风、雨、昆虫传播。有的子囊果呈盘状，子囊排列在盘状结构的上层，叫做子囊盘，其子囊孢子多数通过气流传播。有的子座组织，在其内腔产生子囊，称为子囊座。子囊菌亚门与园林植物病害关系密切的有：

① 外囊菌目。本目的特点是不形成子囊果。子囊散生，平行排列在寄生表面，子囊为圆筒形，内含8个子囊孢子。子囊孢子进行芽殖产生芽孢子。外囊菌目危害多种园林植物造成叶肿、畸形等症状，如桃缩叶病、樱桃丛枝病及李袋果病等（如图2-11）。

② 白粉菌目。此目的真菌称为白粉菌，都是高等植物的专性寄生菌，引起各种植物的白粉病。其主要特征是子囊果为闭囊壳。菌丝体发达，多外寄生于寄主表面。菌丝体能产

生吸器伸入寄主表皮细胞或皮下细胞内吸取养分。分生孢子成串生于分生孢子梗上，与菌丝一起在寄主体表形成典型的白粉病。有性繁殖产生闭囊壳，闭囊壳为球形、黑色，在寄主体表呈黑粒状。闭囊壳外生附属丝。园林植物白粉病的病原菌有白粉菌属、钩丝壳属、叉丝壳属、球针壳属、单丝壳属和叉丝单囊壳属等，常引起芍药、凤仙花、月季、黄栌、丁香、杨树等园林植物白粉病（如图2-12）。

1. 寄主表面子囊层扫描电镜照片
2. 栅栏状排列的子囊

图2-11 畸形外囊菌

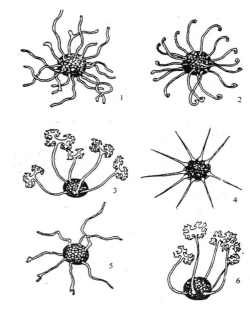

1. 白粉菌属 2. 钩丝壳属 3. 叉丝壳属
4. 球针壳属 5. 单丝壳属 6. 叉丝单囊壳属

图2-12 白粉菌主要属的特征

③ 球壳菌目。本目的主要特征是子囊果为子囊壳，无性繁殖产生各种类型分生孢子。分生孢子单胞或多胞，圆形至长形，分生孢子着生在分生孢子梗、分生孢子盘或分生孢子器上。有性繁殖产生子囊壳。子囊壳球形、半球形或瓶形，单独或成群着生在寄主表面上，或埋生子座内。子囊壳有一乳头状孔口。其中黑腐皮壳属是重要的园林植物病原菌，引起树皮腐烂和枝枯（如图2-13）。

④ 柔膜菌目。本目的主要特征是子囊果为子囊盘。子囊盘表生或埋生寄主组织内。子囊和侧丝在子囊盘上平行排列成子实层。其中黑星菌属是园林植物病原菌，引起植物黑星病（如图2-14）。

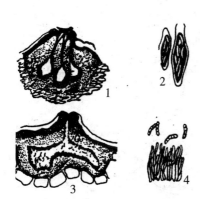
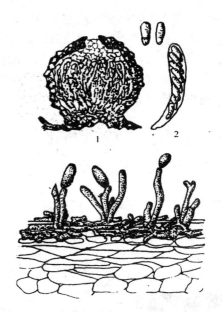

1. 子座及子囊腔　2. 子囊及子囊孢子
3. 分生孢子器　4. 分生孢子梗及分生孢子

图 2-13　黑腐皮壳属

1. 子囊壳　2. 子囊及子囊孢子

图 2-14　黑星菌属

（4）担子菌亚门。担子菌中包括可供人类食用和药用的真菌，如平菇、香菇、猴头、木耳、灵芝等。寄生和腐生，营养体为发达的有隔菌丝。担子菌的菌丝分为初生菌丝、次生菌丝和三生菌丝3种类型。初生菌丝由单孢子萌发产生，初期无隔多核，不久产生隔膜，而为单核有隔菌丝。初生菌丝联合质配使每个细胞有两个核，但不进行核配，直接形成双核菌丝，称为次生菌丝。次生菌丝占生活史大部分时期，主要为营养功能。三生菌丝是组织化的双核菌丝，常集结成特殊形状的子实体，称担子果。与园林植物病害关系密切的担子菌主要有以下几种。

① 锈菌目。锈菌目全部为专性寄生菌，引起植物锈病。菌丝体发达，寄生于寄主细胞间，以吸器穿入细胞内吸取营养。不形成担子果。生活史较复杂，典型的锈菌生活史产生5种类型的孢子：性孢子、锈孢子、夏孢子、冬孢子和担孢子。锈菌对寄主有高度的专化性。有的锈菌全部生活史可以在同一寄主上完成，也有不少锈菌必须在两种亲缘关系很远的寄主上完成全部生活史。前者称同主寄生或单主寄生，后者称转主寄主。锈菌引起的病害病部多呈锈黄色粉堆，称为锈病。引起园林植物病害的重要的属有胶锈菌属；引起梨和苹果等蔷薇科果树的锈病，转主寄主为桧柏；柄锈菌属引起草坪草锈病、菊花锈病等；多孢锈菌属引起蔷薇属多种植物锈病（如图2-15）。

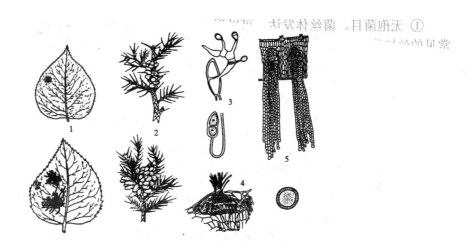

1. 叶正面的性孢子器和叶背面的锈孢子器　2. 桧柏上的冬孢子角
3. 冬孢子及其萌发　4. 性孢子器　5. 锈孢子器和锈孢子

图 2-15　梨胶锈菌

② 黑粉菌目。黑粉菌全部是植物的寄生菌，因在寄主上形成大量的黑粉而得名。由黑粉菌引起的病害称为黑粉病。黑粉菌的厚垣孢子由双核菌丝内膜壁加厚而成。多数是休眠器官，要经过一段时间才能萌发；但有些种类的厚垣孢子成熟后，能立即萌发。孢子完成有性繁殖，再萌发产生圆柱形有隔膜的担子，在担子的顶端或侧面着生单核的担孢子。常见的引起的园林植物黑粉菌属有银莲花条黑粉病、草坪草条黑粉病（如图 2-16）。

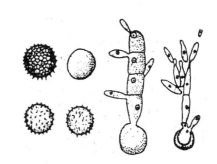

图 2-16　黑粉菌属冬孢子和冬孢子萌发

（5）半知菌亚门。在自然界中，有很多真菌在个体发育中，只发现无性时期，它们不产生有性孢子，或还未发现它们的有性孢子，这类真菌称为半知菌。已经发现的有性时期，大多数属于子囊菌，极少数属于担子菌，个别属于接合菌。所以，半知菌与子囊菌有着密切的关系。

半知菌菌丝体发达，有隔膜，有的能形成厚垣孢子、菌核和子座等子实体。无性繁殖产生各种类型的分生孢子。分生孢子着生在由菌丝体分化形成的分生孢子梗上。分生孢子梗及分生孢子的形状、颜色和组成细胞数变化极大。有些半知菌的分生孢子梗和分生孢子着生在分生孢子盘上。半知菌所引起的病害种类在真菌病害中所占比例较大，主要危害植物的叶、花、果、茎干和根部，引起局部坏死和腐烂。半知菌主要包括无孢菌目、丝孢目和瘤座孢目。

① 无孢菌目。菌丝体发达，可以形成菌核。主要危害植物的根、茎基或果实等部位，常见的丝核菌属和小菌核属，引起园林植物的立枯病、根腐病、茎腐病和多种花木的白绢病（如图2-17）。

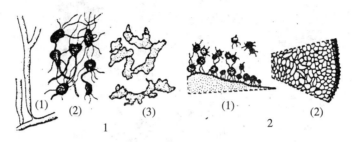

1．丝核菌属：(1) 菌丝分枝基部缢缩　(2) 菌核　(3) 菌核组织的细胞
2．小菌核属：(1) 菌核　(2) 菌核部分切面

图 2-17　丝核菌属和小菌核属

② 丝孢目。分生孢子梗散生或簇生，不分枝或上部分枝。分生孢子与分生孢子梗无色或有色。重要的园林植物的病原有粉孢属、丛梗孢属、轮枝孢属、交链孢属和尾孢属等，引起园林植物的病害有瓜叶菊、月季白粉病；菊花、牡丹、芍药、四季海棠、仙客来灰霉病；大丽花黄萎病、茄黄萎病、花木烟煤病、牡丹、芍药叶霉病；香石竹叶斑病、圆柏叶枯病；樱花褐斑病、丁香褐斑病、桂花叶斑病、杜鹃叶斑病（如图2-18）。

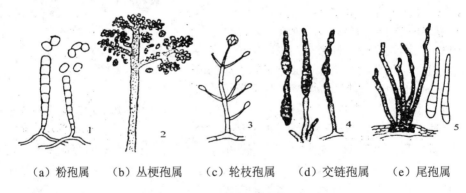

(a) 粉孢属　(b) 丛梗孢属　(c) 轮枝孢属　(d) 交链孢属　(e) 尾孢属

图 2-18　丝孢目重要属

③ 瘤座孢目。分生孢子梗集生在分生孢子座上。分生孢子座呈球形或瘤状，鲜色或暗色。重要的园林植物的病原有镰刀菌属，引起园林植物的病害有黄瓜枯萎病、香石竹等多种花木枯萎病（如图2-19）。

④ 黑盘孢目。分生孢子梗着生在分生孢子盘内。重要的园林植物的病原有炭疽菌属，引起园林植物的病害有炭疽病、斑点病和枝枯病等（如图2-20）。

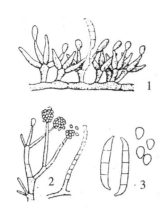
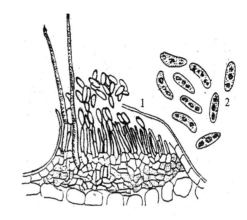

1. 分生孢子梗、镰刀形孢子 2. 分生孢子梗和小型孢子 3. 镰刀形及小型分生孢子

1. 分生孢子盘 2. 分生孢子

图 2-19 镰刀菌属　　　　　　　　图 2-20 炭疽菌属

5. 真菌病害的症状

真菌病害的主要症状多数是坏死、腐烂和萎蔫，少数为畸形。特别是在发病部位有霉状物、粉状物、粒状物等病症，这是真菌病害区别于其他病害的重要标志，也是进行病害田间诊断的主要依据。

鞭毛菌亚门的真菌，如腐霉菌，多生活在潮湿的土壤中，是土壤习居菌，常引起植物根部和茎基部的腐烂或苗期猝倒病，湿度大时常常在病部生出大量的白色棉絮状物；疫霉菌所引起的病害，如辣椒、马铃薯、黄瓜等蔬菜的疫病或晚疫病，发病十分迅速，发病部位多在茎和茎基部，病部湿腐，病健交界处不清晰，常有稀疏的霜状霉层；霜霉菌所引起的病害称霜霉病，是十字花科、葫芦科植物和果树的重要病害，也引起叶斑病，有时也引起病部畸形，但在叶背形成白色的疱状突起，将表皮挑破，有白色粉状物散出，因此这类病害又称白锈病。

接合菌亚门真菌引起的病害很少，而且多是弱寄生菌，常引起含水量较高的大块组织的软腐。

子囊菌及半知菌引起的病害在症状上有很多相似的地方，一般在叶、茎、果上形成明显的病斑，上面产生各种颜色的霉状物或小黑点。但白粉菌常在植物表面形成粉状的白色或灰白色霉层，后期霉层中夹有小黑点即闭囊壳，植物本身并没有明显的病状变化。子囊菌和半子菌中有很多病原物会使寄主植物在发病部位产生菌核，如丝核菌引起的立枯病，容易区别。炭疽病是一类发病寄主范围广，危害较大的病害，其主要的特点是引起病部坏死，且有桔红色的粘状物出现，是其他真菌病害所不具有的特征。

担子菌中的黑粉病和锈病，也很容易识别，分别在病部形成黑色或褐色的粉状物。

掌握了真菌病害的症状特点后，在田间病害诊断时可以利用某类病害的症状变化规律快速、准确的做出判断。

2.2.2 植物病原细菌

1. 细菌的形态和特征

细菌属于原核生物界的单细胞生物，有细胞壁，没有固定的细胞核，大多数没有叶绿体，靠异养生活。它的重要性仅次于真菌和病毒，引起园林植物病害有细菌性穿孔病、花木青枯病和根癌病。

（1）形态结构。细菌的形态有球状、杆状和螺旋状，分别称为球菌、杆菌和螺旋菌。细菌的个体差别很大，球状细菌的直径为 0.5～0.3μm；螺旋状细菌较大，有的可达 1.5μm×13μm～14μm；植物病原细菌都是杆菌，大小为 1～3×0.5～0.8μm，有些病原细菌细胞壁外有以多糖为主形成的黏液层或少数为荚膜。绝大多数病原细菌细胞壁外长有鞭毛，一般 3～7 根，最少 1 根，带鞭毛的细菌可在水中游动。鞭毛的数目和着生位置在分类上有着重要意义（如图 2-21）。

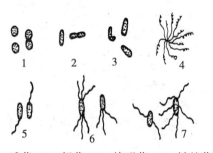

1. 球菌 2. 杆菌 3. 棒形菌 4. 链丝菌
5. 单极鞭毛 6. 极生多鞭毛 7. 周生鞭毛

图 2-21 细菌形态及鞭毛

（2）细菌的繁殖。细菌的繁殖方式为裂殖，即细菌细胞稍微伸长，细胞质膜自菌体中部向内延伸，同时开始形成新的细胞壁，最后母细胞从中间分裂成两个遗传上相同的子细胞。细菌的繁殖速度快，如大肠杆菌在适宜条件下（26～30℃），20～30 分钟就繁殖 1 次，即 20～30 分钟就完成一个世代。因此，细菌少数几个细胞在很短时间内即可繁殖出大量的菌体。

（3）细菌的生理

① 大多数植物病原细菌对营养要求简单，在人工的培养基上就可以生长，在固定培养基上形成不同形状和色泽的菌落（菌落是细菌在固体培养基上形成的群体结构），这是细菌分类的重要依据。

② 细菌对氧气的要求。因种类而异，有些是好气性细菌、有些是厌气性细菌、有些是兼性厌气性。

③ 细菌对温度的要求。有效温度 0～50℃，适宜温度 26～30℃，细菌抗低温能力比较强。当细菌原生质浓缩，产生芽孢时能耐高温，100℃3h 不死，因此要高温高压灭菌。

④ PH 值。细菌一般要求中性或微酸性条件（pH7～7.2）。

⑤ 光线。对散射光抵抗能力强，对直射光及紫外光敏感。

⑥ 侵入途径。细菌因缺少分解角质层的酶，大多数细菌从伤口和自然孔口侵入，侵入后先在细胞间隙繁殖，产生酶和毒素，降解薄壁细胞的中胶层并杀死细胞，引起斑点和腐烂；有的侵入维管束；有的分泌激素，刺激薄壁细胞分裂，形成肿瘤。

⑦ 革兰氏染色反应。丹麦细菌学家革兰在1884年采用对细菌染色的一种方法，其过程如下：细菌涂片→用结晶紫染1min→水洗→加碘液1min→95%酒精洗0.5min→水洗，不退色为阳性、退色为阴性。植物病原细菌革兰氏染色反应大多是阴性，只有棒杆菌属细菌是阳性。

2. 细菌的主要类群

植物细菌的分类主要根据鞭毛的有无、数目、着生位置，菌落形态、革兰氏染色反应，生化特点、寄生性和致病性分五个属。

（1）棒形杆菌属（Clavibacter）。革兰氏染色反应阳性。多数无鞭毛，少数有极鞭。不形成芽孢。多从伤口侵入，寄生于维管束组织内，引起萎蔫症状。如菊花、大丽花青枯病。

（2）假单胞杆菌属（Pseudomonas）。革兰氏染色反应阴性。周生鞭毛3～7根。菌落灰白色或有荧光色素。从自然孔口或伤口侵入，寄生于薄壁组织内，引起斑点和条斑。有一半的植物病原细菌属于这一属。如天竺葵、栀子花的叶斑病、丁香疫病。

（3）黄单胞杆菌属（Xanthomonas）。革兰氏染色反应阴性。极生鞭毛1根。菌落黄白色。多从自然孔口或伤口侵入，引起叶斑、叶枯等症状。约有1/4的植物病原细菌属于这一属。如桃细菌性穿孔病、柑橘溃疡病。

（4）欧氏杆菌属（Erwinia）。革兰氏染色反应阴性。周生多根鞭毛。弱寄生，从伤口侵入，引起组织腐烂。如鸢尾细菌性软腐病。

（5）野杆菌属（土壤杆菌属）（Agrobacterium）。革兰氏染色反应阴性。鞭毛极生或周生，1～4根，少数无鞭毛。伤口侵入，引起根癌或毛根病。如花卉与树木的根癌病。

3. 细菌病害的症状

（1）斑点型。主要发生在叶片、果实和嫩枝上，引起局部组织坏死而形成斑点和叶枯。有的叶斑病后期，病斑中部坏死组织脱落形成穿孔。如核果类穿孔病、杨树细菌性溃疡病。

（2）腐烂。植物幼嫩、多汁的组织被细菌侵染后，表现腐烂症状。常见的有花卉的鳞茎、球根和块根软腐病。

（3）枯萎。有些细菌侵入植物的维管束组织，在导管内扩展破坏了输导组织，引起植物萎蔫。

（4）畸形。有些细菌侵入植物后，引起根或枝干局部组织过度生长形成肿瘤，或使新枝、须根丛生等多种症状。

2.2.3 植物病毒

1. 病毒的概念

病毒是一类不具细胞结构，比细菌小，在光学显微镜下看不到，只能在活有机体上寄生的微小生物。病毒由俄国科学家伊万诺夫斯基于1892年在烟草上发现，所以称为烟草花叶病毒。

2. 病毒的一般性状

（1）病毒的形态。完整的病毒称为病毒粒子，用万倍的电子显微镜观察其大小在10～300nm（毫微米或纤米）之间。形状不一，有杆状、球状、纤维状等（如图2-22）。

（2）病毒的结构。病毒粒子的外壳是蛋白质，称为壳体，壳体由许多壳粒（1～6个同种多肽）组成。壳体内是核酸，有些大型病毒核壳体外还有封套，封套由脂肪和蛋白质构成（如图2-23）。

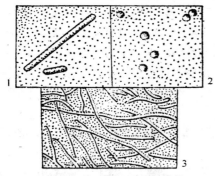

1. 杆状　2. 球状　3. 纤维状

图2-22　植物病毒形态

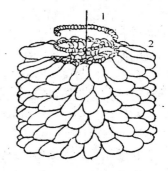

1. 核酸链　2. 蛋白质

图2-23　烟草花叶病毒结构示意图

一种病毒只有一种核酸。动物病毒大多是DNA，植物病毒大多是RNA。组成病毒壳体的壳粒有两种排列方式，一种是立方体对称→球体；一种是螺旋体对称。

（3）病毒的增殖。病毒的繁殖方式是复制增殖。病毒以被动方式通过伤口侵入寄主体内，在酶的作用下病毒粒体的RNA与蛋白质分离，释放出RNA，然后病毒核酸进行复制、转录和表达。新形成的核酸与蛋白质衣壳，在植物细胞中按碱基配对规律与植物体内的子链互补，形成完整的子代病毒粒子。所以病毒的复制过程就是致病过程。

3. 病毒的传播方式

（1）机械传播（汁液传播）。通过病健株枝叶互相接触摩擦，带有病毒的汁液从伤口流出传入健株而传播。

（2）嫁接和无性繁殖材料传播。无论是砧木和接穗带有病毒，都可以传给另一方；园林植物无性繁殖时，用感染病毒的鳞茎、球茎、根系、插条作为繁殖材料，形成的新植株均可发病。

（3）种子和花粉传播。由种子传播的病毒已有100多种，主要以花叶病毒、环斑病毒为多，如仙客来的病毒病；花粉传播的病毒病有桃环斑病毒、悬钩子丛矮病毒。

（4）昆虫传播。昆虫传播主要是蚜虫和叶蝉占80%，还有飞虱、粉虱、粉蚧、蓟马等。其他传播介体有线虫、螨类、真菌等。

4. 病毒病的症状

（1）花叶。叶片黄绿相嵌的现象。如大丽花花叶病、月季花叶病。
（2）黄化。叶片全部或部分均匀褪绿变色。如虞美人病毒病。
（3）组织坏死。寄主组织出现枯斑现象。如各种条纹、坏死斑、环斑等。
（4）畸形。寄主感染病毒后表现组织增生或减生现象。如卷叶、矮化、癌肿、丛枝等。如仙客来病毒病、番茄病毒病等。

2.2.4 植物寄生线虫

线虫属线形动物门、线虫纲、种类繁多，全世界已知有几十万种，仅次于昆虫，居动物界第2位。线虫常分布在土壤、淡水和海洋中，其中很多线虫能寄生在人、动物和植物体内，引起病害。寄生在植物体内的线虫通过分泌有毒物质和吸收营养破坏寄主细胞和组织，引起植物的症状表现和一般病害的症状相似。因此，习惯上把植物寄生线虫作为病原物来研究。

（1）形态结构。体形细长如线，表面光滑，呈透明或半透明的管状，头尾稍尖。体长0.3～4mm，宽0.03～0.05mm，雌雄异体。雌虫成熟后膨大成梨形、肾形（如图2-24）。

线虫的虫体结构比较简单，体壁从外到内由角质层、下皮层和肌肉层组成，其内消化系统和生殖系统明显。线虫分为头、颈、腹和尾四部分。头部有唇、口腔、吻针和侧器等器官；尾部有尾线、肛门。口腔内有一刺状物，叫做吻针。吻针

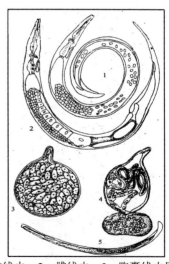

1. 雄线虫 2. 雌线虫 3. 胞囊线虫属雌虫
4. 根结线虫属雌虫 5. 根结线虫属雄虫

图 2-24 线虫的形态

能穿刺植物组织，并由食道腺分泌出液体，消化寄主细胞内的营养物质而便于吸收。食道可以膨大为食道球，以便于吮吸植物汁液。成虫的生殖系统发达，占体腔的大部分，雌虫生殖器官由卵巢、输卵管、子宫和阴门组成。雄虫的生殖器官由精巢（睾丸）、输精管、交合刺和引带组成，其生殖孔和肛门是同一开口。

（2）线虫的生活史。线虫的生活史分为卵、幼虫、和成虫3个阶段。卵孵化出幼虫，幼虫脱皮4次后变为成虫，雌雄分化完成经交配后雄虫随即死亡。有些种类雄虫不起作用，雌虫行孤雌生殖。雌虫将卵产在土壤或植物组织内。线虫完成生活史的时间长短不一，多数线虫在3～4周内完成整个生活史，1年可以完成几代，少数线虫1年仅完成1代（小麦粒线虫）。

线虫大部分生活在土壤耕作层。最适合线虫发育和孵化的温度为20～30℃，最高温度40～55℃，最低10～15℃。最适宜的土壤温度为10～17℃。在适宜的温度条件下有利于线虫的生长和繁殖。最适宜的土壤条件为砂壤土。

（3）线虫的传播与危害。线虫体微小，无运动器官，自身传播能力有限（活动范围30cm左右）。远距离传播主要靠种苗调运、肥料、农具和水流传播。线虫在植物上的寄生分内寄生和外寄生两种方式。外寄生的线虫以吻针刺入植物组织内取食，虫体不进入植物体内。内寄生线虫则是进入植物组织内部取食。也有少数线虫先在体外寄生，然后再进入植物体内寄生。

线虫对植物的致病作用，靠吻针对寄主的刺伤，或虫体在植物组织内穿行造成的机械损伤，还有线虫在取食过程中分泌的唾液，可能含有各种酶和其他致病物质，引起寄主幼芽枯死、茎叶卷曲、组织坏死、腐烂、畸形或刺激寄主细胞肿胀形成虫瘿等症状。如水仙、郁金香等茎线虫。菊花、珠兰、翠菊、大丽花等枯叶线虫。危害地下根系的线虫，造成根系吸收障碍，地上部的表现很像缺肥。如唐菖蒲、仙客来、香石竹、三色紫罗兰、牡丹、芍药、四季海棠、鸡冠花、栀子、月季、桂花等多种花木的根结线虫，大丽花、金鱼草、凤仙花等多种花木的孢囊线虫。

2.2.5　寄生性种子植物

种子植物大多为自养生物，但有些种子植物缺乏叶绿素或某种器官退化，不能自己制造营养，必须依靠其他植物维持生活，这种植物称为寄生性种子植物。根据这类植物的寄生特点，可区分为不同类型。按寄生性分为全寄生和半寄生。全寄生如菟丝子、列当，无叶绿素，完全依靠寄主提供养分。半寄生如桑寄生、槲寄生，有叶绿素，可以制造营养，只是靠寄主提供水分和无机盐。按寄生部位分为茎寄生和根寄生。茎寄生如菟丝子、桑寄生、槲寄生，寄生于寄主的地上部。根寄生如列当、野菰，寄生于寄主的根部。

（1）菟丝子。菟丝子为一年生攀缘草本植物，没有根和叶，有些叶退化成鳞片状，茎黄色丝状，无叶绿素。花小、白色、黄色或粉红色，多半排列成球形花序。蒴果球形，内有种子2~4枚。种子很小，卵圆形，稍扁，种胚无种叶和胚根（如图2-25）。

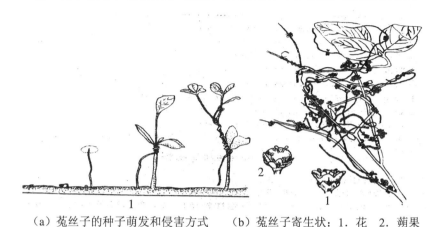

（a）菟丝子的种子萌发和侵害方式　（b）菟丝子寄生状：1. 花　2. 蒴果

图 2-25　菟丝子

我国现有的 10 多种菟丝子，以中国菟丝子和日本菟丝子最常见。中国菟丝子主要危害草本植物，以豆科植物为主，还寄生菊科、藜科等植物。常危害一串红、翠菊、两色金鸡菊、长春花及扶桑等多种观赏植物。日本菟丝子主要寄生木本植物上，常危害杜鹃、六月雪、山茶花、木槿、紫丁香、榆叶梅、珊瑚树、银杏、垂柳、白杨等多种花灌木和绿化树种。此外，田间菟丝子危害金鱼草、鸡冠花、旱金莲；单柱菟丝子危害玫瑰、珍珠梅、白蜡树、榆树等。采用生物制剂"鲁保一号"可防治菟丝子。

（2）桑寄生。桑寄生为常绿小灌木，多分布在热带和亚热带地区。我国已发现的约 35 种，主要分布于长江流域以南，以西南和华南地区最为普遍。常寄生于木本植物（如图2-26）。

桑寄生株高约 1m 左右，茎褐色。叶对生、轮生或互生，全缘。花两性，花瓣分离或有时下部合生成管状；果实为浆果状的核果。桑寄生常寄生于山茶、石榴、木兰、蔷薇、梧桐、榆和山毛榉等 29 科植物上。

1. 全株　2. 叶的一部分　3. 果实

图 2-26　桑寄生

（3）槲寄生。槲寄生具有绿色叶片和绿色茎，能进行光合作用，但所需水分和无机盐，必须从寄主组织中获取。槲寄生主要寄生杨树、柳树和榆树，但以杨树寄生率最高。槲寄生的鲜艳种子经鸟类啄食，吐出或随粪便排出的种子，借助粘稠物质固定在枝杈上，在适宜的温度和湿度下，数日内长出胚根，形成吸盘，侵入寄主组织，吸取水分和无机盐，使寄主被害的枝干失水衰退，甚至枯死（如图2-27）。

图 2-27　槲寄生

2.3　植物侵染性病害的发生与流行

2.3.1　病原物的寄生性和致病性

1. 病原物寄生性

一种生物从寄主活的细胞或组织获取营养物质的能力，称为寄生性。被寄生的植物称为寄主。根据病原物寄生能力的差异，可分为三种类型。

（1）专性寄生物。又叫严格寄生物、纯寄生物。它们必须从活的细胞或组织获取营养物质。当寄主的细胞或组织死亡后，其寄生生活在这一范围内就被终止。此类寄生物对营养物质要求复杂，一般不能在人工培养基上培养，如病毒、霜霉菌、白粉菌、锈菌等。

（2）兼性寄生物。此类病原物既能从活组织中获取营养，也能从死组织中获取营养，如稻瘟病菌、葡萄霜霉病菌、腐烂病菌、丝核菌、镰刀病菌、白绢病菌等。

（3）专性腐生物。此类生物完全从死组织中获取营养物质，称为专性腐生物。因其没有寄生能力，一般不能引起植物病害。但一些木腐菌可引起木材的腐朽，应予以重视。

2. 病原物的致病性

病原物在寄生过程中,对寄主植物的毒害和破坏能力,称为病原物的致病性。其致病的原因有:① 吸取寄主体内的水分和养分。② 分泌各种酶破坏寄主细胞或组织。③ 分泌毒素使寄主中毒死亡。④ 分泌各种刺激物质使植物组织增生或减生。

3. 病原物寄生性和致病性的关系

寄生性强的寄生物致病性不一定强;寄生性弱的寄生物往往致病性很强,常引起植物组织器官的急剧崩溃和死亡,而且是先毒死寄主细胞,然后在死亡的组织里生长蔓延。

4. 寄主植物的抗病性

寄主植物抵抗病原物侵染的能力称为抗病性。在自然生态系中,每一种植物都有不同程度的抗病性。

(1) 植物对病原侵染的反应

① 免疫。寄主植物不受侵染或侵染后不表现症状。

② 抗病。病原物能侵染也能与寄主建立寄生关系,但寄主有抗逆反应,病原不能在寄主组织内扩展繁殖,对寄主危害小。

③ 耐病。寄主植物发病较重,但自身的补偿能力强,对产量和品质影响小。

④ 感病。寄主植物发病重,对产量品质影响大,能引起局部和全株死亡。

(2) 抗病的种类

① 垂直抗性。只对病原的某些小种抵抗,而对另一些小种不能抵抗。抗感明显,抗性不稳定不持久,常因小种的变化而丧失抗性。在遗传学上是主效基因(单基因)控制的抗性,而且表现质量性状遗传。

② 水平抗性。寄主与病原之间没有特异性,表现中度抗病,抗病性持久,不会因小种的变化而丧失抗性。遗传学上是由微效基因多基因控制的数量性状遗传。流行学上可阻止病原的进一步扩展,潜育期长。

2.3.2 植物病害的侵染过程和侵染循环

1. 病害的侵染程序

病程:病原物从来源场所经过传播介体传到寄主植物上使之发病的一系列过程称为侵染程序,简称病程。病程是研究病害的个体发育过程。人为的将其划分为四个时期。

(1) 接触期。从病原物与植物接触到病原物开始萌动为止的时期。真菌的孢子、细菌的个体、病毒粒子必须接触到植物的感病部位,才能进行侵染。此期能否顺利完成和时间长短受大气温度、湿度、光照、叶面温湿度及植物外渗物等因素的影响。

(2) 侵入期。病原物从侵入寄主开始到与寄主建立寄生关系为止的时期。

侵入途径：

① 直接侵入。又称表皮侵入，一部分真菌、寄生性种子植物、线虫，这些病原靠生长的机械压力或外渗酶分解能力穿过植物的表皮或皮层组织。

② 伤口侵入。真菌、细菌、病毒、类菌质体等从病虫伤、机械伤、冻伤及自然伤口侵入。

③ 自然孔口。专性和兼性真菌及细菌从气孔、皮孔、水孔、蜜腺等自然孔口侵入。

(3) 潜育期（扩展期）。从病原物与寄主建立寄生关系开始到症状出现为止的时期。

不同病害潜育期长短不同。稻瘟病 12℃12 天；黎黑星病 12℃25 天。大多数病害一般 3～10 天。同一病害温度不同潜育期不同。如毛白杨锈病，在 13℃以下，潜育期为 18 天；15～17℃为 13 天；20℃为 7 天。

潜伏侵染：病原物侵入寄主体内经一定的扩展，由于寄主抗病性强或环境条件不适宜，不表现症状，当寄主抗性减弱时，才表现症状，这种现象称为潜伏侵染。

(4) 发病期。病害出现症状的时期。此期的出现标志着一个侵染过程的完成，并有新的繁殖体产生，进入下一个侵染过程的开始。

2. 植物病害的侵染循环

植物病害的侵染循环是指病害在一年内的发展变化规律，也就是病害从前一个季节发病到下一个季节再度发病的过程（如图 2-28）。

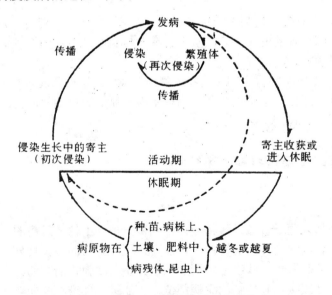

图 2-28　植物病害侵染循环示意图

(1) 初侵染和再侵染

① 初侵染。越冬越夏的病原物在生长季节引起的第一次侵染。只有初侵染没有再侵染的病害称为单病程病害。如桃缩叶病、苹果和梨的锈病等。

② 再侵染。在初侵染的病株上产生孢子或其他繁殖体，通过传播引起同株的其他部位或另外植株的侵染。有再侵染的病害称为多病程病害。如白粉病、黑斑病等。

(2) 病原物的侵染来源。当寄主植物进入休眠期后，病原物也将越冬或越夏，度过寄主植物的中断期和休眠期，而成为下一个生长季节的初侵染来源。病原物越冬（或越夏）的场所比较集中，且处于相对静止状态，是防治的一个关键时期。病原物的越冬越夏场所主要有以下几种：

① 田间病株。一年生、二年生、多年生的寄主植物都可成为真菌、细菌、病毒的越冬越夏场所。由于园林植物栽培方式的多样化，使得有些植物病害周年发生。如温室花卉病害，往往成为第二年露地花卉的重要侵染来源，有些病原物还可以在野生寄主和中间寄主上越冬或越夏，成为寄主中断期的来源。因此，处理病株和野生寄主是防止发病的重要措施。

② 种子、苗木和其他繁殖材料。有些真菌和细菌可以附着在种子和繁殖材料的表面及内部，有些病毒和类菌质体可以在苗木、块根、鳞茎、球茎、插条、接穗和砧木上越冬，成为苗期病害的来源。如百日菊细菌性叶斑病、瓜叶菊病毒病、天竺葵碎锦病毒病。所以，对这些繁殖材料进行消毒处理，是防止病害发生的重要措施。

③ 病株残体。一些兼性寄生菌，可以在病株残体以腐生方式存活一定时期，成为第二年的侵染来源。如合欢枯萎病、石榴叶斑病、紫荆枯萎病等。因此，清洁田园，处理枯枝落叶是减少病原来源的主要措施。

④ 土壤、肥料。真菌的冬孢子、卵孢子、厚膜孢子、菌核、线虫的胞囊、菟丝子的种子等，都可在土壤中存活多年。根据病原物在土壤中存活能力的强弱，可分为土壤寄居菌和土壤习居菌。土壤寄居菌必须在病残体上营腐生生活，一旦寄主残体分解，便很快丧失生活能力。土壤习居菌有很强的腐生能力，在土壤中存活时间较长。如菌核病、白绢病、立枯病、枯萎病、黄萎病等。病原物在肥料中存活的情况和土壤中相似。因此，土壤耕作管理和施用充分腐熟的肥料是防病的关键。

⑤ 传病介体。刺吸式口器昆虫是传播病毒病的主要介体。

(3) 病原物的传播。病原物从越冬越夏场所，或在寄主上完成一个病程，产生新的繁殖体后，必须通过一定的传播介体，传到寄主植物的感病点上才能使植物发病。根据传播的动力分为两类：

① 主动传播。病原物本身具有传播能力。有些真菌具有放射孢子的能力形成孢子雾（盘菌、伞菌）；有鞭毛的真菌、细菌可以在水中游动；线虫可以在土壤和寄主上蠕动；菟丝子通过茎蔓生长扩展传播。但这种传播的距离和范围非常有限。

② 被动传播。（自然传播、人为传播）大部分病原物必须借助于一定的传播介体，才能传到新的感病部位，其主要的传播方式有：

- 气流、风力传播。是大多数真菌病害的主要传播方式,将体积小、重量轻的孢子作远距离传播(1000公里或几百米的高空)。但传播的距离并不等于有效距离,因真菌孢子非常脆弱,不抗干旱和紫外线,远距离传播大部分死亡。其有效传播距离主要由病菌孢子的适应力、寄主的抗病性、风向、风速、温湿度及光照等因素决定。一般有效传播距离不超过几十米或几百米。
- 雨水传播。多数细菌及产生游动孢子或带有胶粘物质的真菌靠雨水的冲溅和水流传播,特别是暴风雨可使病原在田间大范围传播。
- 昆虫和其他动物传播。少数真菌、病毒、类菌质体、类立克次体主要靠蚜虫、叶蝉、飞虱和木虱传播;鸟类传播寄生性种子植物和真菌的孢子;其他一些昆虫可传播真菌、细菌等病原。

③ 人为传播:人类的一切农事活动,如播种、移栽、施肥、灌溉、修剪、嫁接、整枝、种苗调运等,都能使病原作远距离、大范围的传播。因此,应严格的实行植物检疫制度,避免危险性有害生物人为传播。

2.3.3 植物病害的流行

1. 植物病害流行的概念

植物病害流行是指在适宜病害发生发展的条件下,在一定时间、一定地区,引起某植物群体病害大量严重发生,这种现象称为病害流行。经常流行的病害叫流行性病害。病害流行规律是群体发病规律,病程是个体发病规律,个体发病规律是群体发病规律的基础,但群体发病规律才是我们需要掌握的。

2. 病害流行的三要素

植物病害发生的条件是寄主、病原和环境条件。这三个引起植物病害的因素,称为病害"三要素"。病害"三要素"即寄主植物、病原物、和环境条件之间的相互关系,常用"病害三角"来表示(如图2-29)。

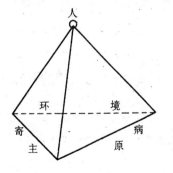

图2-29 病害四面体

病害流行三要素同样也是这三个条件,但在这里三要素具有质和量的含义,具有变化和消长的涵义。如果再考虑到人类活动的影响,常用"病害四面体"(或病害锥)来表示寄主植物、病原物、环境条件和人类活动之间的相互关系,人作为四面体的顶端,综合影响三个要素,从而增加或减少病害的流行程度。现将病害流行三要素简述如下:

(1)寄主植物方面:寄主植物感病性强(质)、且大量集中栽培(量)。感病品种大面积连年种植,会给病原物的生长繁殖提供有利条件，造成病害流行。在花卉植物栽培上，月季园、牡丹园等，如品种搭配不当，容易引起病害的流行。如海棠与桧柏近距离栽植，会造成锈病的流行。在自然生态系中原始森林和天然草原也有各种各样的病害，却很少发展到毁灭性的流行程度。

（2）病原物方面：病原物致病性强（质）、且数量大（量）。病原的不同小种和株系对寄主致病力不同。如果初始菌量多，多次再侵染，就会造成流行。

（3）环境条件：环境条件主要有气候、土壤、栽培等条件。这些条件同时作用于寄主植物和病原物。当环境条件有利于病原物的侵染、繁殖、传播和越冬，而不利于寄主的抗病性，可导致病害流行。只有具备了上述三方面的因素，病害才会流行，三者同等重要缺一不可。

3. 流行的主导因素分析。

病害流行的程度因时因地而异，同一种病害有的年份严重流行，有些年份轻，甚至不流行，或者在某地经常流行，而在另外一些地区则不流行，是什么原因引起的呢？

在一定时间地点条件下，主导因素因各有关因素的具体条件而定，当其他因素基本具备并相对稳定，而仅仅某一个（少数几个）因素最缺乏或波动最大时，这个因素便成为当时当地流行的主导因素。当具备了两个因素时另一个因素便成为主导因素。

4. 病害流行的变化

植物病害流行在年周期中常随季节的变化而变化。单病程病害变化不大，如桃缩叶病只在春季或夏季流行。而多病程病害随季节变化大。一般有始发、盛发和衰退三个阶段，病害发生呈"S"形曲线。有些叶斑病害，受降雨的影响，呈波浪式流行，有多个发病高峰。有些病害呈单峰曲线，有些病害呈双峰或三峰曲线（如图2-30）。

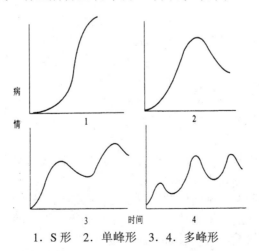

1. S形　2. 单峰形　3. 4. 多峰形

图2-30　季节流行曲线的几种常见形式

一种病害在不同年份的流行程度，与病原的积累量有关，主要取决于气候条件的变化。因为在不同的年份，除了耕作制度、植物品种、病原物的变化外，更大的变化在于气候条件，特别是降雨的时间、雨日、雨量和降雨次数。

2.4 非侵染性病害的病原

引起园林植物非侵染性病害的原因很多，主要有营养元素缺乏、温度不适、水分失调、光照因素、pH值不宜和有毒物质的影响。

2.4.1 营养失调

植物生活在土壤中，所需营养大部分靠根系从土中吸收，植物在不同的生长发育阶段对各种营养元素都有不同的要求。如需要量较大的元素有：C、H、O、N、P、K、Ca、Mg、S等，需要量较少的元素有B、Mn、Cu、Zn、Mo、Fe、Cl、Na等。元素与元素之间不能相互代替，某种元素缺乏或过多都会引起植物不正常表现。

（1）缺氮。氮元素是植物细胞中蛋白质、氨基酸等各种化合物的基本成分，在植物组织中自下而上输导。因此，植物缺氮的症状首先是在植株下部老组织中出现，典型症状是新叶淡绿，不形成斑点，老叶黄化枯焦，植株早衰。

（2）缺磷。磷元素存在于DNA、RNA、ADP、ATP中。植物缺磷下部老组织先表现症状，典型症状是茎叶暗绿或呈紫红色，生育期推迟。

（3）缺钾。钾元素是植物营养三要素之一，是多种化学反应的催化剂。植物缺钾的症状表现是叶上易产生斑点，叶尖及叶缘发生枯焦，随植株生长发育症状加重，早衰。

（4）缺铁。铁是叶绿素合成的催化剂，也是很多酶的辅助成分。植物缺铁的症状表现是幼叶失绿，出现白化现象。在叶片上，脉间失绿，叶脉仍保持绿色，随着病害的加重叶片逐渐变白，叶脉变黄，严重时叶片上出现褐色斑点，并导致叶片死亡，称为黄叶病。

（5）缺锰。缺锰表现为幼叶脉间失绿黄化，并有黄褐色斑点产生，有时叶片发皱，卷曲，植株生长衰弱，花不能形成。

（6）缺锌。锌参与生长素的合成和糖的氧化反应。缺锌一般表现为叶片失绿，节间缩短，植株矮小，叶片小，称为小叶病。

（7）缺钙。钙是细胞壁及胞间层的组成成分，并能调节植物细胞液的酸碱反应。钙在土壤中还有杀虫、杀菌功能。植物缺钙时根系生长受阻，根毛畸变；幼叶黄化，叶片顶端和叶缘生长受阻，叶面皱缩，组织柔软，植株矮小。

（8）缺镁。镁是叶绿素的主要构成成分。植物缺镁时从植株下部叶片开始褪绿，出现黄化，逐渐向上部叶片蔓延。最初叶脉保持绿色，仅叶肉变黄色，随后下部叶片变褐枯死，最终脱落。所以，又称为黄化病、白化病。

（9）缺硫。硫是蛋白质的重要组成成分。植物缺硫时，叶脉发黄，叶肉仍保持绿色，从叶片基部出现红色枯斑，顶端幼叶先发病，叶较厚，枝细长，呈木质化。

除上述元素外，铜、硼、硒、钼、氯、铜等元素也对植物生长发育有影响。园林植物除在缺少某些营养元素表现缺素症外，当某些元素过多时，同样也会对其生长发育带来伤害和影响。

2.4.2 温度不适宜

植物正常生长发育对温度有一定的要求标准，超过一定的标准对植物就会产生伤害作用。

（1）低温。低温对植物的影响主要是冷害和冻害。冷害是指0℃以上的低温所致的病害，也称寒害。冷害常见的症状是变色、坏死和表面斑点。在木本植物上则出现芽枯、顶枯、开花推迟、不能结果等。冻害是指0℃以下的低温对植物所造成的伤害。其症状表现是幼茎或幼叶出现水渍状暗褐色病斑，严重时整株植物变黑、枯干、死亡。晚秋的早霜常使花木未木质化的枝梢及其他器官受到冻害，而早春的晚霜常使幼芽、新叶和新梢冻死。

（2）高温。高温使植物原生质凝固，引起日灼。高温常使花木的茎叶、果受到伤害。如树皮的溃疡和皮焦，叶片上产生白斑、灼环等。花灌木及树木的日灼常发生在向阳面，所造成的伤口为蛀干害虫和病菌的侵染提供了方便之门。苗圃地的幼苗常因土表温度过高，近地面的幼茎组织被烫伤而表现立枯症状。同时，高温使光合作用下降，呼吸作用上升，消耗体内大量营养，引起生长减退，甚至死亡。

2.4.3 水分失调

（1）水分不足。在土壤缺水的条件下，植物蒸腾失水大于根系吸收的水分时，各种代谢受阻，产生脱水现象，出现萎蔫。如果干旱严重将引起植株矮小，叶片变小，叶尖、叶缘或叶脉组织枯黄，早期落叶、落花、落果，花芽分化少，一些幼苗和草本花卉在干旱条件下会发生萎蔫和死亡。

（2）水分过多。土壤水分过多，造成氧气不足，根呼吸受到抑制，使植物体中一些有机物产生醛和醇等有毒物质，毒害植物根系，使其窒息腐烂而死。地上部的表现是叶片发黄脱落、茎干生长受阻、花色变浅、花的香味减退、落叶落花、甚至全株死亡。

2.4.4 光照

光照对植物的影响包括光照强度和光周期。不同的植物对光照条件的要求不同，如果光照不足，会导致植物徒长，影响叶绿素的形成和光合作用，植株黄化，组织结构脆弱，容易发生倒伏，易受病原物的侵染；光照过强对大多数植物来说很少单独引起病害，一般都是和高温、干旱相结合，会出现叶烧病和日灼病。光照时间的长短对植物生长发育也有影响。按照植物的光周期长短将它们分为长日照、短日照和中性植物。光照条件不适宜，可以延迟或提早植物的开花和结实，给生产造成损失。

2.4.5 土壤pH值

大多数植物在pH值>9.0或PH值<2.5的情况下都难以生长，多数植物以中性（pH值5~7）为宜，pH值过高或过低会影响对其他元素的吸收利用，但不同植物对pH值要求不同。喜酸植物有杜鹃属、越桔属、茶花属、杉木、松树、橡胶树等；喜碱植物有紫花苜蓿、草木犀、南天竺、柏属、椴树、榆树等；喜盐碱植物有柽柳、沙枣、枸杞等。

2.4.6 有毒物质

自然界中的有毒物质主要是指空气污染、水源污染、尘埃、化学农药和土壤污染。这些污染物对植物的生长发育均有影响，轻则延迟植物发芽、展叶、开花、结实、叶片失绿、出现坏死斑等。重则植物大量落叶、落花、落果，甚至使植物死亡。

1. 环境污染

（1）臭氧（O_3）。大气环境中的臭氧主要来源于空气中的光化学反应，是危害最大的污染物之一。对臭氧敏感的植物有石竹、菊花、矮牵牛、丁香、柑橘、美洲五针松等。被污染植物出现叶片坏死和褪绿斑，有时植株矮小，提前落叶。

（2）二氧化硫（SO_2）。大气中的二氧化硫来自煤和石油的燃烧、天然气工业、矿石冶炼等。受害植物叶脉间不规则坏死斑，有时呈红棕色或深褐色，多发生在叶缘、叶尖部位的叶脉间。对二氧化硫敏感的植物有松、紫罗兰、紫苜蓿、百日草；抗性的植物有美人蕉、香石竹、仙人掌、丁香、山茶、桂花、广玉兰、柏树等。

（3）氢氟酸（HF）。大气中的氢氟酸来自铝工业、磷肥制造、钢铁厂、制砖业等。被污染植物症状是双子叶植物的叶缘或单子叶植物的叶尖呈黄褐色枯死，枯死部分易脱落，病健交界部位有狭长褐色分界带。敏感的植物有唐菖蒲、玉簪、郁金香、石竹、杜鹃等。

（4）氮化物（NO_2，NO）。污染源有内燃机废气、天然气、石油、煤燃烧等。其症状表现是幼嫩叶片的叶缘变红褐色或黄褐色坏死斑。敏感的植物有杜鹃、木槿、水杉、黑衫、白榆、叶子花、球根秋海棠、金鱼草、蔷薇、翠菊等。

（5）氯化物（Cl_2，HCl）。污染源为炼油厂、玻璃工业、塑胶焚化等。被污染的植物叶色褪绿，严重时全叶漂白，叶脉间出现坏死斑，叶缘焦枯，小叶卷曲，提早脱落。敏感的植物有月季、郁金香、百日草、紫罗兰、菊花、水杉、枫杨、木棉、樟子松等。

2. 土壤污染

土壤中的水污染和土壤残留物的污染也能引起植物的非侵染性病害。如土壤中残留的一些农药、石油、有机酸、酚、氰化物及重金属等，这些污染物使根系生长受抑制，影响水分吸收，地上表现为叶片褪绿，新陈代谢受阻，植物死亡。

3. 农药使用不当

在防治病虫及杂草时，由于使用杀虫剂、杀菌剂、除草剂不当而使被保护的植物出现药害。如使用的浓度过高、量过大、时期不适宜、喷施不均或品种选择不正确等。

2.5 植物病害的诊断

对园林植物病害的诊断就是判断植物得病的原因，确定病原类型和病害种类，为防治提供科学依据。

2.5.1 病害诊断的步骤

1. 田间观察

田间观察是诊断的第一步。通过深入田间，观察病害发生的普遍性和严重性、病害在田间分布状况、发生时期、发病部位、症状表现、受害寄主种类、环境条件、土壤状况、栽培措施等内容，并设计表格认真记载，通过综合分析，对病害的种类作出初步判断。

2. 室内鉴定

在田间观察中，由于有些病害症状表现的复杂性，病原的隐蔽性，诊断者不能作出准确的判断，而应采集有代表性的标本带到实验室做进一步检查，借助实验技术做出正确诊断。

3. 病原物的分离培养和接种

将植物受害部位采回室内，保湿培养（25～28℃）经过 24～48 小时后，镜检观察：溢脓者为细菌、长出病症者为真菌、无病症出现为非侵染性病害和病毒病害。但在病部往往存在着二次寄生菌和腐生菌，不能立即作出结论，还得通过柯赫氏法则（也称证病试验）进行鉴定：

（1）将病组织分离培养，证明这种病菌与这种病害同时存在，得到纯培养物。
（2）用纯培养物接种到相同品种健康植株上，给予适宜的发病条件，促其发病，看是否引起与原来病株相同的病害症状。

（3）从接种后发病的植株上能再分离到与原来用于接种时相同的培养物。

2.5.2 各类病害诊断方法

1. 非侵染性病害的诊断

对非侵染性病害的诊断应根据病害的症状表现、田间分布、环境条件，进行对比调查，结合生理学和病理学知识推测可能病因。应从以下几方面着手：

（1）现场观察病害在田间的分布类型，非侵染性病害没有明显的发病中心，发生分布普遍而均匀，面积较大。

（2）检查病株地上和地下病部有无病症，但要区别腐生菌、侵染性病害的初期症状、病毒病害和类菌质体病害。

（3）治疗诊断。根据植株症状表现，采取相应的治疗措施，观察症状是否减轻或消失。

（4）化学诊断。采取土壤或植株化学分析的方法，测定营养成分含量是否达到要求。

（5）人工诱发排除病因。根据怀疑的病因，设置相似的条件，栽植相同的植物，观察发病后的症状表现。

（6）指示植物。根据怀疑的病因，栽植有特定症状表现的指示植物，确定病因。

2. 侵染性病害的诊断

侵染性病害的发生具有发病中心，病害总是有由少到多，由点到片，由轻到重的发展过程。由于病原的种类不同，病害的症状也不完全相同。大多数病害的病斑上，到发病后期有病症的出现。根据典型的症状表现，对许多病害可以做出初步诊断。

（1）真菌病害的诊断。真菌病害的症状以腐烂和坏死居多，并有明显的病症和典型的症状。对这些病症可直接做临时玻片，在显微镜下观察病菌的形态结构，并根据典型的症状表现，确定具体的病害种类。对一些病症不明显的标本，可放在适温（20～28℃）、高湿（100%RH）条件下培养24～72小时，病原真菌通常会长出菌丝或孢子，然后再镜检观察，确定具体的病害种类。如果保湿培养结果不理想，可以选择合适的培养基进行分离培养。

（2）细菌病害的诊断。细菌病害的典型症状是：初期病斑水渍状或油渍状边缘，半透明，有黄色晕圈。在潮湿条件下，会出现黄白色或黄色的菌脓，但无菌丝。萎蔫型细菌性病害，横切病茎基部，可见污白色菌脓溢出，并且维管束变褐。根据症状不能准确诊断细菌病害时，可将病组织制成临时玻片，进行镜检观察，观察细菌从伤口溢出情况，或进行分离培养和接种试验。

（3）病毒病害的诊断。病毒病害在田间诊断时很容易和非侵染性病害混淆，在诊断时应注意：病毒病具有传染性；在新叶、新梢症状最明显；而且有独特的症状表现，如花叶、环斑、斑驳、蚀纹、矮缩等。经初步确诊的病毒病，还可以在实验室进一步确诊。如通过传播方式的测定；寄主范围、鉴别寄主反应的测定；病毒物理和化学特性的测定；从病组织中挤出汁液，经负染后在透射电镜下观察病毒粒体的形态与结构，来准确的诊断病毒病。

3. 诊断植物病害时应注意的问题

（1）病害症状的复杂性。植物病害的症状在田间十分复杂。诊断时应注意：不同病害症状的相似性；同一种病害不同发病时期症状的变化性；不同环境条件下症状的特殊性。

（2）病原菌和腐生菌的混淆。在受害植物坏死的病斑上，往往会感染一些腐生菌，应注意区别。

（3）病害和虫害的混淆。许多刺吸口器的昆虫危害寄主后，会造成植物叶片变色、皱缩、畸形、虫瘿或在叶片内串食形成的弯曲隧道，这些都容易和病害混淆。

2.6 习　　题

1. 园林植物病害与损伤有何本质区别？
2. 侵染性病害与非侵染性病害在发生特点上有什么不同？
3. 简述植物病原真菌、细菌、病毒和植原体的发生特点及防治技术？
4. 请说明病原物寄生性与致病性之间的关系？
5. 如何理解寄主植物的垂直抗病性与水平抗病性？
6. 阐述如何寻找并利用植物病害侵染循环的薄弱环节，达到控制植物病害的目的？
7. 请说明柯赫氏法则的证病步骤？

第3章 园林植物病虫害防治原理与方法

本章引言：本章从综合防治、植物检疫、园林栽培技术、物理机械防治、生物防治和化学防治等方面介绍了园林植物病虫害的防治原理和防治方法，旨在使学生能从当今的防治策略出发，因地制宜地协调和应用各种防治措施，制定和优化综合防治方案，为更好地防治病虫害奠定基础。

3.1 园林植物病虫害防治原理

3.1.1 园林植物病虫害综合防治的概念

　　园林植物病虫害防治方法很多，各有利弊，长期单一使用一种方法防治，尤其是化学防治，往往达不到预期效果，还会造成对环境、生物安全和人体健康的不利影响。于是，随着病虫害防治经验的积累和科学技术的不断进步，人们提出了植物病虫害综合治理的策略。

　　综合防治的主要含义是从生态系统整体观念出发，以预防为主，本着安全、经济、有效、简便的原则，因地制宜地采用农业、化学、生物和物理机械等防治方法和其他有效的生态学手段，充分发挥各种防治方法的优点，使其相互补充，彼此协调，构成一个有机的防治体系，将病虫的危害控制在经济损失允许水平之下，达到最佳的经济、生态和社会效益。

3.1.2 园林植物病虫害综合防治的策略

　　（1）从生态系统整体的角度出发。园林植物病虫害综合防治要从生态系统的整体出发，综合考虑园林植物、病虫害、天敌和环境条件，掌握防治对象的发生发展规律，有目的、有针对性地调节和控制园林生态系统的某些组分，创造一个有利于园林植物及天敌生长发育，而不利于病虫发生发展的环境条件，实现长期控制病虫的发生与危害的目的。

　　（2）从安全角度出发。根据园林植物生态系统各组成成分的运动规律和相互关系，针对不同对象，充分考虑环境生态系统生物生命安全和人类健康，灵活的协调和应用一种或几种适合园林条件的技术和方法。如园林栽培技术、引进和培育对病虫抗性比较强的新品种、病虫天敌的保护和利用、物理防治、化学防治等措施。针对不同的病虫害，采用不同的防治策略。一项或几项措施综合作用，互相协调，取长补短，最终达到对整个生态系统和人类的影响减小到最低限度，既控制了病虫害，又保护了人、畜、天敌和植物的安全。

（3）从科学的使用化学农药出发。园林植物病虫害的综合治理不但不排除化学农药的使用，而且科学的使用化学农药是非常重要的。要求从病虫、植物、天敌、环境之间的自然关系出发，科学地选择及合理地使用农药，在城市园林中应特别注意选择高效、无毒或低毒、污染轻、有选择性的农药，而不选择高毒、高残留的农药，防止对人畜造成毒害，减少对环境的污染，充分保护和利用天敌，逐步加强生态系统自然控制的各个因素，不断增强自然控制和调节能力。

（4）从经济效益角度出发。防治病虫的目的是为了控制病虫的危害，使其危害程度低到不足以造成经济损失。因而经济允许水平（经济阈值）是综合治理的一个重要概念。人们必须研究病虫的数量发展到何种程度，才能采取防治措施，以阻止病虫达到造成经济损失的程度，这就是防治指标。病虫危害程度低于防治指标，可不防治；否则，必须掌握有利时机，及时防治。需要指出的是：在以城镇街道、公园绿地、厂矿及企事业单位的园林绿化为主体时，则不完全适合上述经济观点。因该园林模式是以生态及绿化观赏效益为目的，而非经济效益，且不可单纯为了追求经济效益而忽略病虫的防治。

3.2 园林植物病虫害防治方法

3.2.1 植物检疫

植物检疫又称法规防治，即一个国家或地区用法律形式或法令形式，禁止某些危险的病虫、杂草人为地传入或传出，或对已发生的危险性病虫、杂草，采取有效措施消灭或控制蔓延。我国除制定了国内植物检疫法规外，还与有关国家签定了国际植物检疫协定。它对保证园林生产安全具有重要意义。

1. 生物入侵的危害

通常把包括微生物病原、植物、动物在内的异地生物入侵而对生态环境造成严重危害的现象称为"生物入侵"，把原本生活在异国它乡，通过非自然途径迁移到新的生态环境中的"移民"称为"生物入侵者"。

外来生物入侵是一个全球性的问题，在世界范围内，生物入侵造成的灾害比比皆是。板栗疫病自1904年传入美国后，25年内几乎摧毁了美国东部的所有栗树；榆树枯萎病，从法国传入美洲大陆后，很快使美洲40%的榆树被毁；著名的榆树荷兰病传入欧美，使行道树大量死亡，1975年英国榆树枯死190万株，美国榆树每年枯死达40万株；我国是有害生物入侵造成严重危害的国家之一。随着我国花卉品种和其他植物材料的大量调运和进口，国外危险性有害生物高频率地引入或带入我国，如松材线虫病、松突圆蚧给我国松树生产造成了极大的威胁；我国的菊花白锈病、樱花细菌性根癌病均由日本传入，使许多园林风景区蒙难；又如美洲斑潜蝇、蔗扁蛾、美国白蛾、烟粉虱等的传入。我国地域辽阔，生态环境多样，生物多样性丰富，外来生物很容易找到适宜的栖息地和合适的寄主而扩散，一旦某种"生物入侵者"在新的环境中大规模繁衍，其数量将很难得到控制。因此，必须重视和加强植物检疫工作。

2. 植物检疫的作用

植物检疫能阻止危险性有害生物随人类的活动在地区间或国际间传播蔓延。随着社会经济的发展，植物引种和农产品贸易活动的增加，危险性有害生物也随之扩散蔓延，造成巨大的经济损失，甚至酿成灾难。

植物检疫不仅能阻止农产品携带危险性有害生物出、入镜。还可指导农产品的安全生产及与国际植检组织的合作，保证本国产品出口畅通，维护国家利益。另外，随着我国加入WTO，国际经贸活动的不断深入，植物检疫工作更显重要作用。

3. 植物检疫技术

（1）植物检疫的任务

① 禁止危险性病、虫、杂草随着植物及其产品由国外输入或由国内输出，这是对外检疫的任务。对外检疫是在口岸、港口、国际机场等场所设立检疫机构，对进出口货物、旅客随身携带的植物、植物产品，在抵达我国口岸时，必须经过我国口岸植物检疫机关的检疫查验。经检疫合格的放行，不合格的依法处理。对从国外引进的可能潜伏有危险性病虫的种子、苗木和其他繁殖材料，都必须隔离试种。

② 将在国内局部地区发生的危险性病、虫、草封锁在一定的范围内，防止其扩散蔓延，并积极采取有效措施，逐步予以清除，这就是对内检疫。对内检疫工作由地方设立机构进行检查。

③ 控制危险性病、虫、杂草蔓延。当危险性病、虫、杂草侵入到新区时，应立即采取措施控制其蔓延或彻底消灭。

对内检疫是对外检疫的基础，对外检疫是对内检疫的保障，二者紧密配合，相互促进，以达到保护林业生产的目的。

（2）确定植物检疫对象的原则。植物检疫并不是对所有重要的病虫害都要实行检疫，而是要确定检疫对象和受检的植物及其产品。植物检疫对象是指国家农业、林业主管部门根据一定时期内国际、国内病虫发生及危害情况和本国、本地区的实际需要，经过一定程序制定，发布禁止传播的有害生物。检疫对象的确定原则如下：

① 必须是我国尚未发生或局部发生的危险性有害生物。

② 在我国或传播地区，必须是严重影响园林植物生长和观赏价值，而防除又极为困难

的有害生物。

③ 必须是人为传播的,即容易随同植物材料、种子、苗木和所附泥土以及包装材料等传播。

④ 根据交往国所提供的检疫对象名单。

根据上述原则,制定输出输入危险性有害生物检疫名单和具体检疫办法,划定疫区和保护区,设立专门机构实行检疫。

(3) 植物检疫的程序

① 对内检疫程序。对内检疫主要负责国内植物检疫事宜,内容包括划分疫区和保护区,对疫区实行封锁、消灭措施,对保护区实施保护措施;建立无检疫对象的林木种子、苗木繁殖基地,生产健康种苗;建立产地检疫、调运检疫、邮寄物品检疫;对从国外引进林木种子、苗木等繁殖材料进行审批和隔离试种检疫等。对内检疫主要是由各省、自治区、直辖市检疫机关,会同交通运输、邮电、供销及其他有关部门根据检疫条例,对所调运的物品进行检疫和处理,以防止局部地区危险性病虫的传播蔓延。我国对内检疫主要以产地检疫为主,道路检疫为辅。一般对内检疫按以下程序进行。

- 报验:调运和邮寄种苗及其他应受检的植物产品时,应向调出地有关检疫机构报验。
- 检验:检疫机构人员对所报验的植物及其产品要进行严格的检验。到达现场后凭肉眼和放大镜对产品进行外部检查,并抽取一定数量的产品进行详细检查,最后在抽查的产品中再抽取小样品送实验室检验。
- 检疫处理:经检验如发现检疫对象,应按规定在检疫机构监督下进行处理。一般方法有:禁止调运、就地消毒处理、限制使用等。
- 签发证书:经检验后,如不带有检疫对象,检疫机构发给国内植物检疫证书放行。若发现检疫对象,经处理合格后,仍发证放行,无法进行消毒处理的,应停止调运。

② 对外检疫的程序。对外检疫(国际检疫)是国家在对外港口、国际机场及国际交通要道设立检疫机构,对进出口的物品进行检疫处理。以防止新的危险性病、虫、杂草随植物及其产品由国外输入或由国内输出。

我国进出口检疫包括以下几个方面:进口检疫、出口检疫、旅客携带物检疫、国际邮包检疫、过境检疫等。应严格执行《中华人民共和国进出口动植物检疫条例》及其细则的有关规定。

随着全球经济一体化及我国对外贸易的发展,园林产品的交流也日益频繁,危险性病、虫、杂草的传播机会越来越多,检疫工作的任务愈加繁重。因此必须严格执行检疫法规,高度重视植物检疫工作,切实做到"即不引祸入境,也不染灾于人",以促进对外贸易,维护国际信誉。

3.2.2 园林技术防治

园林技术措施防治就是通过改进栽培技术措施,使环境条件不利于病虫害的发生,而利于园林植物的生长发育，直接或间接地消灭或抑制病虫发生和危害。这种方法不需要额外投资，而且又有预防作用，可长期控制病虫害，因而是最基本的防治方法。

1. 选育抗性品种

选育抗病虫品种是利用植物的遗传特性防治病虫害的方法。选用抗病虫品种是非常重要的。但需要较长的时间才能获得有价值的品系。

园林植物品种资源十分丰富，为抗病虫品种的选育提供了大量的被选材料。当前世界上已培育出菊花、香石竹、金鱼草等抗锈病的新品种，也育出了抗紫菀萎蔫病的翠菊品种，以及抗菊花叶线虫的菊花品种等。

基因工程技术的飞速发展也为抗病虫树种的选育带来了广阔前景。如中国林科院和中国科学院微生物研究所合作，将 BT 毒蛋白基因转入欧洲黑杨，培育出抗食叶害虫的抗虫杨 12 号新品种，现已在北京、山东、河南、吉林及内蒙古等地区推广种植。

2. 培育健苗

园林上有许多病虫害是通过种苗和其他无性繁殖材料来传播的，因此，通过培育无病虫的健壮种苗，可以有效地控制此类病虫害的发生。

（1）选择适宜圃地。应选取土壤疏松、排水良好、通风透光及无病虫的场所为苗圃，而地势低洼积水、土壤粘重，阳光过弱的地方不宜作苗圃地。对有病虫的地块要进行土壤处理，温室中的有病土壤及带病盆钵在未处理前不可继续使用。在无土栽培时，被污染的培养液要及时清除。土壤处理常用药剂有福尔马林、五氯硝基苯、高锰酸钾、硫酸亚铁等。

（2）整地施肥。圃地选好后要深翻土壤，提高土壤肥力，促进苗木健康生长，同时也可以破坏病虫的生存环境，把土壤深层的地下害虫翻到地表，为鸟兽所食或增加自然死亡率；也可把表土层的病虫翻入土层深处。苗圃地施肥，以有机肥料为主，适当使用化学肥料，厩肥、饼肥、堆肥等要充分腐熟。

（3）适时播种、合理轮作。适时播种可避免或减轻病虫的危害。必要时进行种苗消毒处理，如落叶松和杉木。以平均气温 10℃ 以上时播种为宜，种子发芽快，苗木生长健壮、抗性强。播种过早，苗木出土慢，种子在土壤内时间过长，易发生种芽腐烂；播种太迟，幼苗出土后正遇梅雨季节，易发生幼苗猝倒和立枯病。

一般情况下，病菌和害虫都有一定的寄主范围，若植物长期连作，土壤中的病原物、虫卵逐年积累，加重病虫害的发生。将某些常发病虫的寄主植物与非寄主植物进行一定年限的轮作，切断病虫的食物链，既可以减轻病虫害的发生与危害，也可以合理利用地力。如杨树育苗不宜重茬，但宜与刺槐、松杉等轮作；温室中香石竹多年连作时，会加重镰刀枯萎病的发生。轮作时间视具体情况而定，鸡冠花褐斑病轮作 2 年有效，而孢囊线虫病则需更长，一般情况下需轮作 3~4 年以上。轮作植物需为非寄主植物，这样可以使土壤中的病原物因得不到食物"饥饿"而死，从而降低病原物的数量。

（4）加强圃地管理。出苗后要及时进行中耕除草、间苗，保证苗木密度适当；要合理施肥，适时适量灌水，及时排水，尽量给苗木创造一个适宜的环境条件，提高苗木抗性。

3. 栽培措施

苗木是植物生长的基础，栽培管理措施对于植物的生长发育和对病虫害的抵抗能力也是至关重要的。

适地适树是使树种的特性与立地条件相适应，以保证树木、花草健壮生长，增强抗病虫能力。如泡桐栽植在土壤粘重、地势低洼的地段生长不良，且易引起泡桐根部窒息，再如油松、松柏等喜光树种，易栽植较干燥向阳的地方；云杉等耐阴树种宜栽植于阴湿地段。新建庭院时，还应避免将有共同病、虫害的树种，花草搭配在一起，如海棠和松柏、龙柏等树种近距离栽植易造成海棠锈病的大发生。

正确选择造林树种，注意合理地安排树种搭配比例和配置方式，尽可能地多营造各种混交林，对提高人工林的自然保护性能有重要的意义。

加强对园林植物的抚育管理，及时修剪，可抑制害虫的危害。同时要注意圃地卫生，消除被病虫感染的植株、枝丫及剩余物等，以减少病虫的来源。

4. 管理措施

合理肥水可使苗木生长健壮，提高抗病能力，还可解决多种生理病害。观赏植物应使用充分腐熟而无异味的有机肥，以免污染环境。使用无机肥时氮、磷、钾等营养成分的配比要合理，以防止出现缺素症。一般来说，大量使用氮肥，促进植物幼嫩组织大量生长，常导致白粉病、锈病、叶斑病等的发生。苗木生长后期使用氮肥过多，易造成徒长。适量地增施磷、钾肥，能提高寄主的抗病性，是防治某些病害的有利措施。

适当灌水可减轻病虫害的发生。灌水要适中，过少易引发干旱，造成植物萎蔫、落叶；过多则易造成土壤积水，水分过大易引起植物根部缺氧窒息，轻者植物生长不良，重则引起根部腐烂。灌水时间要有选择，叶部病害发生时，浇水时间最好选择晴天的上午，以便及时地降低叶片表面的湿度；收获前不宜大量浇水，以免推迟球茎等器官的成熟，或窖藏时因含水量大，造成烂窖等病害。

中耕除草、焚烧或深埋枯枝落叶可以减少病虫害的发生。此外，还可以减轻植物与杂草争肥、水的矛盾，改良土壤，改善植物生长状况，增强植物抗病虫能力。

另外，许多花卉是以球茎、鳞茎等器官越冬，为了保障这些器官的健康储存，要在晴天收获；在挖掘过程中尽量减少伤口，挖出后剔除有病虫害的部分，并在阳光下曝晒几天方可入窖。贮窖必须预先消毒，通风晾晒，入窖后要控制好温度和湿度，窖温一般控制在 5℃ 左右，湿度控制在 70% 以下。球茎等器官最好单个装入尼龙袋内悬挂在窖顶贮藏。

3.2.3 物理机械防治

利用各种物理因子（声、光、电、色、热、湿等）及机械设备来防治植物病虫害的方法，称为物理机械防治。这类方法既包括古老的人工捕杀，又包括一些高新技术的应用。物理机械防治方法简单易行，很适合小面积场圃和庭院树木的病虫害防治。缺点是费工费时，有很大的局限性。

1. 捕杀法

利用人工或简单器械捕杀有群集性、假死性的害虫的方法称为捕杀法。如刮除树干上的舞毒蛾卵块。苗圃翻耕时检拾蛴螬等地下害虫。在早春剪除天幕毛虫的卵块和黄刺蛾的茧。对于生活在袋中，行动迟缓又无毒害的袋蛾，可用人工摘袋。利用金龟甲、叶甲、杨干象的假死性震落捕杀。采集松毛虫的卵，捕杀幼虫，利用简单器具钩杀天牛幼虫等都是行之有效的安全措施。

2. 阻隔法

人为设置各种障碍，以切断病虫害的侵害途径，这种方法称为阻隔法，也叫障碍物法。如对果树的果实套袋，可以阻止蛀果害虫产卵危害；在树干上涂白，可以减轻树木因冻害和日灼而发生的损伤，并能遮盖伤口，避免病菌侵入，减少天牛产卵机会等。目前生产上常用的阻隔法如下。

（1）涂毒环、涂胶环。针对有上、下树习性的幼虫（如松毛虫、杨毒蛾）可在秋季幼虫下树前或次春幼虫上树前，刮去树干胸高处粗皮，涂刷宽 3~5cm，厚 3~5mm 的毒环或涂胶环，阻隔和触杀幼虫，胶环的配方有以下 2 种，第一种配方是，蓖麻油 10 份，松香 10 份，硬脂酸 1 份；第二种配方是，豆油 5 份，松香 10 份，黄醋 1 份。

（2）挖障碍沟。对不能迁飞只能靠爬行扩散的害虫，为阻止其迁移危害，可在未受害区周围挖沟，害虫坠落沟中后予以消灭。对紫色根腐病、白绢病等借助菌索传播的根部病害，在受害植株周围挖沟能阻隔病菌菌索的蔓延。沟的规格为宽 30cm，深 40cm，两壁要光滑垂直。

（3）设置障碍物。有的害虫雌虫无翅，只能爬到树上产卵。对于这类害虫在上树前，于树干基部设置障碍物阻止其上树产卵。如在树干上绑塑料布或在干基周围培土堆，制成光滑的陡面。山东枣产区总结出人工防治枣尺蠖的经验，即"一涂、二挖、三绑、四撒、五堆"，可有效控制枣尺蠖上树。

（4）纱网隔离。对保护地（日光温室及各种塑料大棚）内栽培的花卉植物，可采用 40~60 目的纱网覆罩。不仅可以隔绝蚜虫、叶蝉、粉虱、蓟马、斑潜蝇等害虫的危害，还能有效地减轻病毒病的侵染。

（5）土表覆盖薄膜或盖草。许多叶部病害的病原物是随病残体在土壤中越冬的，花木栽培地早春覆膜或盖草（麦秸草、稻草等）可大幅度地减轻叶部病害的发生。其原因是薄膜或干草对病原物的传播起到了机械阻隔的作用，且覆膜后土壤温度、湿度提高，加快了病残体的腐烂，减少了侵染来源，干草腐烂后还可以增加肥力。

此外，在目的植物周围种植高杆且害虫喜食的植物，可以阻隔外来迁飞性害虫的危害；土表覆盖银灰色薄膜，能使有翅蚜远远躲避，从而保护园林植物免受蚜虫危害并减少了蚜虫传毒的机会。

3. 诱杀法

利用害虫的趋性，设置灯光、潜所、毒饵、饵木等诱杀害虫。如黑光灯诱蛾，黄板诱蚜，糖醋液诱蛾等。

（1）灯光诱杀。利用害虫的趋光性进行诱杀的方法。生产上所用的光源主要是黑光灯。目前我国有五类黑光灯：普通黑光灯管（20W）、频射管灯（30W）、双光汞灯（125W）、节能黑光灯（13~40W）和纳米汞灯（125W）。大多数害虫的视觉神经对波长 330~400nm 的紫外线特别敏感，具有较强的趋光性，因而诱虫效果较好。

黑光灯的使用注意事项：①闷热无风的夜晚诱集的种类和数量最多，风天（4m/s 以上）、雨天和气温骤然下降的情况下诱集的种类和数量显著减少。因此，在刮风和下雨的夜晚可不开灯。②一夜中以 19~21 时诱集量最大，21 时以后逐渐减少，22~24 时的诱集量更少。在大面积防治中，0 点后关灯，既节省用电，又能达到预期效果；③由于许多天敌也有趋光性，也会被杀死。用灯光诱杀昆虫时，使得光源附近的害虫虫口密度增大，必须采取适当的防治措施加以补救。

黑光灯可诱集 700 多种昆虫，尤其对夜蛾类、螟蛾类、毒蛾类、枯叶蛾类、天蛾类、灯蛾类、刺蛾类、卷叶蛾类、金龟甲类、蝼蛄类、叶蝉类等诱集力较强，已成为害虫综合防治的重要组成部分。

（2）毒饵和饵木诱。利用害虫的趋化性，在其所嗜好的食物中掺入适当的毒剂，制成各种毒饵诱杀害虫，叫做毒饵诱杀。防治蝼蛄、地老虎等根部害虫，用麦麸、谷糠或饼肥等做饵料，加入 10%吡虫啉混合而成的毒饵诱杀蝼蛄。诱杀地老虎、黏虫的成虫的毒饵液可以用糖、醋、酒、水、10%吡虫啉混合，比例为 9∶3∶1∶10∶1。

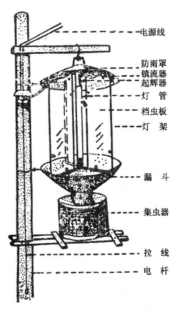

图 3-1 黑光灯的安装

天牛、小蠹、象甲等蛀干害虫，喜欢在新伐倒木上产卵繁殖。因此在害虫繁殖期，人为设置一些木段，供其产卵，待新一代幼虫全部孵化后，进行剥皮处理，以消灭其中的害虫，这种方法叫做饵木诱杀。饵木利用害虫喜欢寄生、利用价值不大且生长衰弱的林木。放置饵木的地点依各种害虫的习性而定。

（3）植物诱杀。利用害虫对某些植物有特殊的嗜食习性，人为种植此种植物诱集捕杀害虫的方法。如在苗圃周围种植蓖麻，使金龟甲误食后麻醉，可以集中捕杀；种植一串红、茄子、黄瓜等叶背多毛植物可诱杀温室白粉虱。

（4）潜所诱杀。利用某些害虫的越冬、化蛹或白天隐蔽的习性，人工设置类似的环境诱集害虫进入，而后杀死。如在树干基部周围束扎草把或包扎破麻布片，可诱某些蛾类幼虫；傍晚在苗圃的步道上堆集新鲜杂草，可诱杀地老虎幼虫；用新鲜马粪可诱引蝼蛄等。

（5）利用颜色诱虫或驱虫。将黄色粘胶板设置于花木栽培区域，可诱粘到大量有翅蚜、白粉虱、斑潜蝇等害虫，其中温室保护地使用时效果较好。蓟马对蓝色板反射光特别敏感，可在温室内挂设一些蓝色板诱杀蓟马。另外银灰色有避蚜作用，在苗床可以覆盖银灰色反光膜避蚜，在苗区可以挂设条状银灰色反光膜避蚜。

4. 温湿度应用

任何生物，包括植物病原物、害虫对热有一定的忍耐性，超过限度生物就会死亡。害虫和病菌对高温的忍受力都较差，因此，通过提高温度来杀死病菌或害虫的方法称为高温处理法，也称为热处理法。

（1）种苗的热处理。种苗的热处理的关键是温度和时间的控制，一般对休眠器官的处理比较安全，对某种有病虫的植物作热处理时，要事先进行试验。常用的方法有热水浸种和浸苗。如唐菖蒲球茎在 55℃ 水中浸泡 30 分钟，可以防治镰刀菌干腐病；用 80℃ 热水浸刺槐种子 30 分钟后捞出，可杀死种内小蜂幼虫，不影响籽实发芽率，带病苗木可用 40~50℃ 温水处理 0.5~3 小时。需要注意的是热水处理的有效温度和损害种子发芽的温度比较接近，必须严格掌握温度和处理时间。此外，经处理后的种子必须充分干燥才能储藏。

（2）土壤的热处理。现代温室土壤热处理是使用热蒸汽（90~100℃），处理时间 30 分钟（min）。蒸汽处理可大幅度降低香石竹镰刀枯萎病、菊花枯萎病及地下害虫的发生程度。在发达国家，蒸汽热处理已成为常规方法。

利用太阳能热处理土壤也是有效的措施，在 7~8 月间将土壤摊平做垄，垄为南北向，浇水并覆盖塑料薄膜（25℃为宜），在覆盖期间要保证有 10~15 天的晴天，耕作层温度可高达 60~70℃，能杀死土壤中的病原物。温室大棚中的土壤也可用此法处理，当夏季花木搬出温室后，将门窗全部关闭并在土壤表面覆膜，能较彻底地消灭温室中的病虫害。

5. 放射处理

辐射处理杀虫主要是利用放射性同位素辐射出来的射线杀虫，如放射性同位素钴辐射出来的 r 射线。应用放射能防治害虫有两个方面：一是直接杀死害虫；由于辐射处理，射线的穿透力强，能够透过包装物，可以在不拆包装的情况下杀虫灭菌，所以对潜藏在粮食、水果、中药材等农林产品内的害虫以及毛织品、毛皮制品、书籍、纸张等物品内的害虫都可以采用此法处理。二是应用放射能对昆虫生殖腺的生理效应，造成雄性不育，然后把不育雄虫释放到田间，使其与自然界雌虫交配，造成大量不能孵化的卵，以降低虫口密度。美国在利用放射不育法防治棉红铃虫方面已经在一定范围内获得成功。

利用红外线处理杀虫。红外线为一种电磁波，能穿透不透明的物体而在其内部加热使害虫致死。据中国农业科学院植物保护研究所实验，用220V，250W的红外线灯，照射高粱杆内的玉米螟越冬幼虫，照射距离12cm，时间5分钟，死亡率可达100%。对仓库害虫的杀伤能力也很显著，在红外线直接照射5分钟，库内害虫即可全部死亡。在国外还可利用飞机和人造卫星发射红外线调查害虫。

此外，还可以利用红外线、紫外线、X射线以及激光技术，进行害虫的辐射诱杀、预测预报及检疫检验等。近代生物物理学的发展，为害虫的预测预报及防治技术水平的提高，创造了良好的条件。

3.2.4 生物防治

生物防治的传统概念是利用有益生物来防治虫害或病害。近年来由于科学技术的发展和学科间的交叉、渗透，其领域不断扩大。当今广义的生物防治是指利用生物及其代谢产物来控制病虫害的一种防治措施。生物防治法是发挥自然控制因素作用的重要组成部分，是一项很有发展前途的防治措施。生物防治对人、畜、植物安全，对环境没有或极少污染，害虫不产生抗性，有时对某些害虫可以达到长期抑制作用，而且天敌资源丰富，使用成本较低，便于利用。但生物防治的缺点也是显而易见的，如作用比较缓慢，不如化学防治见效迅速；多数天敌对害虫的寄生或捕食有选择性，范围较窄；天敌对多种害虫同时发生时难以奏效；天敌的规模化人工饲养技术难度较大；能够用于大量释放的天敌昆虫种类不多，而且防治效果常受气候条件影响。因此必须与其他防治方法相结合，才能充分发挥应有的作用。

生物防治的内容主要包括以虫治虫，以菌治虫，以病毒治虫，以鸟治虫，蛛螨类治虫，激素治虫，昆虫不育性的利用，以菌治病等。

1. 以虫治虫

利用天敌昆虫消灭害虫，称为以虫治虫。如赤眼蜂寄生槐尺蠖的卵、螳螂捕食杨扇舟蛾的幼虫等。

（1）天敌昆虫种类。按天敌昆虫取食害虫的方式可以分为两大类：捕食性天敌和寄生性天敌。

① 捕食性天敌昆虫。这类天敌以害虫为食，有些利用它们的咀嚼式口器，直接吞食虫体的一部分或全部；有些利用刺吸式口器刺入害虫体内，同时放出一些毒素，使害虫很快

麻痹，不能行动和反扑，然后吸食其体液使害虫死亡。

园林害虫的捕食性天敌昆虫很多，分属18个目近200个科，其中以瓢虫、食蚜蝇、草蛉、胡蜂、蚂蚁、食虫虻、猎蝽、花蝽、步甲、螳螂等最为常见。这类天敌，在自然界中抑制害虫的作用十分明显。例如松干蚧花蝽对抑制松干蚧危害起重要作用。

② 寄生性天敌昆虫。昆虫在某个时期或终身寄生在昆虫的体内或体外，以其体液和组织为食来维持生存，最终导致昆虫死亡，这类昆虫称为寄生性天敌昆虫。分属于5个目近90个科，大多数属于双翅目和膜翅目，即寄生蜂和寄生蝇。

寄生蜂种类很多，寄生习性十分复杂。有的寄生蜂将卵产在被寄生昆虫的卵内，寄生蜂孵化后取食寄主卵内营养物质，在卵内发育为成虫，然后咬破卵壳而出，再进行寄生。有的寄生蜂将卵产在被寄生昆虫的幼虫和蛹内，卵孵化后，取食其体液，被寄生的幼体，随着寄生蜂取食内部器官的程度，逐渐死亡。有时被寄生的幼虫，虽然仍旧正常化蛹，但是由于寄生蜂的取食，蛹体僵化，腹部不能活动。有些被寄生的昆虫，仅在寄生蜂咬破它们的体壁出来之后，才会死亡。凡被寄生的卵、幼虫或蛹，均不能完成发育，而中途死亡。

寄生蝇多寄生在蝶蛾类的幼虫或蛹内，以害虫体内养料为食，使其死亡。寄生的方式多种多样，通常是以成虫产卵于被寄生昆虫的幼虫或蛹上，卵孵化后，幼虫钻入寄主体内取食。目前我国利用寄生性天敌昆虫最成功的例子是利用赤眼蜂防治多种鳞翅目害虫。

（2）利用天敌昆虫防治害虫的主要途径。利用捕食性和寄生性天敌昆虫来防治园林害虫，从理论上讲，一是通过创造昆虫天敌繁殖的条件和人工大量繁殖两个方面，增加自然界寄生性与捕食性昆虫的个体数量；二是通过国内移殖或国外引进，以改变本地区昆虫的群体结构。当前国内利用寄生性、捕食性昆虫天敌提倡"以护为主，护、繁、移、引相结合"。

① "护"即当地自然天敌昆虫的保护和利用。自然界天敌昆虫种类繁多，但它们常受到不良环境条件和人为因素的影响而不能充分发挥对害虫的控制作用。因此，必须通过改善或创造有利于自然天敌昆虫发生的环境条件，以促进其发展。保护利用天敌的基本措施：一是保证天敌安全越冬，很多天敌昆虫在严寒来临时会大量死亡，若施以安全措施，可以增多早春天敌数量，如束草诱集、引进室内垫伏等；二是改善天敌昆虫的营养条件，一些寄生蜂、寄生蝇，在羽化后常需补充营养而取食花蜜，因而，在栽植园林植物时，注意考虑天敌蜜源植物的配置。有些地方如天敌食料缺乏时（如缺乏寄主卵），注意补充田间寄主等，这些措施有利于天敌昆虫的繁衍；三是慎用农药，要选用选择性强的品种，尽量少用广谱性的剧毒农药和长残效农药，选择适当的施药时期和方法，尽量减少对天敌的杀伤力。

② "繁"即人工大量繁殖释放天敌昆虫。在自然条件下，天敌的发展总是以害虫的发展为前提的，在害虫发生初期，由于天敌数量少，对害虫的控制力很低，再加上受化学防治的影响，园林内天敌数量减少，因此，需要采用人工大量繁殖的方法，繁殖一定数量的天敌，在害虫发生初期释放到野外，可以取得较显著的防治效果。近二十年来，我国不少地方建立了生物防治站，繁殖天敌昆虫，适时释放林间消灭害虫。目前，已成功繁殖利用有赤眼蜂、异色瓢虫、黑缘红瓢虫、草蛉、平腹小蜂、管氏肿腿蜂等，这些已在生产实践

中加以应用，特别在公园、风景区应用较多。

天敌昆虫能否人工大量繁殖，决定于下列几个方面：首先，要有合适的、稳定的寄主来源，或者能够提供天敌昆虫的人工或半人工的饲料食物，并且成本便宜，容易管理。其次，天敌及其寄主都能在短期内大量繁殖，满足释放的需要。再次，在连续的大量繁殖过程中，天敌昆虫的生物学特性（寻找寄主的能力、对环境的抗逆性、遗传特性等）不致有重大不利的改变。

③ "移""引"即移植和引进外地天敌昆虫。引进害虫天敌来防治害虫，已有八十多年历史，经初步统计，全世界成功的约有225例，其中防治蚜虫成功的例子很多，成功率占78%。在引进的天敌中，寄生性昆虫比捕食性昆虫成功的多。目前，我国已于美国、加拿大、墨西哥、日本、朝鲜、澳大利亚、法国、德国、瑞典、捷克等十多个国家进行了天敌交流，引进各类天敌120余种，有的已发挥控制害虫的作用。例如，在北方一些省、市推广防治温室白粉虱，效果十分显著。广东在80年代中后期从日本引进松突圆蚧花角小蜂防治松突圆蚧，已初步具有很理想的控制潜能，应用前景非常乐观。我国湖北省防治柑橘吹绵蚧所用的大红瓢虫，是1953年从浙江省引入的，这种瓢虫以后又被四川、福建、广西等地引入，已获得成功。

2. 以菌治虫

利用昆虫病原微生物及其代谢产物使害虫而死的方法，称为以菌治虫。引起昆虫致病的病原微生物，主要有细菌、真菌、病毒、立克次氏体、原生动物及线虫等。目前，生产上应用较多细菌、真菌。

利用病原微生物防治害虫，具有繁殖快、用量少、不受园林植物生长阶段的限制、持效长等优点。近年来使用日益扩大，是园林害虫防治中拥有推广应用价值的药剂类型。

（1）细菌。病原细菌主要是通过消化道侵入昆虫体内，导致败血病，或由于细菌产生的毒素破坏昆虫的一些器官组织，使昆虫死亡。被细菌感染的昆虫，食欲减退，口腔和肛门具粘性排泄物，死后体色加深，虫体迅速腐败变形、软化、组织溃烂，有恶臭，通称软化病。

目前，应用的杀虫细菌主要有苏云金杆菌（包括松毛虫杆菌、青虫菌），这一类杀虫细菌对人畜、植物、益虫、水生生物等无害，无残余毒性，有较好的稳定性，可与其他农药混用。对湿度要求不严格，在较高温度下发病率高，对鳞翅目幼虫有很好的防治效果，是目前研究最多，应用最广的杀虫菌剂。

（2）真菌。病原真菌以孢子或菌丝自昆虫体壁侵入体内，以虫体组织和体液为营养而长出大量菌丝体，菌丝体产生孢子，随风和流水进行侵染。一些真菌还可以产生毒素，导致昆虫死亡。感病昆虫常出现食欲锐减，虫体萎缩，死后虫尸僵硬，体表布满菌丝和孢子。

引起昆虫疾病的真菌有530余种，我国广东、福建、广西等省普遍用白僵菌防治马尾松毛虫，并取得了很好的防治效果。

大多数真菌可以在人工培养基上生长发育，便于大规模生产应用。但由于真菌的萌发和生长对气候条件要求比较严格，因此，昆虫真菌病的自然流行和人工应用常受到气候条件的限制，应用时机得当，才能收到较好的防治效果。

（3）病毒。利用病毒来防治害虫，其主要优点是专化性强，在自然情况下，往往只寄生一种害虫，不存在污染与公害问题，在自然界中可长期保存，反复感染，有的还可遗传感染，可以造成害虫流行病。目前发现不少园林植物害虫，如朱红毛斑蛾、丽绿刺蛾、榕透翅毒蛾、灰白蚕蛾、竹斑蛾、棉古毒蛾、细皮夜蛾、樟叶蜂、马尾松毛虫、大袋蛾等，均在自然界中感染病毒，对这些害虫的猖獗起到了抑制作用，各类病毒制剂也正在研究推广中。

在已知的昆虫病毒中，防治应用较广的有核型多角体病毒（NPV）、颗粒体病毒（GV）和质型多角体病毒（GPV）3 类。这些病毒主要感染鳞翅目、双翅目、膜翅目、鞘翅目等的幼虫。如上海使用大蓑蛾核型多角体病毒防治大蓑蛾效果很好。

3. 以鸟治虫

利用各种食虫鸟类来防治害虫。我国鸟类有 1100 多种，其中食虫鸟约占半数，很多鸟类一昼夜所吃的食物相当于它们本身的重量。广州地区 1980—1986 年对鸟类调查后，发现食虫鸟类达 130 多种，对抑制园林害虫的发生起到了一定的作用。目前，在城市风景区、森林公园等保护益鸟的主要做法是严禁打鸟、人工悬挂鸟巢招引鸟类定居以及人工驯化等。1984 年广州白云山管理处曾从安徽省定远县引进灰喜鹊驯养，取得成功。山东省泰安林业科学研究所等招引啄木鸟防治蛀干害虫，也收到良好的防治效果。

4. 以激素治虫

昆虫激素可分为外激素和内激素两种，两者都可用于杀虫。

（1）外激素。外激素又称为信息激素。已经发现的有性外激素、结集外激素、追踪外激素及警告外激素等。目前研究应用最多的是雌性外激素。某些昆虫的雌性外激素已经能人工合成，在害虫的预测预报和防治方面起到了非常重要的作用。我国目前能人工合成的有马尾松毛虫、白杨透翅蛾、桃小食心虫、梨小食心虫、苹小卷叶蛾等雌性外激素。

昆虫外激素的应用有以下几个方面。

① 诱杀法。利用性诱器诱集田间雄蛾，配以毒液等方法将其杀死。

② 应用于害虫的预测预报。可利用性信息素测报诱捕器进行，掌握害虫发生期、发生量及分布区域预测。

③ 迷向法。成虫发生期，在田间喷洒过量的人工合成性引诱剂，使雄蛾无法辨认雌蛾，同时也使雄蛾的化感器过分激动而变得疲劳，失去反应能力，从而干扰其正常的交配而降低下一代虫口密度。

④ 引诱绝育法。将性诱剂与绝育剂配合，用性诱剂把雄蛾诱来，使其接触绝育剂后仍返回原地，这种绝育后的雄蛾与雌蛾交配后就会产下不正常的卵，达到消灭其后代的作用。

（2）内激素。昆虫内激素是分泌在体内的一类激素，主要包括脑激素、保幼激素和蜕皮激素,它们共同控制昆虫的生长发育。在害虫防治上,如果人为地改变昆虫内激素的量,可阻碍害虫正常的生长与变态,造成畸形甚至死亡。

5. 以菌治病

某些微生物(益菌)在生长发育过程中能分泌一些抗菌物质,抑制其他微生物的生长,这种现象称拮抗作用,利用有拮抗作用的微生物防治园林植物病害,有的已获成功,如利用哈氏木霉菌防治茉莉花白绢病。

3.2.5 外科治疗

有些园林植物,尤其是风景名胜区的古树名木,多数树木因病虫危害等原因已形成大大小小的树洞和疤痕,受害严重的树体破烂不堪,处于死亡的边缘,而这些古树名木是重要的历史文化遗产和旅游资源,不能像对待其他普通树木一样,采取伐除、烧毁的措施减少虫源。对此,通常采用外科手术治疗法清除病虫,使其保持原有的观赏价值并能健康生长是十分必要的。

(1)表皮损伤的治疗。表皮损伤治疗是指树皮损伤面积直径在10cm以上的伤口的治疗。基本方法是聚硫高分子化合物密封剂封闭伤口。在封闭之前,对树体上的伤疤进行清洗,并用30倍的硫酸铜溶液喷涂2次,间隔30分钟,晾干后密封,气温(23+2)℃时密封效果好,最后用粘贴原树皮的方法进行外表装修。

(2)树洞的修补。树洞的修补主要包括清理、消毒和树洞的填充。

首先,把树洞内积存的杂物全部清除,并刮除洞壁上的腐烂层,用30倍的硫酸铜溶液喷涂两遍,间隔30分钟。如果洞壁上有虫孔,可向虫孔内注射50倍40%氧化乐果等杀虫剂。树洞清理干净,消毒后,树洞边材完好时,采用填充法进行修补,即先在洞口上固定钢丝网,再在网上铺10~15cm厚的107水泥沙浆(沙:水泥:107胶:水=4:2:0.5:1.25),外层再用聚硫密封剂,最后再粘贴上原树皮。树洞大,边材受损时,则采用实心填充,即在树洞中央立硬杂木树桩或用水泥柱作支撑物,在其周围固定填充物。填充物和洞壁之间的距离以5cm左右为宜,树洞灌入聚氨脂,把树洞内的填充物与洞壁粘连在一起,再用聚硫密封剂密封,最后粘贴树皮。修饰的基本原则是随坡就势,因树做形,修旧如故,古朴典雅。

3.2.6 化学防治

1. 化学防治的概念及其重要性

化学防治是指用化学农药来控制危害园林植物的病菌、害虫、杂草及其他有害生物数量的一种方法,也称药剂防治。

化学防治具有防效高，防治对象广，使用方法简便易行，受环境条件影响比较小，通用性强，几乎在任何条件下均可使用，不受地域限制，便于大面积机械化操作等优点。目前在病虫害综合治理体系中缺乏更有效、更快速的生物控制方法。当病虫害大发生时，化学防治可能是唯一的有效方法，今后相当长时期内化学防治仍然占重要地位。

2. 化学防治的局限性及其克服途径

（1）化学防治的局限性
① 引起病虫杂草等产生抗药性。
② 杀伤有益生物，破坏生态平衡。
③ 农药对生态环境的污染及人体健康的影响。
（2）克服途径
① 轮换交替使用农药，合理混用农药，施用增效剂及利用具有无交互抗性的药剂组配。
② 使用选择性强的或内吸性强的农药，提倡使用有效低浓度，选用合理的施药方法，选择适当的施药时间。
③ 贯彻"预防为主，综合防治"的植保方针，开发研究高效、低毒、低残留及无公害的农药新品种，改进农药剂型，提高制剂质量，减少农药的施用量，严格遵照农药残留标准制定农药的安全间隔期，认真宣传和贯彻农药安全使用规定。

3. 农药应用的基础知识

（1）农药的概念与分类。农药是指用于预防、消灭或控制危害农业、林业的病、虫、草、鼠等有害生物和调节植物及昆虫生长的制剂，这种制剂可以来源于化学物质也可以来源于生物、其他天然物质的一种物质或者几种物质的混合物。

农药的种类很多，按照不同的分类方式可有不同的分法，一般可按防治对象、化学成分、作用方式等进行分类。

根据防治对象，可分为杀虫剂、杀螨剂、杀菌剂、杀线虫剂、除草剂、杀鼠剂、杀软体动物剂、植物生长调节剂等。

① 杀虫剂。用于防治害虫的药剂。按来源可分为：
➢ 植物性杀虫剂。用天然植物加工制成的杀虫剂。如烟草、苦参、除虫菊、沙地柏等。
➢ 微生物杀虫剂。利用能使害虫致病的微生物或其代谢产物制成的杀虫剂。如白僵菌、苏云金杆菌、阿维菌素等。
➢ 无机杀虫剂。杀虫有效成分为无机化合物或天然矿物中的无机成分。如磷化铝、磷化镁、氟化钠、硅藻土等。
➢ 有机杀虫剂。杀虫有效成分为有机化合物。按化学成分又可分为有机磷类、氨基甲酸酯类、拟除虫菊酯类、有机氯类等。

按作用方式可分为：

- 胃毒剂。通过昆虫口器进入体内，经过消化系统发挥作用使昆虫中毒死亡的药剂。如敌百虫，适合于防治咀嚼式口器的害虫。
- 触杀剂。通过昆虫体壁进入体内使害虫中毒死亡的药剂。如大多数有机磷杀虫剂、拟除虫菊酯类杀虫剂。目前使用的杀虫剂大多数属于此类，对各种口器的害虫均适用，但对体被蜡质等保护物的害虫（如蚧壳虫、木虱、粉虱等）效果不佳。
- 内吸剂。通过植物的根、茎、叶或种子被吸收进入植物体内，并能在植物体内输导、存留或经过植物的代谢作用而产生更毒的代谢物，使害虫取食植物汁液或组织时中毒死亡的药剂。如氧乐果、吡虫啉等。内吸剂对刺吸式口器的害虫防治效果好，对咀嚼式口器的害虫也有一定效果。
- 熏蒸剂。在常温常压下能气化或分解成有毒气体，通过害虫的呼吸系统进入虫体，使害虫中毒死亡的药剂。如磷化铝、溴甲烷等。熏蒸剂应在密闭条件下使用，效果才好。
- 特异性杀虫剂。这类药剂不是直接杀死害虫，而是通过药剂的特殊性能，干扰或破坏昆虫的正常生理活动和行为以达到杀死害虫的目的，或影响其后代的繁殖，或减少适应环境的能力以达到防治目的。驱避剂，如避蚊油、樟脑、避蚊胺等；拒食剂，如拒食胺、印楝素、川楝素等；不育剂，如噻替派、不育特、六磷胺等；引诱剂，如地中海实蝇引诱剂；昆虫生长调节剂，如灭幼脲三号、灭蝇胺等。

实际上，杀虫剂的杀虫作用并不完全是单一的，多数杀虫剂往往兼具几种杀虫作用。如敌敌畏、乐斯本等具有触杀、胃毒、熏蒸三种作用，但以触杀作用为主。在选择使用农药时，应注意选用其主要的杀虫作用。

② 杀螨剂。用于防治害螨的药剂。如三氯杀螨醇、溴螨酯等。

③ 杀菌剂。用来防治植物病害的药剂。按化学组成及来源分为：

无机杀菌剂、有机杀菌剂和生物杀菌剂。有机杀菌剂又分为有机硫类、有机磷类、有机铜类、三唑类、咪唑类、杂环类、酰胺类、取代苯类等。

按作用方式分为：

- 保护剂。在病原菌侵入之前，喷施在植物或植物所处环境（如土壤）的药剂，保护植物免受危害。如波尔多液、代森锌、百菌清、敌克松等。
- 治疗剂。用来喷施病原菌已经侵入或已发病的植物，使植物病害减轻或恢复健康的药剂，如甲基托布津、阿米西达、施佳乐等。

④ 杀线虫剂。用来防治植物病原线虫的药剂。如克线丹、灭线磷等。

⑤ 除草剂。能防除杂草和有害植物的药剂。

⑥ 杀鼠剂。毒杀鼠类的药剂。如杀它仗、溴鼠灵等。

⑦ 杀软体动物剂。防治有害软体动物的药剂。如密达、甲硫威等。

⑧ 植物生长调节剂。可以促进或抑制植物的生长、发育或增强植物的抗逆能力等多种功效的药剂。一般根据用途不同可分催熟剂、催芽剂、抑芽剂、保鲜剂等。如赤霉素、多

效唑等。

(2) 农药的主要剂型。农药厂或化工厂用化学合成方法制造出来而未经加工的农药，统称为原药。一般是固体（块状、粒状、结晶状）状态的原药，叫做原粉；呈液体状态的原药，叫做原油。原药是不能直接使用的，必须根据原药的性质和使用方法，配用适当的助剂，加工成含有一定有效成分的制剂，才能在生产上使用。各种制剂所表现的使用形态，叫做剂型。

一般商品农药都是成药，其组成成分如下：

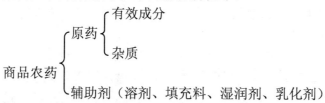

农药制剂名称包括三部分，第一部分为农药有效成分含量，第二部分为农药原药名称，第三部分为剂型名称。如 10%氯氰菊酯乳油，50 克/升锐劲特悬浮剂等。近年来，我国农药发展很快，已成为世界农药生产和使用大国，农药制剂也有较快发展，目前，我国已登记的农药剂型有 50 余种，目前常用的剂型有粉剂、可湿性粉剂、可溶性粉剂、水剂、乳油、颗粒剂、油剂、悬浮剂、片剂、烟剂等。

① 粉剂（DP）。由农药原药、填料和少量助剂经混合、粉碎至一定细度的粉状固体制剂。不能兑水喷雾使用，一般高浓度用于拌种、制作毒饵或土壤处理，低浓度用作喷粉。粉剂具有加工容易、使用方便、工效高、不受水源限制等特点，特别适合于干旱缺水地区使用。缺点是易产生飘移和药害，污染环境。

② 可湿性粉剂（WP）。在原药中加入一定量的湿润剂和填充剂，经机械加工制成的粉末状物。加水后形成均匀的悬浮液，可对水喷雾、泼浇或灌根使用，不能喷粉使用。具有有效成分含量高、较耐储存、粘附力强、持效期长、药效比粉剂高等优点。

③ 可溶性粉剂（SP）。用水溶性农药与水溶性填料混合粉碎制成的可溶于水的粉末状物。可兑水喷雾使用。成本低，使用方便，药效一般高于可湿性粉剂，但贮存时要干燥，防止吸湿结块。

④ 乳油（EC）。由原药、溶剂、乳化剂等制成的油状液体农药剂型，加水后能形成稳定的乳状液。使用方法为喷雾、拌种、浸种和泼浇等。用乳油防治害虫的效果比同种药剂的其他剂型好，残效期长，使用方便，贮藏期较稳定等优点。因此，乳油是目前生产上应用最广的一种剂型。

⑤ 水剂（AS）。将可溶于水的农药原药与可溶于水的填料混合粉碎后直接溶于水而加工成的水溶液制剂。这种制剂加工简单，但不耐贮存。有的水剂未加湿展剂，作为茎叶喷雾，展着性差，不耐雨水淋洗。

⑥ 颗粒剂（GR）。由农药原药与载体等助剂经过加工制成的颗粒状固体制剂。粒度要

求全部都能通过 30 号筛目,即颗粒直径在 0.25~0.55 毫米之间。优点是使用方便、沉降性好、着药部位的目标性强、飘移少、有利于保护自然环境。

⑦ 悬浮剂（SC）。悬浮剂又称胶悬剂或水悬浮剂,是由不溶于水的固体原药、多种助剂（湿润剂、分散剂、防冻剂等）和水混合后通过湿法研磨粉碎形成的一种使固体粒子均匀分散于水介质中的一种农药剂型。具有加工、运输、储藏和使用安全,附着力强,耐雨水冲刷,药效高等优点。但悬浮剂易产生沉淀,使用前应先摇匀。

⑧ 水分散粒剂（WG）。它是近几年发展的一种颗粒状新剂型,由原药、助剂、载体等加工造粒而成。颗粒的崩解速度快,颗粒一触水会立即被湿润,并在沉入水下的过程中迅速崩解成细小的颗粒。只需稍加搅拌即能很好地分散在液体中,直到药液喷完能保持均匀性。具有比可湿性粉剂更高的悬浮率和更好的防效。

⑨ 超低容量制剂（--）。可分为超低容量液剂（UL）和超低容量悬浮剂（SU）两类,由原药加入油质溶剂、助剂制成。专供超低容量喷雾用。使用时不需要加水稀释而直接喷洒。有很好的穿透性和沉积性,在叶面上的附着性良好,耐雨水冲刷,主要用于森林、草原病虫害防治。

⑩ 烟剂（FU）。由农药原药、燃料（木屑粉、煤粉等）、助燃剂（氯酸钾、硝酸钾等）、阻燃剂（陶土、氯化铵等）按一定比例混合加引芯制成的粉状或块状固态制剂,点燃可以燃烧,但无明火,原药受热气化,再遇冷凝结成微粒飘浮于空间。优点是药剂分散度高、扩散快,且不需要施药器械、不需加水稀释,使用简便、省力。主要适用于防治温室大棚、仓库、茂密的森林等相对密闭环境中的病虫害。

⑪ 其他剂型。片剂、微乳剂、水乳剂、缓释剂、泡腾片剂、种衣剂等。

（3）农药的使用方法。农药的品种繁多,加工剂型也多种多样,同时防治对象的危害部位、危害方式、环境条件等也各不相同。因此,农药的使用方法也随之多种多样。常见的使用方法有：

① 喷雾法。借助于喷雾器械将药液均匀地喷布于防治对象及寄主植物上的施药方法。是目前生产上使用最为广泛的一种方法。适用于喷雾的剂型有可湿性粉剂、可溶性粉剂、水剂、悬浮剂、微乳剂、乳油、水分散粒剂等。在进行喷雾时,雾滴大小会影响防治效果,一般地面喷雾直径最好在 $50~80\mu m$ 之间。喷雾时要求均匀周到,使目标物上形成一层雾滴,而水滴不从叶片上滴下为宜。喷雾时最好不要在中午进行,以免发生药害和人体中毒。

> 常规喷雾法。是目前使用较普遍的方法、喷出的雾滴较大。雾滴直径为 200~300 微米。按使用的动力来分,有手动喷雾法、机动喷雾法和航空喷雾法等。常规喷雾一般使叶面充分湿润,但不使药液从叶面上流下来为宜。采用定向喷雾,每 hm^2 喷药液量为 450~750L。优点和喷粉比较,附着力强、持效期长、效果好。缺点是工效低,劳动强度大,药液流失浪费多。

> 低容量喷雾（弥雾法）。通过器械产生的高速气流,将药液吹散成直径为 100~200 微米的细小雾滴弥散到被保护的植物上,飘移性喷雾,每 hm^2 喷药液量一般为 7.5~

450L。与常规喷雾相比具有省工、省药、效果好、成本低等优点。

➤ 超低容量喷雾法（旋转离心雾化法）。利用特别高效的喷雾机械，将极少量的药液雾化成直径为 50~100 微米的极小雾滴，经飘移而沉降在目标植物上。也属于飘移性喷雾法，采用不需经稀释的超低容量制剂喷雾。每 hm^2 喷药液量 7.5L 以下，具有省工、省药、工效高、防效好等优点，特别适用于山区、干旱地区。

② 喷粉法。利用喷粉器械产生的风力将粉剂均匀地吹散到目标植物上的施药方法。适于喷粉的剂型为粉剂。优点是不用水可直接喷撒，适于干旱缺水地区使用（也可在保护地内使用，不增加室内湿度）。缺点是用药量大，粉剂的粘附性差、在空气中飘移严重，而且易被风吹失和雨水冲刷，造成环境污染。因此，喷粉时，宜在早晚叶面有露水或雨后叶面潮湿且无风条件下进行，使粉剂易于在叶面沉积附着，提高防治效果。

③ 土壤处理法。将药剂施于土表或施入耕作层中的一种施药方法。主要用于防治苗期病害、根部病害、地下害虫和土壤线虫等。土壤处理可按施药方式分为撒施、沟施、穴施、浇施、根区施药等。

④ 种苗处理法。包括拌种、浸种或浸苗、闷种处理。拌种是指在播种前用一定量的药粉或药液与种子拌匀，使种子表面均匀覆盖一层药来防治种子传播的病害和地下害虫的方法。浸种和浸苗是指将种子或幼苗浸泡在一定浓度的药液里，用以消灭种子、幼苗所带的病菌或害虫的方法。闷种是将配成一定量的药液均匀地喷洒在种子上，然后堆闷一定的时间，再进行播种的一种方法。

⑤ 毒谷、毒饵法。毒饵法是将害虫喜食的饵料与胃毒剂按照一定比例混拌在一起，撒在害虫活动的场所，引诱害虫前来取食而中毒死亡的方法。常用的饵料有麦麸、米糠、豆饼、花生饼、玉米芯、菜叶等。毒谷法是用谷子、高粱、玉米等谷物作饵料，煮至半熟有一定香味时，取出晾干，拌上胃毒剂。然后与种子同播或撒施于地面。主要用于防治地下害虫和鼠类等。

⑥ 熏蒸、熏烟法。熏蒸法是用熏蒸剂或易挥发的农药来杀死害虫或病菌的方法。熏烟法是将烟剂点燃后发出的浓烟来防治病虫害的方法。在密闭条件下使用，主要用于防治保护地、仓库、蛀干害虫和种苗上的病虫。

⑦ 涂抹法。涂抹法是将配成的药液或糊状制剂，涂抹在植物的特定部位，防治病虫害的一种方法。

⑧ 毒绳法。主要用于防治具有上、下树习性的幼虫。采用触杀性或内吸性强的农药如有机磷杀虫剂，或拟除虫菊酯类杀虫剂 1 份和机油 9 份混合一起组成混合液，然后取纯棉布条按宽×长＝5cm×50cm 至若干长（视树干胸径大小）取若干，浸入混合液，密封放置 24 小时，取出放入塑料袋中密封备用。使用时，把毒绳紧扎在树干胸径部位，上、下树的幼虫接触毒绳后触杀而死。此法效果显著、成本低、使用安全、方法简便易行，特别适用于高山缺水地区及树木高大地区。

⑨ 注射法、打孔法。用注射机或兽用注射器将内吸性药剂注入树干内部，使其在树体

内传导运输而杀死害虫的方法，一般将药剂稀释 2~3 倍。可用于防治天牛、木蠹蛾等蛀干害虫。打孔法是用木钻、铁钎等利器在树干基部向下打一个与水平成 45º 角的孔，深度约 5cm，然后将 5~10ml 的药液注入孔内，再用泥封口。对于长势衰弱的古树名木，可用注射法给树体挂吊瓶，注入营养物质，以增强树势。总之，农药的使用方法很多，在使用时可根据药剂的性能及病虫害的特点灵活运用。

（4）农药的稀释与计算

① 农药浓度的表示方法

➢ 农药有效成分用量表示方法。国际上早已普遍采用单位面积有效成分用量，即克有效成分/公顷表示方法。我国还习惯用克有效成分/亩，1 亩为 667m^2。

➢ 农药商品用量表示方法。该表示法比较直观易懂，但必须带有制剂浓度，一般表示为克（毫升）/公顷或克（毫升）/亩。如防除一年生禾本科杂草用 50%敌草胺可湿性粉剂 1 125~1 875 克/公顷。

➢ 百分浓度表示法。百分浓度（%）是指 100 份药液（或药粉）中含农药有效成分的份数。百分浓度又分为重量百分浓度、容量百分浓度和重量容量百分浓度。百分浓度除用于表示农药制剂中有效成分的含量外，还用于表示农药稀释后的浓度。

➢ 倍数法。倍数法是指药液（药粉）中稀释剂（水或填料）的用量为原药剂用量的多少倍，或者是药剂稀释多少倍的表示法。该法反映的是制剂的稀释倍数，而不是农药有效成分的稀释倍数。生产上往往忽略农药和水的比重差异，即把农药的比重看作 1，在应用倍数法时，通常采用内比法和外比法两种方法。用于稀释 100 倍（含 100 倍）以下时用内比法，即稀释量要扣除原药剂所占的 1 份。如稀释 50 倍，即用原药剂 1 份加水 49 份。用于稀释 100 倍以上时用外比法，计算稀释量时不扣除原药剂所占的 1 份。如稀释 1000 倍，即原药剂 1 份加水 1 000 份。

② 不同浓度表示法之间的换算。百分比浓度与倍数法之间的换算：

$$稀释后的有效成份含量(\%) = \frac{农药制剂浓度}{稀释倍数} \times 100\%$$

例如：50%锌硫磷乳油稀释 1000 倍液，相当于有效成分含量的百分比浓度（%）是多少？
计算：百分浓度（%）＝50%/1000＝0.05%

③ 农药的稀释计算

➢ 按有效成分的计算。

一定量的某种农药制剂被稀释后，总有效成分的量不变。
即：

$$制剂浓度 \times 制剂药量 = 稀释后药液的浓度 \times 稀释后的总药液量$$

由此可得：

$$所需制剂的量 = \frac{稀释后的药液浓度 \times 稀释后的总药液量}{制剂浓度}$$

$$\text{稀释后的药液浓度} = \frac{\text{制剂浓度} \times \text{制剂药量}}{\text{稀释后的总药液量}} = 100\%$$

> 根据稀释倍数的计算法。此法不考虑药剂的有效成分含量

a：计算 100 倍以下时：稀释药剂重=原药剂重量×稀释倍数－原药剂重量

例：用 40%氧乐果乳油 10 ml 加水稀释成 50 倍药液，求稀释液重量。

计算：10×50－10=490（ml）

b：计算 100 倍以上时：稀释药剂重=原药剂重量×稀释倍数

例：用 80%敌敌畏乳油 20ml 加水稀释成 1 500 倍药液，求稀释液重量。

计算：20×1500=30（kg）

4. 农药的科学使用

（1）农药的毒性。毒性指农药对人畜和有益生物的毒害性质或损害程度。毒力指农药在室内人为控制条件下对靶标生物的毒害程度。药效指农药在田间各种环境条件下，对靶标生物综合作用下的效果。

农药侵入人畜体内有三条途径：即从口食入、皮肤接触和呼吸道进入体内，对人畜毒害基本上可分为三种表现形式。

① 急性毒性。急性中毒是指一次进入动物体内大量药剂，在短时间内表现出中毒症状。如头晕、恶心、呕吐、抽搐、痉挛、呼吸困难、大小便失禁、神志模糊等。急性中毒发病快，中毒严重，必须抓紧抢救，否则就有生命危险。

衡量或表示农药急性毒性的程度常用致死中量（LD_{50}）作为指标，以小白鼠或大白鼠作为供试动物，测出一次给药杀死群体中 50%个体所需的剂量（mg/kg 体重）。凡 LD_{50} 值大者，表示所需剂量多，说明该农药品种毒性低；反之，数值越小，其毒性越大，故以此可区分各种农药毒性的高低。了解各种农药的毒性，可以比较各种农药对人畜毒性的大小，为农药研制、生产或使用者制定安全操作措施提供科学依据（表 3-1）。

表 3-1 我国农药急性毒性暂行分级标准（卫生部）

	给药途径	I（高毒）	II（中毒）	III（低毒）
（LD50）	大鼠经口（mg/kg）	<50	50~500	>500
（LD50）	大鼠经皮（mg/kg 24h）	<200	200~1000	>1000
（LD50）	大鼠吸入（g/m³ 1h）	<2	2~10	>10

② 亚急性中毒。在较长时间内经常接触、吸入或食物中带有农药，最后出现类似急型中毒的表现叫亚急性中毒。基本上属于急性毒性范畴，但接触农药时间稍长，浓度稍低，发病较急性中毒稍缓慢。

③ 慢性毒性。是指长期接触低剂量的农药而表现出来的中毒现象。有的农药虽然急性

毒性不高，但性质稳定，使用后不宜分解消失，污染了环境及食物，少量被人畜摄食后，在体内积累，引起内脏机能受损，阻碍正常生理代谢过程而发生毒害。

(2) 合理使用农药。农药的合理使用就是要求贯彻"经济、安全、有效"的原则，从综合治理的角度出发，运用生态学的观点来使用农药。在生产中应注意以下几个问题：

① 正确选药。各种农药都有其特定的性能及防治范围，即使是广谱性药剂也不可能对所有的病害或虫害都有效。因此，在施药前应根据防治对象选择合适的农药品种、使用浓度及用药量。不可因防治病虫心切而任意提高用药浓度、加大用药量或增加使用次数。切实做到对症下药，避免盲目用药。

② 适时用药。在调查研究和预测预报的基础上，根据病虫害的发生规律、寄主植物的发育阶段及气候条件等因素，确定最佳防治时期及时用药。既可节约用药，又能提高防治效果，且不易发生药害。一般防治害虫的适宜时期应在初龄期。防治病害的适宜时期应在发病之前或发病初期。

③ 交互用药。长期使用一种农药防治某种害虫或病菌，易使害虫或病菌产生抗药性，降低防治效果，使病虫害防治难度加大。轮换交替使用作用机制不同的农药类型，可以延缓或阻止害虫或病菌抗药性的产生，提高防治效果。

④ 混合用药。将两种或两种以上农药混配在一起使用，称为农药混用，合理的混用可以提高工效，扩大使用范围或者兼治多种有害生物，减少用药量，降低成本，提高药效，降低药剂毒性和药害，延缓有害生物对药剂的抗性。

⑤ 安全用药。安全用药包括防止人畜中毒、环境污染及植物药害。生产上应准确掌握用药量、讲究施药方法，同时注意天气变化。施药过程中，操作人员必须严格遵守农药使用规定和操作规程。

5. 各类农药及其使用技术

(1) 杀虫剂

① 有机磷杀虫剂。此类杀虫剂具有药效高，杀虫作用方式多样，杀虫范围广，持效期长短不一，化学性质不稳定，一般可水解、氧化、热分解，易在自然环境下和生物体内降解，对人、畜无积累毒性，作用机制是抑制乙酰胆碱酯酶的活性，使昆虫死亡，多数具有遇碱分解失效的特点。

> 敌百虫。高效、低毒、低残留、广谱性杀虫剂。具有胃毒与触杀作用，室温下存放稳定，易吸湿受潮，遇碱性物质变毒性更强的敌敌畏。主要剂型为90%原粉、50%、80%、90%可溶性粉剂、30%乳油、25%油剂，适用于防治咀嚼式口器的食叶害虫和地下害虫，使用方法为喷雾、泼浇、毒土或毒饵。

> 敌敌畏。高效、中毒、低残留、广谱性杀虫剂，对昆虫击倒力强，具有触杀、胃毒和熏蒸作用。主要剂型为50%、80%乳油，10%、30%、33.3%、37%、40%高渗乳油，15%、17%、22%、30%烟剂。对咀嚼式口器和刺吸式口器害虫均有良好防治

效果，樱花及桃类花木忌用。使用方法为喷雾、灌注、点燃放烟或熏蒸。
- ➢ 辛硫磷（倍腈松）。高效、低毒、低残留、广谱性杀虫剂，具触杀和胃毒作用。遇光易分解，可用于防治鳞翅目幼虫及地下害虫。主要剂型有1.5%、3%、5%颗粒剂，20%微乳剂、35%微胶囊剂、40%乳油、15%、20%高渗乳油。使用方法为撒施、喷雾及灌根。
- ➢ 氧乐果。高效、高毒或中毒、广谱性杀虫剂，具触杀、内吸和胃毒作用，主要用于防治刺吸式口器的害虫，如蚜、蚧、螨等，也可防治咀嚼式口器的害虫。常见剂型有40%乳油，10%、18%、20%、25%高渗乳油。使用方法为喷雾或直接涂树干。
- ➢ 乐斯本（毒死蜱、氯吡硫磷）。高效、中毒、广谱性杀虫杀螨剂，在土壤中持效期长，可达2~4个月。具触杀、胃毒、熏蒸及一定的内渗作用。可防治鳞翅目幼虫、蚜虫、叶蝉、潜叶蝇、螨类及地下害虫。常见剂型有48%、40.7%乳油，16%、20%高渗乳油，3%、5%、15%颗粒剂。使用方法为喷雾、灌根或撒施。
- ➢ 乙酰甲胺磷（杀虫灵、高灭磷、杀虫磷）。高效、低毒、低残留、广谱性杀虫剂，具胃毒、触杀和内吸作用及一定的杀卵作用。能防治咀嚼式口器、刺吸口器害虫和螨类。常见剂型有20%、30%、40%乳油，15%、20%高渗乳油，25%可湿性粉剂，40%、75%可溶性粉剂。使用方法为喷雾。
- ➢ 甲基异柳磷。高毒、高效、杀虫谱广，持效期长，为土壤杀虫、杀线虫剂，对害虫有较强的触杀及胃毒作用。主要用于防治蝼蛄、蛴螬、金针虫等地下害虫。常见剂型有20%、35%、40%乳油，2.5%、3%颗粒剂，只准用于拌种、土壤处理、沟施或穴施，不可对水喷雾。

② 有机氮杀虫剂。此类杀虫剂是一类含氮元素的有机合成杀虫剂，大多数品种低毒、低残留、选择性强。品种分氨基甲酸酯和沙蚕毒类。
- ➢ 抗蚜威（辟蚜雾）。高效、速效、中毒、低残留选择性杀蚜剂，具触杀、熏蒸和渗透叶面作用。对蚜虫天敌安全，是综合防治蚜虫较理想的药剂。常见剂型有50%可湿性粉剂，25%、50%水分散颗粒剂、25%高渗可湿性粉剂。使用方法为喷雾。
- ➢ 克百威（呋喃丹、虫螨威）。具强内吸、触杀和胃毒作用，是一种广谱性内吸杀虫剂、杀螨剂和杀线虫剂。对人、畜高毒。能通过根系和种子吸收而杀死刺吸式口器、咀嚼式口器害虫、螨类和线虫，残效期长。我国主要剂型为3%颗粒剂。使用方法为土壤处理或根施。严禁对水喷雾。目前此药已广泛用于盆栽花卉及地栽林木的枝梢害虫。

③ 拟除虫菊酯类杀虫剂。此类杀虫剂是模拟天然除虫菊素人工合成的杀虫剂，具有低毒、高效、广谱、低残留及击倒力强，杀虫作用快等特点，但连续使用易使害虫产生抗药性。
- ➢ 溴氰菊酯（敌杀死、凯素灵）。高效、中毒、广谱性杀虫剂，具强触杀兼胃毒和一定的杀卵作用。对鳞翅目幼虫和同翅目害虫有特效。常见剂型有2.5%乳油、2.5%增效乳油、25%水分散片剂、2.5%可湿性粉剂、2.5%微乳剂。使用方法为喷雾。

- 氰戊菊酯（杀灭菊酯、速灭杀丁）。具强触杀作用，有一定的胃毒和拒食作用，无内吸和熏蒸作用。对人、畜中毒，对鱼、蜜蜂高毒。可用于防治鳞翅目、同翅目、半翅目的幼虫。常见剂型为 20%乳油，使用方法为喷雾。
- 氯氰菊酯（安绿宝、灭百可、兴棉宝、赛波凯）。具触杀、胃毒和一定的杀卵作用。该药对鳞翅目幼虫、同翅目及半翅目害虫效果好。对人、畜中毒。常见剂型为 5%、10%乳油。使用方法为喷雾。
- 甲氰菊酯（灭扫利）。具触杀、胃毒及一定的忌避作用。对人、畜中毒。可用于防治鳞翅目、鞘翅目、同翅目、双翅目、半翅目等害虫及多种害螨。常见剂型为 10%、20%乳油、10%高渗乳油、10%微乳剂、20%水乳剂。使用方法为喷雾。
- 三氟氯氰菊酯（功夫、功夫菊酯）。具强触杀并具胃毒和驱避作用。速效，杀虫谱广。对鳞翅目、鞘翅目、半翅目、膜翅目等害虫均有良好的防治效果。对人、畜中毒。常见剂型有 2.5%乳油。使用方法为喷雾。

④ 其他合成杀虫剂
- 吡虫啉（一遍净、蚜虱净）。具有强内吸、胃毒和触杀作用。持效期较长，对人畜、天敌低毒，对环境安全。主要用于防治刺吸式口器害虫，对鳞翅目、鞘翅目、双翅目害虫也有效。常见剂型有 10%、20%、25%、50%可湿性粉剂，5%高渗可湿性粉剂，70%水分散粒剂，2.5%高渗乳油、5%、20%乳油。使用方法为喷雾。
- 锐劲特（氟虫腈）。中毒、杀虫谱广、持效期长。以胃毒作用为主，兼有触杀和内吸作用。能防治鳞翅目、鞘翅目、同翅目、双翅目、直翅目、缨翅目等害虫。常见剂型为 50 克/升悬浮剂、0.3%颗粒剂、80%水分散粒剂。使用方法为拌土撒施或喷雾。
- 噻虫嗪（阿克泰、快胜）。该药是一种新型的高效低毒广谱杀虫剂。是第二代新烟碱类杀虫剂，作用机理与吡虫啉等第一代新烟碱类杀虫剂相似，但具有更高的活性。对害虫具有胃毒、触杀和内吸作用，作用速度快、持效期长等特点。主要剂型为 25%水分散粒剂，对刺吸式害虫如蚜虫、飞虱、叶蝉、粉虱等防效较好。使用方法为喷雾。

⑤ 生物源杀虫剂
- 阿维菌素（杀虫素、爱福丁）。高效、高毒、杀虫谱广、持效期较长。是一种抗生素类杀虫、杀螨剂。具触杀、胃毒和内吸作用。可防治鳞翅目、鞘翅目、同翅目、双翅目害虫及螨类。常见剂型有 0.3%、0.5%、1%、1.8%、2%乳油。使用方法为喷雾。
- 苏云金杆菌。该药剂是一种好气性细菌杀虫剂，低毒，杀虫的有效成分是细菌及其产生的毒素。具胃毒作用，可用于防治直翅目、鞘翅目、双翅目、膜翅目，特别是鳞翅目的多种害虫。常见剂型有 100 亿活芽孢/g 可湿性粉剂、100 亿活芽孢/ml 悬浮剂可喷雾使用。不能与杀菌剂及碱性农药混用。
- 白僵菌。该药剂是一种真菌性杀虫剂，害虫不易产生抗性。可用于防治鳞翅目、同翅目、直翅目、膜翅目等害虫。对人、畜及环境安全，对蚕感染力很强。常见的剂型 400 亿孢子/克球孢白僵菌可湿性粉剂、300 亿孢子/克球孢白僵菌油悬浮剂。使用方法为常规喷雾和超低容量喷雾。如 300 亿孢子/克球孢白僵菌油悬浮剂防治松树松毛虫 1 800－3 600 克/公顷超低容量喷雾。

➤ 棉铃虫核型多角体病毒。该药剂是一种病毒杀虫剂，具有胃毒作用。对人、畜、鸟、益虫、鱼及环境安全，对植物安全，害虫不易产生抗性，不耐高湿，易被紫外线照射失活，作用较慢。适于防治鳞翅目害虫。常见剂型为 10 亿 PIB/克棉铃虫核型多角体病毒可湿性粉剂。一般使用方法为 12 000－15 000 亿 PIB/公顷对水喷雾。

➤ 茴蒿素。该药为一种植物源杀虫剂，主要成分为山道年及百部碱，具有胃毒作用。可用于防治鳞翅目幼虫。对人、畜低毒。剂型为 0.65%水剂，使用方法为喷雾。

➤ 印楝素。该药为一种植物源杀虫剂。具有拒食、忌避、毒杀及影响昆虫生长发育等多种作用，并具有良好的内吸传导性。能防治鳞翅目、同翅目、鞘翅目等多种害虫。对人、畜、鸟类及天敌安全。主要剂型为 0.3%、0.32%、0.5%、0.7%印楝素乳油，使用方法为喷雾。

⑥ 熏蒸杀虫剂

➤ 磷化铝。对人、畜高毒，干燥条件下稳定，易吸水分解释放出剧毒的磷化氢气体，对各虫态都有效。可用于防治各种仓库害虫、蛀干害虫或户外鼠洞灭鼠等。防治效果与密闭好坏、温度及时间长短有关。剂型为 40%、56%片剂，56%粉剂、56%丸剂、85%粒剂。使用方法为密闭熏蒸。山东兖州市用磷化铝堵孔防治光肩星天牛，每孔用量 1/4~1/8 片，效果达 90%以上。用量一般为 12~15 片/m^3。

➤ 溴甲烷（甲基溴） 高毒，杀虫谱广，对害虫各虫期都有强烈毒杀作用，并能杀螨。可用于温室苗木熏蒸及帐幕内枝干害虫、种实害虫熏蒸，对线虫及真菌有较强的毒杀作用

（7）特异性杀虫剂

➤ 灭幼脲（灭幼脲三号）。属几丁质合成抑制剂。具胃毒和触杀作用。对人、畜低毒，对天敌安全，对鳞翅目幼虫有良好的防治效果。常见剂型有 20%、25%悬浮剂，25%可湿性粉剂、15%烟雾剂。使用方法为喷雾或放烟雾。

➤ 氟啶脲（定虫隆、抑太保）。属几丁质合成抑制剂，对人、畜低毒。胃毒作用为主，兼有触杀作用。药效高，杀虫速度慢。对多种鳞翅目害虫以及直翅目、鞘翅目、膜翅目、双翅目等活性高，但对蚜虫、叶蝉、飞虱无效。常见剂型有 5%乳油。使用方法为喷雾。

➤ 抑食肼。该药是一种新型的昆虫生长调节剂，主要通过降低或抑制幼虫和成虫取食能力，促使昆虫加速脱皮，减少产卵，而阻碍昆虫繁殖达到杀虫作用。对害虫以胃毒为主，也具有强的内吸性，杀虫谱广，中毒，对鳞翅目、鞘翅目、双翅目等害虫具良好的防治效果。速效较差，施药后 48 小时见效，持效期较长。常见剂型有 20%

可湿性粉剂，使用方法为喷雾。

(2) 杀螨剂

① 三氯杀螨醇。杀螨谱广、活性高、对天敌和作物安全。为神经毒剂，具有触杀作用。对成、若螨均有效。该药分解较慢，施药后一年仍有少量残留，可用于棉花、果树、花卉等防治害螨。主要剂型为30%、40%乳油，20%可湿性粉剂、20%悬浮剂。使用方法为喷雾。

② 尼索朗（噻螨酮）。噻唑烷酮类新型杀螨剂，对植物表皮层具有较好的穿透性，但无内吸传导作用。低毒，对多种植物害螨具有强烈的杀卵、杀若螨的特性，对成螨无效，但对接触到药液的雌成虫所产的卵具有抑制孵化的作用。残效期长，可保持50天左右。常见剂型有5%乳油、5%可湿性粉剂。使用方法为喷雾。

③ 哒螨灵（扫螨净、牵牛星）为低毒广谱、触杀性杀螨剂，可用于防治多种植食性害螨，对螨各个发育阶段都有很好的防治效果。该药不受温度变化的影响，无论早春或秋季使用，均可达到满意效果。常见剂型有10%、20%可湿性粉剂，15%乳油。除杀螨外，对飞虱、叶蝉、蚜虫、蓟马等害虫防效甚好。但该药也杀伤天敌，1年最好只用1次。使用方法为喷雾。

(3) 杀软体动物剂

① 四聚乙醛（密达、多聚乙醛、蜗牛敌）。本品具有胃毒、触杀作用，对人畜中毒等毒，对福寿螺有一定的引诱作用，植物体不吸收该药，因此，不会在植物体内积累，主要用于防治福寿螺、蜗牛和蛞蝓。主要剂型为5%、6%四聚乙醛颗粒剂，使用方法为撒施。

② 杀螺胺乙醇胺盐（螺灭杀、氯硝柳胺乙醇胺盐）。是一种具有胃毒作用的杀软体动物剂，对螺卵、血吸虫尾蚴等，有较强的杀灭作用，对人畜毒性低，对作物安全。主要剂型为25%、50%杀螺胺乙醇胺盐可湿性粉剂，4%杀螺胺乙醇胺盐粉剂。使用方法为喷雾、撒毒土和喷粉。

(4) 杀菌剂

① 无机杀菌剂

➢ 波尔多液。可以自己配制，也可以是买现成制剂直接稀释使用。抑菌谱广，具保护作用，具有良好的展着性和粘和力，在植物表面可形成薄膜，不易被雨水冲刷，残效期比较长，对植物比较安全。主要剂型为80%波尔多液可湿性粉剂。使用方法为喷雾，应在发病前喷施。

➢ 氢氧化铜（可杀得、冠菌铜）。是无机铜杀菌剂，具有保护作用，对多种真菌、细菌有防效。主要剂型为53.8%、77%氢氧化铜可湿性粉剂，53.8%氢氧化铜干悬浮剂，53.8%氢氧化铜水分散粒剂。使用方法为喷雾。使用含铜杀菌剂注意不能与碱性药剂混用，有的植物对铜敏感，应慎重用药。

➢ 石硫合剂（多硫化钙、石灰硫磺合剂）。是一种良好的保护性杀菌剂，也可杀虫杀螨。可防治白粉病、黑星病、炭疽病等；作为杀虫剂，可软化蚧壳虫的蜡质，对果树上红蜘蛛的卵有效。对硫敏感的作物有药害，如杏、树莓、黄瓜等。主要剂型为

45%石硫合剂结晶粉、45%石硫合剂固体、29%石硫合剂水剂，使用方法为喷雾。休眠期可用波美 3~5 波美度。植物生长期可用波美 0.2~0.5 波美度。

② 有机杀菌剂

- 代森锌。是一种叶面喷洒使用的保护剂，对许多病菌如霜霉病菌、晚疫病菌及炭疽病菌等有较强触杀作用。对植物安全，防治病害应掌握在病害始见期进行，才能取得较好的效果。持效期短，在日光照射及吸收空气中的水分后分解较快，残效期约 7 天。常见剂型有 65%、85%可湿性粉剂，使用方法为喷雾。
- 代森锰锌（大生、太盛、新万生、新锰生）。为硫代氨基甲酸酯类杀菌谱较广的保护性杀菌剂。对于霜霉病、早疫病、炭疽病及各种叶斑病有效。同时它常与内吸性杀菌剂混配，用于延缓抗性的产生。对人、畜低毒。常见剂型有 30%、42%、43%悬浮剂，50%、70%、80%可湿性粉剂，75%水分散粒剂，使用方法为喷雾。
- 福美砷（康腐灵、腐净、攻菌）。为有机砷类，具铲除作用杀菌剂，残效期较长，在果树皮死组织部位渗透力强，是防治苹果、梨树腐烂病、干腐病较好的品种，并对轮纹病有一定兼治作用；还可防治苹果树、瓜类、麦类的白粉病。对人、畜中毒，常见剂型有 25%、40%可湿性粉剂，40%悬浮剂，10%涂抹剂。使用方法为喷雾、刮除病疤后涂抹。
- 敌磺钠（敌克松、苗必施）。保护性杀菌剂，也具一定的内吸渗透作用，是较好的种子和土壤处理杀菌剂，常见剂型为 1%、45%、50%可湿性粉剂， 50%、55%、70%、95%可溶性粉剂，使用方法为泼浇或喷雾、灌根、药土撒施和拌种。
- 百菌清（达科宁）。为一种广谱性保护剂。其主要作用是预防真菌侵染，没有内吸传导作用，但在植物表面有良好的粘着性，不易受雨水冲刷，有较长的药效期。对于霜霉病、早疫病、晚疫病、炭疽病、灰霉病、锈病、白粉病及各种叶斑病有较好的防治效果。对人、畜低毒。常见剂型有 50%、60%、75%可湿性粉剂，10%油剂，10%、28%、30%、45%烟剂，40%悬浮剂，75%水分散粒剂，使用方法为喷雾、点燃放烟。
- 嘧菌酯（阿米西达）。具有保护、治疗、铲除、渗透、内吸作用。对霜霉病、早疫病、炭疽病有较好的防治效果，对草坪褐斑病、枯萎病有特效。主要剂型为50%水分散粒剂，250 克/升悬浮剂，使用方法为喷雾。
- 甲基硫菌灵（甲基托布津）。为一种广谱性内吸杀菌剂，对多种植物病害有预防和治疗作用。常见剂型有 50%、70%可湿性粉剂，36%悬浮剂。使用方法为喷雾。可与多种药剂混用，但不能与铜制剂混用。
- 氟硅唑（福星、新星）。为一广谱性内吸杀菌剂。具有保护和治疗作用。对子囊菌、担子菌、半知菌有效；对卵菌无效。主要用于白粉病、锈病、叶斑病、黑星病、叶霉病的防治。对人、畜低毒。常见剂型有 10%水乳剂、40%乳油，使用方法为喷雾。
- 霜霉威盐酸盐。（普力克、霜霉威）内吸性杀菌剂。对于腐霉病、霜霉病、疫病有特效。对人、畜低毒。常见剂型有35%、36%、66.5%、72.2%水剂，使用方法为喷雾、浇灌苗床或土壤。
- 嘧霉胺（施佳乐）。具有预防、保护和治疗作用。用于葡萄、果树、蔬菜、园林防治灰霉病和叶斑病。主要剂型为20%、25%、40%可湿性粉剂，20%、30%、37%、40%悬浮剂，12.5%、25%乳油，70%水分散粒剂，使用方法为喷雾。

③ 生物杀菌剂
- 农抗120。一种广谱抗菌素，低毒，对许多植物病原菌有强烈的抑制作用，有预防及治疗作用。对瓜类、葡萄、苹果、花卉白粉病、瓜类枯萎病和小麦锈病防效较好。主要剂型为2%、4%水剂，使用方法为喷雾、浇灌。
- 链霉素（农用硫酸链霉素）。属抗生素杀菌剂，低毒，对多种植物的细菌性病害有保护及治疗作用，对一些真菌病害也有一定的防治作用。主要剂型为24%、68%、72%可溶粉剂。使用方法为喷雾、浇灌。

（5）杀线虫剂

① 丙线磷（益收宝、灭克磷）。有机磷酸酯类杀线虫剂和杀虫剂，具有触杀而无熏蒸和内吸作用，可防治多种线虫，对大部分地下害虫也具有良好的防效。对人、畜高毒。常见剂型为10.33%氟腈·灭线颗粒剂，使用方法为拌毒土撒施。

② 硫线磷（克线丹）。被植物吸收后很快被水解而消失，在作物体内残留量极少。高毒，遇碱易分解，低温易产生药害，具有触杀作用，可防治多种线虫，对大部分地下害虫也具有良好的防效。主要剂型为5%、10%颗粒剂，使用方法为沟施、穴施或撒施。

（6）植物生长调节剂

① 萘乙酸。广谱型植物生长调节剂，能促进细胞分裂与扩大，诱导形成不定根，增加座果，防止落果，改变雌、雄花比率等，可经由叶片、树枝的嫩表皮、种子进入到植株体内，随营养流输导到起作用的部位。对人、畜低毒。常见剂型为80%、81%、98%原粉，20%可溶性粉剂，1%、5%水剂。使用方法为茎叶喷雾、喷花、浸根或插条。

② 赤霉素（九二0）。广谱性植物生长调节剂，经叶片、嫩枝、花、种子或果实进入到植株体内，然后传导到生长活跃的部位起作用。能促进细胞分裂、伸长，叶片扩大，茎延长，打破种子、块茎、鳞茎等器官的休眠，促进发芽；减少花及果实的脱落。常见剂型有75%、85%结晶粉，4%乳油，使用方法为喷花、浸种、点喷、点涂或喷雾。

③ 多效唑（高效唑）。为内源赤霉素的合成抑制剂。能抑制植物纵向伸长，使分蘖或分枝增多，茎变粗，矮化植株。主要通过根系吸收，叶吸收量少，作用较小，但能增产。经多效唑处理的菊花、月季、天竺葵、一品红以及一些花灌木株形明显受到调整，更具观赏价值。常见剂型为10%、15%可湿性粉剂，85%、90%、95%原粉，使用方法为喷雾。

④ 乙烯利（乙烯磷）。为促进成熟的植物生长调节剂。在酸性介质中稳定，在pH4以上时，则分解释放出乙烯。可由植物叶、茎、花、果、种子进入植物体内并传导，释放出乙烯，促果实成熟，矮化植株，改变雌雄花的比率，诱导某些植物雄性不育等。常见剂

型为 40%水剂、10%可溶性粉剂，使用方法为喷雾。

3.3 习　　题

1. 为什么说园林技术措施是治本的措施？
2. 化学农药防治园林植物病虫害的优缺点是什么？如何发扬优点，克服缺点？
3. 阻止危险性病虫害传播，应强化哪些措施？
4. 使用化学农药时，为什么要考虑农药的品种与剂型？
5. 计算题：用 1%阿维菌素乳油 10mL 加水稀释成 2000 倍药液，求稀释液质量？

第4章 园林植物害虫及防治

本章引言：本章简单介绍了园林植物的食叶害虫、枝干害虫、吸汁害虫和根部害虫的发生和危害，重点介绍了食叶害虫、枝干害虫、吸汁害虫和根部害虫的形态特征、发生规律和防治措施。要求学生了解园林植物害虫的分布和危害；掌握园林植物害虫的形态特征和发生规律；重点掌握园林植物害虫的防治措施。

4.1 食叶害虫

园林植物食叶害虫种类繁多，主要有鳞翅目的卷叶蛾类、舟蛾类、刺蛾类、袋蛾类、毒蛾类、灯蛾类、尺蛾类、天蛾类、枯叶蛾类、潜叶蛾类及蝶类；鞘翅目的叶甲类和膜翅目的叶蜂类等。它们的危害特点是：

① 危害健康的植株，猖獗时能将叶片吃光，削弱树势，为天牛、小蠹虫等蛀干害虫侵入提供适宜条件。

② 大多数食叶害虫因裸露生活，受环境因子影响大，其虫口密度变动大。

③ 多数种类繁殖能力强，产卵集中，易爆发成灾，并能主动迁移扩散，扩大危害范围。

4.1.1 卷叶蛾类

1. 卷叶蛾类主要害虫

（1）苹褐卷叶蛾（*Pandemis heparana* Schiffermuller）又名褐带卷叶蛾。遍布南北各地，主要危害山茶、牡丹、绣线菊、榆、柳、海棠、蔷薇、大丽菊、月季、小叶女贞、七姊妹、万寿菊、杨等园林植物以及苹果、桃等多种果树，幼虫取食新芽、嫩叶和花蕾，常吐丝缀连2～3叶或纵卷1叶，潜藏卷叶内食害，并啃食果皮和果肉。

苹褐卷叶蛾的成虫体长8～11mm，翅展16～25mm，体及前翅褐色。前翅前缘稍呈弧形拱起（雄蛾更明显），外缘较直，顶角不突出，翅面具网状细纹，基斑、中带和外侧略弯曲，后翅灰褐色。下唇须前伸，腹面光滑，第2节最长；幼虫头及前胸背板淡绿色，多数前胸背板后缘两侧各有1个黑斑（如图4-1）。

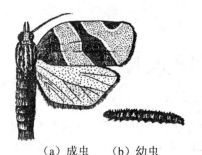

（a）成虫　（b）幼虫

图 4-1　苹褐卷叶蛾

苹褐卷叶蛾 1 年发生 2~3 代，以幼龄幼虫在皮缝、剪锯口、翘皮、疤痕等处结白色丝茧内越冬。翌年 6 月中旬幼虫老熟，在被害卷叶内开始化蛹，在 6 月下旬~7 月中旬羽化成虫，成虫对糖、醋有趋化性。成虫有较弱趋光性，白天隐蔽在叶背或草丛中，夜间进行交尾产卵活动，卵多产在叶面上，7 月中下旬为第一代幼虫发生期，初孵幼虫有群集性，取食叶肉使叶片成筛孔状，幼虫成长后分散危害，9 月上旬~10 月上旬为第 2 代幼虫发生期，危害不久，在 10 月上中旬幼龄幼虫寻找适合场所结茧越冬。

2. 卷蛾类的防治措施

（1）农业防治。加强栽培管理，缩短适宜卷蛾成虫产卵、繁殖所需的梢龄期，以减轻危害。

（2）人工防治。冬季清园，修剪病虫害枝叶，消除虫源，中耕除草，减少越冬虫口基数。

（3）药剂防治。在新梢、花穗抽发期和在谢花至幼果期做好虫情调查，幼虫初孵至盛孵时期，及时喷药 1~2 次。

① 花蕾期。选用较低毒的生物制剂，如 BT 生物制剂的 800 倍液，或 1.8%害极灭 4 000~5 000 倍液，或复方虫螨治可湿性粉剂 600 倍液。

② 开花前。新梢期和幼果期，可选用 90%晶体敌百虫 800~1 000 倍液，或 80%敌敌畏乳油 800~1 000 倍液，或 2.5%溴氰菊酯（敌杀死）乳油，或 15%8817 乳油 2 000~2 500 倍液，或 5%高效灭百可乳油，或 30%双神乳油 2 000~2 500 倍液，或其他菊酯类杀虫剂混配生物杀虫剂。

4.1.2　舟蛾类

1. 舟蛾类主要害虫

（1）杨扇舟蛾（*Clostera anachoreta* Fabricius）又名白杨天社蛾。遍布于全国各地，以幼虫危害杨柳树叶片，在海南岛危害母生，发生严重时可食尽全叶。

杨扇舟蛾的成虫体长 13~20mm，翅展 23~42mm，体淡灰褐色，触角栉齿状（雄蛾发达）。前翅灰白色，顶角处有 1 块暗褐色扇形斑，斑下有一黑色圆点，前翅有灰白色波纹横线 4 条，后翅灰白色，较浅，中央有一条色泽较深的斜线。雄虫腹末具分叉的毛丛；老熟幼虫体长 32~38mm。头部黑褐色，体背灰黄绿色，两侧有灰褐色纵带，腹部第 1 节和第 8 节背面中央各有 1 个红黑色大肉瘤（如图 4-2）。

杨扇舟蛾发生代数因地而异，1年2~8代，越往南发生代数越多。辽宁、甘肃等省1年2~3代，宁夏3~4代，北京、河南、山东、陕西4~5代，浙江、湖南5代，江西5~6代，海南岛达8代，以蛹结薄茧在土中、树皮缝和枯叶卷苞内越冬。成虫具有趋光性。卵产于叶背，单层排列呈块状，初孵幼虫有群集性，剥食叶肉，被害叶成网状，3龄以后分散取食，常缀叶成苞，夜间出苞取食。老熟后再卷叶内吐丝结薄茧化蛹。此虫世代重叠。大约每月发生1代，在海南岛可终年繁殖。

（2）国槐羽舟蛾（*Pterostoma sinicum* More）又名槐天社蛾。分布于华东、东北、长江流域等地，危害植物有槐树类、紫薇、海棠等。

国槐羽舟蛾的成虫体长30mm，雄蛾翅展56~64mm，雌蛾66~80mm，全体灰黄褐色。前翅后缘中间有1浅弧形缺刻，两侧各有1个大的毛丛，前翅近顶角处有微红褐色锯齿形的横纹。雄蛾后翅暗灰褐色，雌蛾色较淡，有1条淡灰黄色外横带；幼虫粉绿色，体较光滑。体侧气门线呈橙黄色纵带，纵带边缘有1条蓝黑色细线。腹足上有3个黑色环纹，胸足上有5个黑点（如图4-3）。

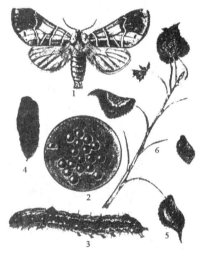

1. 成虫 2. 卵 3. 幼虫 4. 蛹
5. 叶上茧 6. 被害状

图4-2 杨扇舟蛾

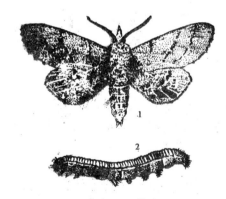

1. 成虫 2. 幼虫

图4-3 国槐羽舟蛾

国槐羽舟蛾1年发生2~3代，以老熟幼虫入土作茧化蛹越冬。翌年5月初羽化为成虫，卵产于叶上，5月中下旬第1代幼虫开始危害，1年发生2代地区，幼虫发生期分别在6~7月和8~9月；1年发生3代地区分别为5月中旬、6月下旬和8月中旬，9月下旬幼虫陆续入土化蛹越冬。各代幼虫化蛹场所有所不同，第1代幼虫多在墙根、砖石块下及树蔸旁结茧化蛹，第2代或第3代幼虫多入土化蛹。

(3) 杨二尾舟蛾 (cerura menciana Moore) 又名杨双尾天社蛾、杨双尾舟蛾。分布于东北、华北和华东及长江流域，主要危害杨树与柳树。

杨二尾舟蛾的成虫体长 28～30mm，翅展 75～80mm，全体灰白色。前、后翅脉纹黑色或褐色，上面有整齐的黑点和黑波纹。胸背有对称排列的 8 个或 10 个黑点，前翅基部有 2 个黑点，中室外有数排锯齿状黑色波纹，纹内有 8 个黑点，后翅白色，外缘有 7 个黑点；幼虫前胸背板大而坚硬，后胸背面有角形肉瘤。1 对臀足退化成长尾状，其上密生小刺，末端赤褐色（如图 4-4）。

杨二尾舟蛾 1 年 2～3 代，以蛹在茧内越冬。第 1 代成虫 5 月中下旬出现，幼虫 6 月上旬危害，第 2 代成虫 7 月上中旬出现，幼虫 7 月下旬～8 月初发生，卵散产于叶面上，初产时暗绿色，渐变为赤褐色，初孵幼虫体黑色，老熟后变成紫褐色或绿褐色，体较透明。幼虫活泼，受惊时尾突翻出红色管状物，并左右摆动。老熟幼虫爬至树干基部，咬破树皮和木质部吐丝结成坚实的硬茧。

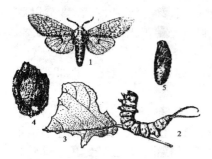

1. 成虫 2. 幼虫 3. 被害状
4. 茧 5. 蛹

图 4-4 杨二尾舟蛾

2. 舟蛾类的防治措施

（1）消灭越冬蛹。可结合松土、施肥等挖除蛹。

（2）人工摘除卵块、虫苞。特别是第 1、2 代，可抑制其扩大成灾。

（3）初龄幼虫期。喷施杀螟松乳油 1 000 倍液、辛硫磷乳油 2 000 倍液。

（4）利用黑光灯诱杀成虫。

（5）保护和利用天敌。如黑卵蜂、舟蛾赤眼蜂、小茧蜂等。有条件的可使用青虫菌、苏云金杆菌等微生物制剂。

4.1.3 刺蛾类

1. 刺蛾类主要害虫

（1）黄刺蛾（Cnidocampa flavescens Walker）幼虫俗称洋辣子、八角等。该虫分布几乎遍及全国，是一种杂食性食叶害虫，初龄幼虫只食叶肉，4 龄后蚕食叶片，常将叶片吃光。

黄刺蛾的成虫体橙黄色，触角丝状，棕褐色。前翅黄褐色，基半部黄色，端半部褐色，有两条暗褐色斜线，在翅尖上汇合于一点，呈倒"V"字形，内面一条伸到中室下角，为黄色与褐色分界线，后翅灰黄色，足褐色；老熟幼虫体黄绿色，体背有一个紫褐色"哑铃"形大斑（如图 4-5）。

黄刺蛾1年1~2代，以老熟幼虫在枝杈等处结茧越冬，翌年5~6月份化蛹，6月出现成虫，成虫有趋光性，卵散产或数粒相连多产于叶背，4龄后取食全叶，7月份老熟幼虫吐丝和分泌粘液作茧化蛹。

（2）青刺蛾（*Latoia consocia* Walker）又名褐边绿刺蛾。遍布南北各地，危害多种阔叶树、果树及花卉等，幼虫危害寄主叶片。

青刺蛾的成虫雌雄异型，雌虫体长15.5~17mm，翅展36~40mm；雄虫体长12.5~15mm，翅展28~36mm，头部、胸背部及前翅绿色，复眼黑褐色，触角褐色。胸部背中央有1浅褐色纵线，前翅基部有明显褐色斑纹，斑纹有两处凸出伸向翅的绿色部分，前翅前缘边褐色，缘毛褐色，后翅及腹部黄色；老熟幼虫体翠绿或黄绿色，前胸背板上有1对黑斑，体生短硬的刺毛丛，背上有10对，体下方有9对，腹末后部另有4组黑色球形的刺毛丛（如图4-6）。

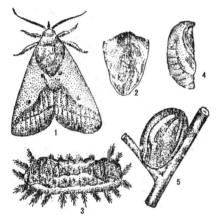

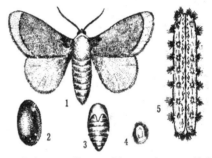

1. 成虫 2. 卵 3. 幼虫 4. 蛹 5. 茧

1. 成虫 2. 茧 3. 蛹 4. 卵 5. 幼虫

图4-5 黄刺蛾（仿朱白亭）

图4-6 青刺蛾

青刺蛾北方1年发生1代，河南和长江下游1年发生2代，江西1年发生3代，以前蛹于茧内越冬，结茧场所在干基浅土层或枝干上。1年发生1代地区5月中下旬开始化蛹，6月上中旬~7月中旬为成虫发生期，幼虫发生期6月下旬~9月，8月危害最重，8月下旬~9月下旬幼虫陆续老熟且多入土结茧越冬。1年发生2代地区4月下旬开始化蛹，越冬代成虫5月中旬开始出现，第1代幼虫6~7月发生，第1代成虫8月中下旬出现，第2代幼虫8月下旬~10月中旬发生，10月上旬幼虫陆续老熟在枝干上或入土结茧越冬。

（3）扁刺蛾（*Thosea sineinsis* Walker）又名黑点刺蛾，幼虫俗称洋辣子。遍布南北各地，危害悬铃木、榆、柳、杨、泡桐、大叶黄杨、樱花、牡丹、芍药等多种花卉，以幼虫取食叶片。

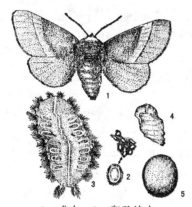

1. 成虫 2. 卵及放大
3. 幼虫 4. 蛹 5. 茧

图 4-7 扁刺蛾

扁刺蛾的成虫体暗灰褐色，前翅灰褐稍带紫色，中室外侧有 1 明显的暗褐色斜纹，自前缘近顶角处向后缘中部倾斜，中室上角有 1 黑点，雄蛾较明显，后翅暗灰褐色。触角褐色，雌虫触角丝状，雄虫触角羽毛状，基部 10 多节呈栉齿状；老熟幼虫体扁椭圆形，背稍隆似龟背，绿色或黄绿色，背线白色、边缘兰色，体边缘每侧有 10 个瘤状突起，上面生刺毛，各节背面有 2 小丛刺毛，第 4 节背面两侧各有 1 个红点（如图 4-7）。

扁刺蛾 1 年发生 1～3 代，以老熟幼虫在树下 3～6cm 土层内结茧越冬。成虫多在黄昏羽化出土，昼伏夜出，有趋光性，羽化后即可交配，2 天后产卵，卵多散产于叶面上，幼虫昼夜取食，9 月底之后开始下树结茧越冬。

2. 刺蛾类的防治措施

（1）消灭越冬虫茧。可结合抚育修枝、松土等进行，特别是黄刺蛾茧目标明显，可人工剥杀虫茧。

（2）利用黑光灯诱杀成虫。

（3）药剂防治。中、小龄幼虫，可喷施 80%敌敌畏乳油 800～1 000 倍液、50%马拉硫磷乳油 1 000～2 000 倍液、亚胺硫磷乳油 1 000～1 500 倍液。

（4）人工摘除虫叶。初孵幼虫有群集性，且目标明显，可人工摘除。

（5）保护和利用天敌。如上海青蜂、姬蜂等。

4.1.4 袋蛾类

1. 袋蛾类主要害虫

（1）大袋蛾（*Cryptothelea variegate* Snellen）又名大蓑蛾，避债蛾。分布于华东、南、西南等地，山东、河南发生严重，以幼虫取食悬铃木、刺槐、泡桐、榆等多种植物的叶片，易爆发成灾，对城市绿化影响很大。

大袋蛾的成虫雌雄异型，雌虫体长 25～30mm，粗壮、肥胖、无触角、足、翅；雄蛾黑褐色，体长 20～23mm，触角羽毛状，体翅有毛，胸部有 5 条黄色纵线。前翅近外缘有 4～5 个透明斑；老熟幼虫体长 35mm，自 3 龄起明显雌雄异型，雌幼虫黑色，头部暗褐色；雄幼虫较小，体较淡，呈黄褐色（如图 4-8）。

大袋蛾多数 1 年 1 代，以老熟幼虫在袋囊内越冬。翌年 3 月下旬开始出蛰，4 月下旬开始化蛹，5月下旬～6月份羽化，卵产于护囊蛹壳内，6月中旬开始孵化，初龄幼虫从护囊内爬出，靠风力吐丝扩散，取食后吐丝并咬啃碎屑、叶片筑成护囊，袋囊随虫龄增长扩大或更换，幼虫取食时终生负囊而行，仅头胸外露，初龄幼虫剥食叶肉，将叶片吃成空孔洞呈网状，3龄以后蚕食叶片，7～9月份幼虫老熟，多爬至枝梢上吐丝固定虫囊越冬。

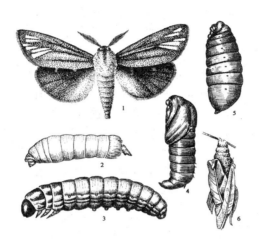

1. 雄成虫 2. 雌成虫 3. 幼虫 4. 雄蛹
5. 雌蛹 6. 袋囊

图 4-8 大袋蛾

2. 袋蛾类的防治措施

（1）冬季和早春人工摘除越冬虫囊，消灭越冬幼虫，平时也可结合日常管理工作，顺手摘除护囊，特别是植株低矮的树木、花卉更易操作。

（2）药剂防治。在初龄幼虫期喷洒杀虫剂。如80%敌敌畏乳剂800倍液，50%马拉松乳剂1 000倍液，都有良好的防治效果。喷药时应注意寻找"危害中心"，以节省农药和人力，提高防效。

（3）保护和利用天敌。袋蛾幼虫的寄生蜂、寄生蝇种类较多，尤其是伞裙追寄生蝇寄生率可高达50%以上。也可采用微生物制剂防治袋蛾幼虫，如核型多角体病毒、青虫菌等。

（4）利用黑光灯或性信息素诱杀雄成虫。

（5）加强测报。搞好联防联治，注意目的植物与周围其他寄主植物的联防工作，以免传播。

4.1.5 毒蛾类

1. 毒蛾类主要害虫

（1）杨毒蛾（*Stilpnotia candida* Standinger）又名杨血毒蛾。分布于东北、西北、华北、华东等地，以幼虫取食杨柳树叶片，严重时将叶片吃光，是杨柳树的重要害虫。

杨毒蛾的成虫体长14~23mm，翅展35~52mm，触角主干黑白相间，雌蛾触角栉齿状，雄蛾触角羽毛状。足黑色，胫节与跗节具黑白相间的环纹；老熟幼虫体长30~50mm，黑褐色，头部淡黄褐色，背中线黑色，两侧黑色纵线上的毛瘤为黑色（如图4-9）。

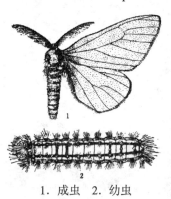

1. 成虫　2. 幼虫

图 4-9　杨毒蛾

杨毒蛾在华北、华东、西北1年2代，东北1年1代，以1~2龄幼虫在树皮缝、枯枝落叶层下、树洞等处越冬。1年2代者翌年4~5月柳树发芽时上树危害，幼虫白天下树潜伏树洞、树干伤疤、干基、杂草、石块下等处，夜晚上树取食，5月下旬老熟幼虫仅吐丝缀附基物，不作茧，成虫6月上旬羽化，产卵于树干或叶片上，7~8月间为第1代幼虫危害严重期，8月幼虫先后老熟化蛹，9月初第2代幼虫先后孵化，这代幼虫只把叶片咬成白色透明斑点，危害期短，稍大后即寻找潜伏场所越冬，1年1代者，越冬幼虫翌年6月上旬开始老熟，6月中旬羽化，一直到8上旬，第一代初龄幼虫8月下旬~9月下旬开始下树越冬。

（2）柳毒蛾（*Stilpnotia salicis* Linnaeus）又名雪毒蛾。分布北起黑龙江、内蒙古、新疆，南至浙江、江西、湖南、贵州、云南，淮河以北密度较大，幼虫主要危害中东杨、小叶杨和柳树。

柳毒蛾的成虫体长11~22mm，翅展33~55mm，全身着生白色绒毛，雌蛾触角短，双栉齿状，触角主干白色；雄蛾触角羽毛状，触角干棕灰色。足胫节具黑白相间的环纹。翅白色，有金属光泽，前翅反面前缘近肩角处长5mm左右，黑色；老熟幼虫体长28~41mm，背面为黄色宽纵条，其两侧各具1条黑褐色纵条，其上着生红色或橙色或棕黄色毛瘤（如图4-10）。

柳毒蛾1年发生2~3代，以2~3龄幼虫越冬，危害3~4次。4月下旬越冬幼虫开始活动，5月上中旬为越冬代幼虫危害盛期，5月中旬开始化蛹，幼虫在树上卷叶内化蛹，不结茧。5月下旬出现成虫并交尾产卵，6月中下旬和8月上中旬分别为第1~2代幼虫危害期。1年发生2代者，于8下旬幼虫在树皮缝内吐丝做一个小槽或结一个灰色薄茧，在其中越冬，1年发生3代者，9月中下旬幼虫轻度危害后，于9月底或10月初进入越冬。

（3）舞毒蛾（*Iymantria dispar* Linnaeus）又名舞舞蛾、柿毛虫、秋千毛虫。遍布南北各地，以幼虫取食叶片。

舞毒蛾的成虫雌雄异型，雌虫体长 25～30mm，翅展 78～93mm，体、翅污白色，前翅有多褐色深浅不一的斑纹，前、后翅外缘翅脉间有黑褐色斑点。腹部粗大，末端有浓密的黄褐色毛。触角黑褐色，栉齿状。雄虫小，体长约 20mm，翅展 41～54mm，体、翅暗褐色。前翅前缘至后缘有较明显的 4 条浓褐色波浪纹，后翅颜色略淡，前、后翅外缘颜色较深并成带状，腹部细小，触角褐色，羽毛状；老龄幼虫体长 60mm 左右，灰褐色，头部黄褐色，上有暗褐色斑纹，正面有一"八"字形黑纹，胴部有 6 列毛瘤，背面两列毛瘤较大，前 5 对毛瘤青蓝色，后 6 对橙红色，最后 1 对蓝色较淡（如图 4-11）。

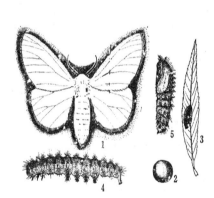

1. 成虫　2、3. 卵及卵块　4. 幼虫　5. 蛹

图 4-10　柳毒蛾（仿徐天森）

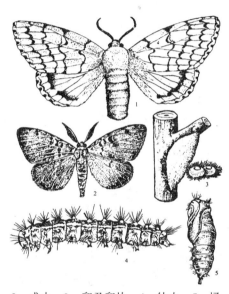

1、2. 成虫　3. 卵及卵块　4. 幼虫　5. 蛹

图 4-11　舞毒蛾（仿朱兴才）

舞毒蛾 1 年发生 1 代，以完成胚胎发育的幼虫在卵内越冬，卵产在树皮上、梯田堰缝、石缝等处。翌年 4～5 月份树发芽时开始孵化，初孵幼虫在卵块上待一段时间后，便群集于叶片上，白天静止于叶背，夜间取食活动，幼虫受惊则吐丝下垂，可借风传播扩散。3 龄后白天藏在树皮缝或树干基部石块杂草下，夜间上树取食，6 月上中旬幼虫老熟，爬至白天隐蔽的场所化蛹，于 6 月中旬～7 月上旬羽化成虫，羽化盛期在 8 月下旬，雄虫有白天飞舞的习性（故得名）。

2. 毒蛾类的防治措施

（1）消灭越冬虫体。如刮除舞毒蛾卵块，搜杀越冬幼虫等。

（2）对于有上、下树习性的幼虫，可用溴氰菊酯毒笔在树干上划 1～2 个闭合环毒杀幼虫，死亡率达 86～99%，残效 8～10 天，也可绑毒绳等阻止幼虫上、下树。

（3）低矮的林木、花卉可结合其他管理措施，人工摘除卵块及群集的初孵幼虫。

（4）利用灯光诱杀成虫。

（5）幼虫越冬前，可在干基束草诱杀越冬幼虫。

（6）药剂防治，幼虫期喷施 5% 定虫隆乳油 1 000～2 000 倍液或 80% 敌敌畏乳油 1 500 倍液等。

（7）保护和利用天敌。

4.1.6 灯蛾类

1. 灯蛾类主要害虫

（1）美国白蛾（*yphantria cunea* Drury）又名秋幕毛虫、美国白灯蛾、秋幕蛾。分布于辽宁、天津、河北、山东、上海、陕西等地。是一种世界性的检疫对象，以幼虫在寄主植物上吐丝作网幕，取食叶片，危害果树、行道树和观赏树木等。

美国白蛾的雌雄异型，雌蛾体长 9～15 mm，翅展 30～42 mm。雄蛾体长 9～14 mm，翅展 25～37 mm。雄蛾触角双栉状，雌蛾触角锯齿状。成虫前足基节及腿节端部为桔黄色，胫节和跗节大部分为黑色，前中跗节的前爪长而弯，后爪短而直；老熟幼虫头黑色具光泽，体色为黄绿至灰黑色。背部有 1 条灰黑色或深褐色宽纵带，黑色毛疣发达，毛丛呈白色，混杂有黑色或棕色长毛（如图 4-12）。

美国白蛾在华北地区一般 1 年发生 3 代，以蛹越冬。每年的 4 月下旬～5 月下旬是越冬代成虫羽化期并产卵，幼虫 5 月上旬开始危害，一直延续至 6 月下旬。7 月上旬当年第 1 代成虫出现，第 2 代幼虫 7 月中旬开始发生，8 月中旬为危害盛期，经常发生整株树叶被吃光的现象，8 月份出现世代重叠现象，8 月中旬当年第 2 代成虫开始羽化，第 3 代幼虫从 9 月上旬开始危害直至 11 月中旬，10 月中旬第 3 代幼虫陆续化蛹越冬。

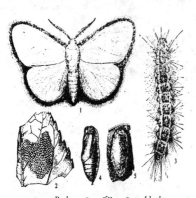

1. 成虫 2. 卵 3. 幼虫
4. 蛹 5. 茧

图 4-12 美国白蛾

2. 灯蛾类的防治措施

（1）加强检疫工作，严禁疫区苗木外运。

（2）发现疫情时，应根据实际情况，人工摘除卵块、孵化后尚未分散的网幕以及蛹、茧等。若幼虫已经分散可喷施辛硫磷乳油或80%敌敌畏乳油1 000倍液，或20%氰戊菊酯乳油4 000倍液。

（3）对带虫原木进行熏蒸处理。用56%磷化铝片剂15g/m³熏蒸72h，或用溴甲烷20g/m³熏蒸24h。

4.1.7 尺蛾类

1. 尺蛾类主要害虫

（1）槐尺蛾（*Semiothisa cineraria* Bremer et Grey）又名吊死鬼、国槐尺蛾。分布于山东、河北、北京、浙江、陕西等地。以幼虫取食叶片，主要危害国槐、龙爪槐，有时也危害刺槐。

槐尺蛾的成虫体黄褐色，触角丝状，复眼圆形，黑褐色，前翅有三条明显的黑色横线，近顶角处有一近长方形褐色斑纹，后翅只有2条横线，中室外缘上有一黑色小点；初孵幼虫黄褐色，取食后绿色，老熟幼虫紫红色（如图4-13）。

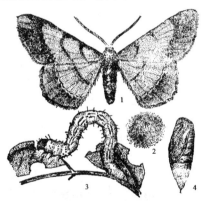

1．成虫 2．卵 3．幼虫 4．蛹

图 4-13 槐尺蛾 （仿张培义）

槐尺蛾1年3～4代，以蛹在土中越冬。越冬代成虫每年5月上旬出现，成虫多于傍晚羽化，雌虫当天可交尾1次、少数2次，卵散产于叶片正面、叶柄或嫩枝上，幼虫有吐丝下垂习性，故又称"吊死鬼"。

（2）黄连木尺蛾（*Culcula panterinaria* Bremer et Grey）分布于河北、河南、山东、山西、四川、台湾等省。危害杨、柳、榆、槐、黄连木、核桃及菊科、蔷薇科、锦葵科、蝶形花科等多种植物，以幼虫食叶。

黄连木尺蛾的成虫雌雄异型，雌蛾触角为丝状，雄蛾为羽毛状。翅底白色，翅面上有

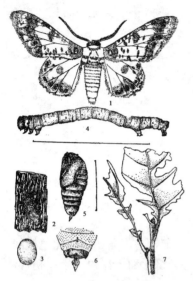

1. 成虫 2、3. 卵及卵块 4. 幼虫
5、6 蛹及蛹尾部 7. 被害状

图 4-14 黄连木尺蛾（仿徐天森）

许多灰色和橙色斑点，在前翅基部有一个近圆形的橙色大斑，前后翅的外横线上各有一串橙色和深褐色圆斑；老熟幼虫体色变化较大，黄绿、黄褐及黑褐色。头顶两侧具峰状突起，头与前胸在腹面连接处具一黑斑（如图4-14）。

黄连木尺蛾在河北、河南、山西 1 年 1 代，以蛹在土中越冬。7 月中下旬为羽化盛期，成虫白天静伏于树干、树叶等处，夜间产卵于寄主植物的皮缝或石块上，块产。幼虫盛发期在 7 月下旬~8 月上旬，老熟幼虫于 8 月中旬开始化蛹。

2. 尺蛾类的防治措施

（1）结合肥水管理，人工挖除虫蛹。

（2）在行道树上结合卫生清扫，人工捕杀落地准备化蛹的幼虫。

（3）初龄幼虫期喷施杀虫剂，如 75%辛硫磷乳油、80%敌敌畏乳油 1 000~1 500 倍液、25%三氟氯氰菊酯乳油 3 000~10 000 倍液。

（4）利用黑光灯诱杀成虫。

4.1.8 夜蛾类

1. 夜蛾类主要害虫

（1）银纹夜蛾（*Argyrogramma agnate* Staudinger）又名黑点银纹夜蛾、豆银纹夜蛾。遍及全国各地，危害菊花、大丽花、一串红、豆类、紫苏、板兰根、泽泻、地黄、薄荷、紫菀等多种花卉和蔬菜。

银纹夜蛾的成虫体灰褐色，胸部有两束毛耸立着，前翅深褐色，其上有二条银色波状横线，后翅暗褐色，有金属光泽；老熟幼虫体青绿色，头胸小，腹部 5、6 节及 10 节上各有一对腹足，爬行时体背拱曲（如图 4-15）。

银纹夜蛾 1 年 2~8 代，发生代数因地而异。东北、河北、山东 1 年 2~5 代，上海、杭州、合肥 1 年 4 代，闽北地区 1 年 6~8 代，以老熟幼虫或蛹越冬。北京 1 年 3 代，5~6 月间出现成虫，成虫昼伏夜出，产卵于叶背，初孵幼虫群集叶背取食叶肉，能吐丝下垂，3 龄后分散危害，幼虫有假死性，10 月初幼虫入土化蛹越冬。

（2）斜纹夜蛾（*Prodenia litura* Fabriceus）又名莲纹夜蛾。分布于东北、华北、华中、华西、西南等地，以长江流域和黄河流域各省危害严重，以幼虫取食叶片、花蕾及花瓣，危害月季、香石竹、菊花、枸杞、荷叶、仙客来、瓜叶菊、丁香等多种低矮的园林植物。

斜纹夜蛾的成虫体长14～20mm，翅展33～42mm，胸、腹部深褐色，胸部背面有白色毛丛，前翅黄褐色，多斑纹，外横线间从前缘伸向后缘有3条白色斜线，故名斜纹夜蛾，后翅白色；老熟幼虫头部淡褐色至黑褐色，胸腹部颜色多变，一般为黑褐色至暗绿色，背线及亚背线灰黄色，在亚背线上，每节有一对黑褐色半月形的斑纹（如图4-16）。

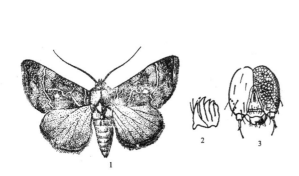

1. 成虫　2. 幼虫上颚　3. 幼虫头部

图4-15　银纹夜蛾图

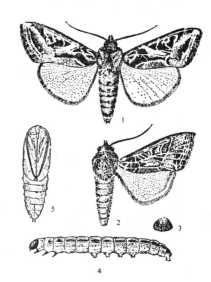

1. 雄成虫　2. 雌成虫　3. 卵　4. 幼虫　5. 蛹

4-16　斜纹夜蛾

斜纹夜蛾发生代数因地而异，在华中、华东1年发生5～7代，以蛹在土中越冬。翌年3月羽化，羽化后即可交尾、产卵，卵块产于叶背，初孵幼虫有群集习性，2龄后开始分散取食，4龄后进入暴食期，白天栖居阴暗处，傍晚出来取食，幼虫老熟后即入土化蛹。此虫世代重叠明显，每年7～10月为盛发期。

（3）粘虫（*Mythimna separta* Walker）又名行军虫、剃枝虫。黏虫是世界性分布的禾本科植物大害虫，在我国除西藏尚无报道外，其他各省区均有发生。该虫是一种暴食性害虫，幼虫咬食叶片成孔洞或缺刻，大发生时幼虫常把叶片吃光，甚至将整片地吃成光秃。除危害禾本科粮食作物外，还危害黑麦草、早熟禾、剪股颖、结缕草、高羊茅等禾草，发生数量多，也可危害豆类、白菜、甜菜、棉麻类等。

粘虫的成虫体长17～20mm，翅展35～45mm，淡黄褐色，前翅中室外端有两个淡黄圆斑，外方一个圆斑的下方有一个小白点，白点两侧各有一个小黑点，自顶角至后缘的1/3

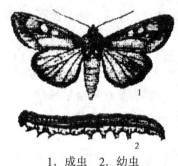

1. 成虫 2. 幼虫

图 4-17 粘虫

处有斜伸黑纹一条，翅外缘有七个小黑点，后翅大部灰褐色；老熟幼虫头部黄褐色，下部有"八"字形黑纹，胴部圆筒形，体背有 5 条蓝黑色纵背线（如图 4-17）。

粘虫由北至南 1 年发生 2～8 代，随地理纬度及海拔高度而异，成虫昼伏夜出，产卵于寄主叶片尖端或枯心苗、病株的枯叶隙间或叶鞘里，幼虫白天多隐蔽在植物心叶或叶鞘中，晚间活动，取食叶肉，3～4 龄幼虫蚕食叶缘，5～6 龄达暴食期，蚕食叶片甚至吃光，有假死性，1～2 龄受惊时常吐丝下垂，悬在半空，随风飘散，幼虫老熟后，停止取食，钻到根际附近的松土中 1～2 cm 处，结一土茧，变为前蛹后再脱皮化蛹。

2. 夜蛾类的防治措施

（1）清除园内杂草或于清晨在草丛中捕杀幼虫。
（2）灯光诱杀成虫或用糖醋诱杀。糖：酒：水：醋（2：1：2：2）加少量敌百虫。
（3）可使用微生物杀虫剂，如 Bt 乳剂或青虫菌六号液剂 500～800 倍液。
（4）初孵幼虫期及时喷药，如 50%辛硫磷乳油 1 000 倍液、2.5%溴氰菊酯乳油 3 000～5 000 倍液、5%定虫隆乳油 1 000～2 000 倍液、20%灭幼脲Ⅲ号胶悬剂 500～1 000 倍液。
（5）人工摘除卵块、初孵幼虫或蛹。

4.1.9 螟蛾类

1. 螟蛾类主要害虫

（1）黄翅缀叶野螟（*Botyodes diniasalis* Walker）又名杨黄卷叶螟。遍布南北各地，主要危害杨柳等植物。

黄翅缀叶野螟的成虫体长约 13mm，翅展约 30mm，头部褐色，两侧有白条，胸、腹部背面淡黄褐色，前、后翅金黄色，散布波状褐纹，外缘有褐色带，前翅中室端部有褐色环状纹，环心白色；幼虫体黄绿色，头两侧近后缘有 1 黑褐色斑点与胸部两侧的黑褐色斑相连成 1 条纵纹，体两侧沿气门各有 1 条黄色纵带（如图 4-18）。

黄翅缀叶野螟在河南郑州 1 年发生 4 代，以初龄幼虫在落叶、地被物及树皮缝隙中结薄茧越冬。翌年 4 月初，杨树和柳树发芽展叶后，越冬幼虫开始出蛰危害，5 月底 6 月初幼虫先后老熟化蛹，6 月上旬开始羽化，6 月中旬为成虫出现盛期。第 2 代成虫盛发期在 7 月中旬，第 3 代成虫盛发期在 8 月中旬，第 4 代成虫盛发期在 9 月中旬，直到 10 月中旬仍可见少数成虫出现。成虫夜间出来活动，卵产于叶背面，幼虫孵化后分散啃食叶表皮，随后吐丝缀嫩叶呈饺子状，或在叶缘吐丝将叶折叠，藏在其中取食，幼虫长大后，群集顶梢吐丝缀叶取食，幼虫极活泼，稍受惊扰，即从卷叶内弹跳逃跑或吐丝下垂，老熟幼虫在卷叶内吐丝结白色稀疏薄茧化蛹。

（2）松梢螟（*Dioryctria rubella* Hampson）又名微红梢斑螟。全国各地均有分布，危害马尾松、黑松、油松、赤松、黄山松、云南松、华山松及加勒比松、火炬松及湿地松等。幼虫钻蛀中央主梢及侧梢，使松梢枯死，中央主梢枯死后，侧梢丛生，树冠成扫帚状。

松梢螟的成虫体长 10～16mm，翅展 22～23mm，前翅灰褐色，中室端部有 1 肾形大白斑，白斑与外缘之间有 1 条明显的白色波状横纹，白斑与翅基之间有 2 条白色波状横线，翅外缘近缘毛处有 1 黑色横带，后翅灰白色，无斑纹；老熟幼虫头部及前胸硬皮板红褐色，体表有许多褐色毛片，腹部各节有毛片 4 对，背面的 2 对较小，呈梯形排列，侧面 2 对较大（如图 4-19）。

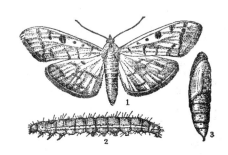

1. 成虫　2. 幼虫　3. 蛹

图 4-18　黄翅缀叶野螟　（仿张翔）

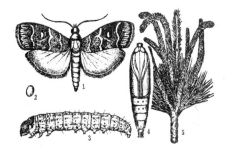

1. 成虫　2. 卵　3. 幼虫　4. 蛹　5. 被害状

图 4-19　松梢螟　（仿田恒德）

松梢螟在吉林 1 年发生 1 代，辽宁、北京、河南 1 年发生 2 代，南京 1 年 2～3 代，广西 1 年 3 代，广东 1 年发生 4～5 代，以幼虫在被害梢的蛀道内越冬或在枝条基部的伤口内越冬，次年 3 月底～4 月初越冬幼虫开始活动，在被害梢内向下蛀食，一部分越冬幼虫会转移危害新梢，5 月上旬幼虫陆续老熟，在被害梢内做蛹室化蛹，5 月下旬开始羽化，成虫夜晚活动，产卵在嫩梢针叶上或叶鞘基部，也可产在当年被害枝梢的枯黄针叶凹槽处、被害球果以及树皮伤口上，初龄幼虫爬行迅速，寻找新梢危害，先啃咬梢皮，形成 1 个指头大的疤痕，被咬处有松脂凝结，以后逐渐蛀入髓心，形成 1 条长 15～30cm 的蛀道，蛀口圆形，有大量蛀屑及粪便堆集，大多数危害直径 8～10mm 的中央主梢，6～10 年生的幼树被害最重。

2. 螟蛾类的防治措施

（1）消灭越冬虫源。如秋季清理枯枝落叶及杂草，并集中烧毁。

（2）在幼虫危害期。可用人工摘除虫苞。

(3)发生面积大时。可在初龄幼虫期喷 90%敌百虫 1 000 倍液,或 50%二溴磷乳油 1 500 倍液,80%敌敌畏乳油 800～1 000 倍液,或 50%辛硫磷乳油 1 200 倍液,或敌敌畏 1 份加灭幼脲Ⅲ号 1 份稀释 1 000 倍液喷杀幼虫。

(4)生物防治。卵期释放赤眼蜂,幼虫期施用白僵菌等。

(5)在成虫发生期。设置黑光灯诱杀。

4.1.10 天蛾类

1. 天蛾类主要害虫

(1)霜天蛾(*Psilogramma menephron* Gramer)又名泡桐灰天蛾。分布于华北、西北、华东、华中、华南等地,危害茉莉、猫尾木、梧桐、丁香、女贞、泡桐、白蜡、樟、楸等园林花木,以幼虫食叶。

霜天蛾成虫体长 45～50mm,翅展 90～130mm,体翅灰白色,混杂霜状白粉,胸部背面有由灰黑色鳞片组成的圆圈,前翅上有黑灰色斑纹,顶角有一个半圆形黑色斑纹,中室下方有两条黑色纵纹,后翅灰白色,腹部背中央及两侧各有一条黑色纵纹;老熟幼虫有两种体色:一种是绿色,腹部 1～8 节两侧有一条白斜纹,斜纹上缘紫色,尾角绿色。另一种也是绿色,上有褐色斑块,尾角褐色,上生短刺(如图 4-20)。

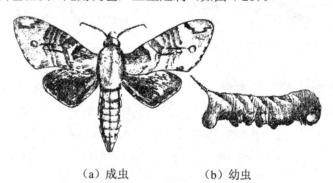

(a)成虫　　　(b)幼虫

图 4-20　霜天蛾

霜天蛾 1 年 1～3 代,以蛹在土中越冬。翌年 4 月下旬～5 月羽化,6～7 月份危害最大,可食尽树叶,树下有深绿色大粒虫粪,8 月下旬～9 月中旬第 2 代幼虫危害,10 月底幼虫老熟入土化蛹越冬,幼虫孵化后,先啃叶表皮,随后蚕食叶片,咬成大的缺刻或孔洞,幼虫老熟后在表土中化蛹。

(2)桃天蛾(*Marumba gasohkewitschi* Bremer et Grey)又名桃六点天蛾。我国大部分地区均有分布,主要危害桃、梅花、樱花、海棠、紫薇、杏、李、梨、樱桃、葡萄等植物,幼虫蚕食叶片。

桃天蛾的成虫体长 35～45 mm，翅展 80～110mm，深褐色，触角黄褐色，胸背中央有深褐色纵纹，前翅灰褐色，有 3 条较宽的褐色纹带，近臀角处有紫黑色斑纹，后翅粉红色，臀角处有 2 个紫黑色斑纹；幼虫体黄绿色或绿色，体表有黄白色颗粒，腹部各节有黄白色斜线（如图 4-21）。

桃天蛾 1 年发生 1～2 代，以蛹在树冠下松软的土壤中越冬。第 2 年 5 月中旬～6 月中旬羽化成虫，成虫在傍晚和夜间活动，卵产于树干阴暗处或树干翘皮裂缝内，5 月下旬～7 月中旬第一代幼虫发生危害，6 月下旬开始入土化蛹，7 月下旬开始出现第一代成虫，7 月下旬～8 月上旬第 2 代幼虫开始危害叶片，9 月上旬幼虫老熟入土化蛹，入土深度 4～7cm，作土室化蛹。

（3）豆天蛾（*Clanis bilineata tsingtauica* Meu）又名刺槐天蛾。我国除西藏尚未查明外，其余各省（自治区、直辖市）均有分布，以幼虫食害叶片，危害刺槐、大豆、藤萝等。

豆天蛾的成虫体长 40～45mm，翅展 100～120mm，头胸暗褐色，前翅前缘中央有淡白色半圆形大斑，中央及外缘有一部分颜色较深，有 6 条波状横纹，翅顶角有一暗褐色斜纹将翅顶角平分为两半，后翅暗褐色，中央深褐色，基部和后角附近黄褐色，并有 2 条明显的波状纹；老熟幼虫体绿色，有黄色短刺颗粒，中胸有 2 个皱褶，后胸有 6 个皱褶，腹部第 1～8 节两侧有黄色斜纹，腹末节背板上有一突起的尾角（如图 4-22）。

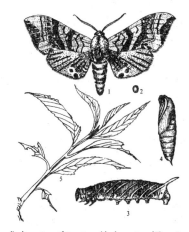

1. 成虫　2. 卵　3. 幼虫　4. 蛹　5. 被害状

图 4-21　桃天蛾

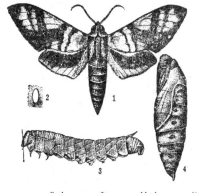

1. 成虫　2. 卵　3. 幼虫　4. 蛹

图 4-22　豆天蛾　（仿朱兴才）

豆天蛾在河北、山东、江苏、安徽等地 1 年发生 1 代，江西 1 年 2 代，以老熟幼虫钻入土中 10～15cm 处越冬。1 年发生 1 代地区翌年 6 月上中旬开始化蛹，7 月上中旬成虫羽化，成虫傍晚开始活动，卵多产于叶背面，少数正面，7 月中旬～7 月下旬卵开始孵化，初孵幼虫能吐丝下垂，借风力扩散至邻近植株。8 月上中旬为幼虫发生期，幼虫有转株危害的习性，老熟幼虫一般于9月中旬入土越冬，虫体呈马蹄形，曲居土中。

2. 天蛾类的防治措施

（1）结合耕翻土壤，人工挖蛹。

（2）根据树下虫粪寻找幼虫进行捕杀。

（3）虫口密度大，危害严重时，在幼虫期喷洒80%敌敌畏1 000倍液、50%杀螟松乳油1 000倍液、50%辛硫磷乳油2 000倍液进行防治。

（4）灯光诱杀成虫。

4.1.11 枯叶蛾类

1. 枯叶蛾类主要害虫

（1）马尾松毛虫（*Dendrolimus punctatus* Walker）。分布在广东、广西、云南、贵州、福建、四川、陕西、湖南、湖北、江西、浙江、安徽、河南、台湾等省。以幼虫危害马尾松针叶，也危害湿地松、火炬松等。

马尾松毛虫的成虫雌雄异型，雄蛾色深，体长18～30mm，雄蛾翅展36～49mm，雌蛾翅展42～56mm，雌蛾触角栉齿状，雄蛾羽毛状。前翅较宽，外缘呈弧形弓出，翅面有3～4条不明显而向外弓起的横条纹，亚外缘线黑褐色8～9个斑列，内侧衬以黄棕色斑；老熟幼虫有棕红和黑

色两种，中、后胸背面有明显的黄黑色毒毛带，腹部两侧各有一条纵带由中胸至腹部第8节气门上方，在纵带上各有一白色斑点（如图4-23）。

马尾松毛虫发生代数因地而异，河南省南部1年2代，长江流域2年2～3代，福建、台湾及珠江流域等地则1年3～4代，以3～4龄幼虫在针叶丛中，树皮缝或地被物下越冬。翌年2～3月平均气温10℃以上时出蛰，羽化后当晚即可交尾产卵，初孵幼虫有群集和吐丝下垂借风传播习性，幼虫老熟后，在树上针叶丛间或树皮上结茧。

（2）油松毛虫（*Dendrolimus tabulaeformis* Tsai et Liu）。主要分布在北京、河北、辽宁、山东、山西、四川、陕西等高海拔油松分布区。有些与赤松毛虫或落叶松毛虫混合发生。主要危害油松，也能危害樟子松、华山松及白皮松。

油松毛虫的成虫雌雄异型，雌蛾体长23～30mm，翅展57～75mm，触角栉齿状。雄蛾体长20～25mm，翅展45～61mm，触角羽毛状，前翅亚外缘线列黑褐色，内侧衬有淡棕色斑，前6斑列成弧状，第7、8、9斑斜列，最后一斑由2个小斑组成，后翅淡棕至深棕色。蛾色深，前翅中室白点较明显，亚外缘斑列内侧呈棕色；老熟幼虫体灰黑色，头黄褐色，额区中央有一块深褐色斑，胸部背面毒毛带明显，身体两侧各有一条纵带，中间有间断，各节纵带上的白斑不明显，每节前方由纵带向下有一条斜纹伸向腹面（如图4-24）。

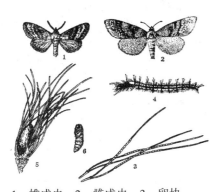

1. 雄成虫 2. 雌成虫 3. 卵块
4. 老熟幼虫 5. 茧 6. 蛹

图 4-23 马尾松毛虫

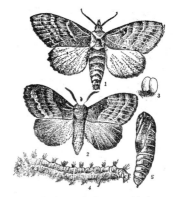

1、2. 成虫 3. 卵 4. 幼虫 5. 蛹

图 4-24 油松毛虫 （仿朱兴才）

油松毛虫1年1～3代，以4～5龄幼虫在根际周围枯枝落叶层、石块下或地被物下越冬。1年1代者，翌春3～4月出蛰危害，6月幼虫老熟化蛹，多在树冠下部枯枝落叶中或树干上结茧化蛹，6月中旬初见成虫，6月下旬～7月上旬为羽化盛期，成虫多在傍晚羽化，并交尾产卵，卵成块产于1年生松针上，初孵幼虫有食卵壳习性和群集习性。

（3）落叶松毛虫（*Dendrolimus superans* Butler）分布在我国东北三省、内蒙古、北京、河北、新疆等地，主要危害落叶松、红松、云杉和冷杉。

落叶松毛虫成虫雌雄异型，雌蛾体长28～45mm，翅展70～110mm，触角栉齿状。雄蛾体长24～37mm，翅展55～76mm，触角羽毛状，体色和花斑变化较大，有灰白、灰褐、褐、赤褐、黑褐色等。前翅宽，外缘较直，内横线、中横线、外横线深褐色，外横线呈锯齿状，亚外缘线有8个黑斑，排列略似3字形，其最后2个斑若连成一线则与外缘近于平行，中室白斑大而明显；老龄幼虫体长50～90mm。灰褐色，有黄斑，被银白色或金黄色毛。中、后胸背面有2条蓝黑色闪光毒毛带，第8腹节背面有暗蓝色毒毛束（如图4-25）。

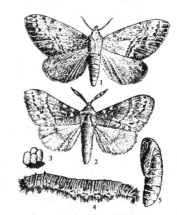

1、2. 成虫 3. 卵 4. 幼虫 5. 蛹

图 4-25 落叶松毛虫

落叶松毛虫2年1代或1年1代，以幼虫在枯枝落叶层下越冬。越冬幼虫于春季日平均气温8～10℃时上树危害，遇惊扰坠地卷缩不动。2年1代者，经2次越冬后，在第3年春一部分经半个月取食后于5月底～6月上旬化蛹，另一部分则经过较长时间取食后再化蛹，化蛹前多集中在树冠上结茧，成虫在黄昏及晴朗的夜晚交尾，产卵于树冠中、下部

外缘的小枝梢及针叶上，初孵幼虫多群集枝梢端部，受惊动即吐丝下垂，随风飘到其他枝上。幼虫7~9龄，1年1代者龄期较少，以3~4龄幼虫越冬。2年1代者，第二年以2~3龄幼虫越冬，2年2代者，第2年以6~7龄幼虫越冬。

（4）杨枯叶蛾（*Gastropacha pupulifoia* Esper） 分布于河北、华东、华北、东北、西南等地，主要危害栎、梨、杏、苹果、桃、樱花、李、梅、杨、柳等。

杨枯叶蛾的成虫雌雄异型，雌蛾翅展56~76mm，雄蛾翅展40~60mm，前翅有5条黑色断续波状纹，中室端有黑色斑纹，后翅有3条明显波状纹；幼虫头棕褐色，体灰褐色，中、后胸背面有蓝色斑各1块，斑后有灰黄色横带，腹部第8节有1瘤突，体侧各节有大小不同的褐色毛瘤1对（如图4-26）。

杨枯叶蛾1年发生2代，少数3代，以幼虫在树皮缝隙中越冬。翌年3月中下旬当日平均气温大于5℃时开始取食，4月中下旬化蛹，5月上旬~6月上旬羽化成虫，5月下旬~6月上中旬第一代幼虫危害，初孵幼虫群集取食，3龄后分散，幼虫老熟后，吐丝缀叶或在树干上结茧化蛹。

（5）黄褐天幕毛虫（*Malacosoma testacea* Motschulsky） 又名天幕毛虫。分布于东北、西北、华北、华东、中南等地，危害梅、桃、李、杏、梨、海棠、樱桃、核桃、黄菠萝、山植、柳、杨、榆等。

黄褐天幕毛虫的成虫雌雄异型，雄蛾翅展24~32mm，雌蛾翅展29~39mm。雄蛾黄褐色，前翅中央有2条深褐色横线纹，2线间颜色较深，呈褐色宽带，宽带内外侧衬淡色斑纹，后翅中间呈不明显的褐色横线。雌蛾与雄蛾显著不同，体翅呈褐色，腹部色较深，前翅中间的褐色宽带内、外侧呈淡黄褐色横线纹，后翅淡褐色，斑纹不明显；老熟幼虫体侧有鲜艳的蓝灰色、黄色或黑色带，体背面有明显的白色带，两边有橙黄色横线（如图4-27）。

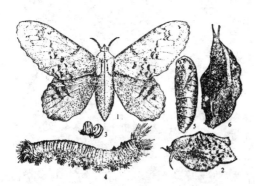

1、2. 成虫　3. 卵　4. 幼虫　5. 蛹　6. 茧

图4-26　杨枯叶蛾（4仿张培义，其余仿朱兴才）

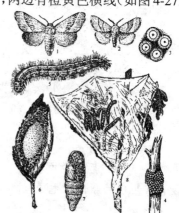

1、2. 成虫　3、4. 卵及卵块　5. 幼虫　6. 茧　7. 蛹　8. 为害状

图4-27　黄褐天幕毛虫

黄褐天幕毛虫1年发生1代，以卵越冬，第2年当树木发芽时孵化。北京地区一般4月上旬孵化，5月中旬为幼虫老熟期，下旬结茧化蛹，6月份羽化产卵。江南地区5月已大量羽化，羽化成虫后即交尾产卵，卵多产于被害树当年生小枝梢端，卵发育成小幼虫后，即在卵壳中休眠越冬。翌年越冬后幼虫先群集在卵块附近小枝上食害嫩叶，以后向树杈移动，吐丝结网，夜晚取食，白天群集潜伏于网巢内，呈天幕状，故此得名。

2. 枯叶蛾类的防治措施

（1）消灭越冬虫体，在园林上一般无大面积纯林，可结合修剪、肥水管理等消灭越冬虫源。

（2）物理机械防治

① 人工摘除卵块或孵化后尚群集的初龄幼虫及蛹茧。

② 灯光诱杀成虫。

③ 在幼虫越冬前，干基绑草绳诱杀。

（3）化学防治　发生严重时可喷洒 2.5%溴氰菊酯乳油 4 000～6 000 倍液、或 5%敌敌畏乳油 2 000 倍液、或 50%磷胺乳剂 2 000 倍液、或 25%灭幼脲Ⅲ号 1 000 倍液喷雾防治。

（4）生物防治

① 利用松毛虫卵寄生蜂。

② 用白僵菌、青虫菌、松毛虫杆菌等微生物制剂使幼虫致病。

③ 保护、招引益鸟。

4.1.12 潜蛾类

1. 潜蛾类主要害虫

（1）杨白潜蛾（*Leucoptera susinella* Herrich-Schaffer）。分布于内蒙古、黑龙、吉林、辽宁、河北、山东、河南等地，此虫是杨树叶部重要害虫之一。主要危害毛白杨、加拿大杨、唐柳等杨树。

杨白潜蛾的成虫体长3～4mm，翅展8～9mm。头部白色，上有一束白色毛簇，复眼黑色，常为触角节的鳞毛覆盖，前翅银白色，有光泽，前缘近1/2处有一条伸向后缘呈波纹状的斜带，带的中央黄色，两侧也具有褐线一条，后缘角有一个近三角形的斑纹，后翅银白色，披针形，缘毛极长；老熟幼虫体黄白色，头部及每节侧方生有长毛3根（如图4-28）。

杨白潜蛾1年发生2～4代，以蛹在茧中越冬。除落叶上有茧外，在唐柳树干的鳞形气孔上，加拿大杨和柳树的树皮裂缝内，也都有大量越冬茧。翌年春季4月中旬～5月下旬，杨树放叶后羽化的成虫，当天交尾产卵，卵产在叶的正面，孵化出幼虫潜入叶内取食叶肉，幼虫老熟后从叶正面咬孔而出，生长季节多在叶背面吐丝作"Ⅰ"字形茧化蛹。

（2）杨银叶潜蛾（*Phyllocnistis Saligna* Zeller）分布于辽宁、吉林、黑龙江、河北、甘肃、河南、山西、山东、内蒙古等地。危害小青杨、小叶杨、加拿大杨、朝鲜杨、中东杨、北京杨等。

杨银叶潜蛾的成虫体长 3.5mm，翅展 6～8mm，全体银白色密被银白色鳞片。前翅中央有两条褐色纵纹，其间呈金黄色，上面纵纹的外方有 1 条源出于前缘的短纹，下方纵纹的末端有 1 条向前弯曲的褐色弧形纹，后翅缘毛细长，呈灰白色。雌蛾腹部肥大，雄蛾腹部尖细；幼虫浅黄色，体表光滑，足退化，腹部第 8、9 两节侧方各生一突起，腹部末端分成叉（如图 4-29）。

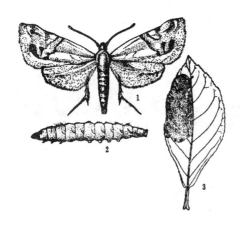 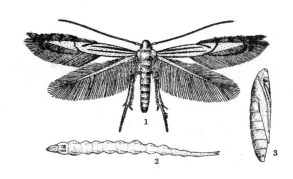

1. 成虫 2. 幼虫 3. 被害叶

图 4-28 杨白潜蛾（1、3 仿邵玉华 2 仿朱兴才）

1. 成虫 2. 幼虫 3. 蛹

图 4-29 杨银叶潜蛾（1 仿邵玉华 2、3 仿朱兴才）

杨银叶潜蛾 1 年发生 3～4 代，以成虫在地表缝隙及枯枝落叶层中越冬，或以蛹在被害的叶上越冬，翌年春天气稍微转暖成虫开始活动，产卵于顶芽的尖端或嫩叶上，卵散产，幼虫孵化后突破卵壳，潜入表皮下取食，蛀食后留有弯曲的虫道，老熟幼虫在虫道末端吐丝将叶向内折 1mm，做成近椭圆形的蛹室化蛹。

2. 潜蛾类防治方法

（1）在发生严重地方，4 月份以前，扫除落叶，集中烧毁。

（2）在幼虫孵化初期、盛期和成虫交尾产卵时，喷 40%乐果乳油、或 50%马拉硫磷乳油 800～1 000 倍液，或 50%杀螟松乳油 1 500～2 000 倍液，以杀死幼虫和成虫。

（3）在杨苗出圃后收集落叶，消灭在叶片上越冬的蛹。

（4）苗圃地、片林、防护林可设置黑光灯诱杀成虫。

4.1.13 叶甲类

1. 叶甲类主要害虫

（1）白杨叶甲（*Chrysomela populi*，Linnaeus）又名白杨金花虫。分布于东北、华、陕西、内蒙古、河南、湖北、新疆等地，以幼虫及成虫危害多种杨柳的叶片。

白杨叶甲的成虫雌雄异型，雌虫体长12～15mm，雄虫体长10～11mm，体蓝黑色具金属光泽，触角第1～6节为蓝黑色具光泽，第7～11节为黑色无光泽，前胸背板蓝紫色，鞘翅红色，近翅基四分之一处略收缩；老熟幼虫体橘黄色，头部黑色，前胸背板有黑色"W"形纹，其他各节背面有黑点两列，第2、3节两侧各有一个黑色刺状突起，具吸盘状尾足（如图4-30）。

白杨叶甲1年发生1～2代，以成虫在落叶层下、表土层或土层6～8cm深处越冬。翌年4月份寄主发芽后开始上树取食，并交尾产卵，卵产于叶背或嫩枝叶柄处，块状，初龄幼虫有群集习性，2龄后开始分散取食，幼虫于6月上旬开始老熟附着于叶背悬垂化蛹，6月中旬羽化成虫，6月下旬～8月上中旬成虫开始潜入落叶、草丛、松土中越夏，10月后成虫越冬。

（2）柳蓝叶甲（*Plagiodera versicolora* Laicharting）分布于东北、华北、西北、华东、西南等地，以成虫和幼虫危害各种柳杨树。

柳蓝叶甲的成虫体深蓝色，有强烈金属光泽，头部横阔褐色，前胸背板光滑横阔，前缘呈弧形凹入，鞘翅上有刻点略成行列，体腹面及足深蓝色具光泽；幼虫体灰黄色，头黑褐色，有明显触角1对，前胸背板上有左右2个大褐斑，亚背线上有前后排列2个黑斑，腹部1～7节的气门上线各有一黑褐色较小乳头状突起，在气门下线各有1个黑斑，上有毛2根。腹部腹面各有黑斑6个，均有毛1～2根（如图4-31）。

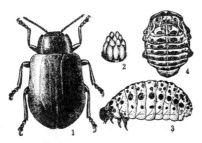
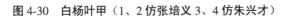

1. 成虫 2. 卵 3. 幼虫 4. 蛹

图4-30 白杨叶甲（1、2仿张培义 3、4仿朱兴才）　　图4-31 柳蓝叶甲

柳蓝叶甲1年发生3～4代，以成虫在地被物或土中越冬，翌春开始活动，交配产卵，卵成块产于叶背面或叶面上，幼虫4龄，以吸盘固着于叶片上化蛹，成、幼虫利用腹末端

的吸盘配合胸足向前爬行或固定在叶片上。

2. 叶甲类的防治措施

（1）严格进行检疫。发现被害植株应割除并烧毁。
（2）选育和利用抗虫品种。
（3）保护和利用天敌。如椰扁甲啮小蜂（*Tetrastichus brontispae* Ferr）可寄生幼虫和蛹，绿僵菌（*Metarhizium anisopliae* Metschu）对椰心叶甲幼虫、蛹和成虫的杀伤力都很强。
（4）消灭越冬虫源。清除墙缝、石砖、落叶、杂草等处越冬的成虫，减少越冬基数。
（5）老熟幼虫群集树杈、树皮缝等处化蛹时，集中搜集杀死。
（6）人工震落捕杀成虫或摘除卵块。
（7）化学防治。各代成虫、幼虫发生期喷洒90%敌敌畏1 000～1 500倍液或2.5%溴氰菊酯8 00～1 000倍液，也可根施呋哺丹颗粒剂等内吸性杀虫剂。

4.1.14 叶蜂类

1. 叶蜂类主要害虫

（1）松黄叶蜂（*Neodiprion sertifer* Geoffroy）又称新松叶蜂、松锈叶蜂。分布于辽宁、河北、江西、陕西等地。主要危害油松、马尾松、红松、云南松、华山松等植物。

松黄叶蜂的成虫雌雄异型，体长7～11mm，翅展15～22mm，雌虫体色黄褐，雄虫体黑色，中胸小盾片平滑，有光泽，后足胫节具2端距，雌虫触角23节，雄虫触角24～26节；老熟幼虫头部深黑色有光泽，胸部绿到墨绿色，两侧有暗色纵纹各3条，从中胸到腹部各节，每节分6小环节，其中有3小环节上生成列刺毛。胸足黑色，腹足绿色（如图4-32）。

松黄叶蜂在陕西1年1代，以卵越冬。在江西1年2代，以老熟幼虫在茧内越冬。越冬卵翌年4月上中旬开始孵化，5月上旬幼虫危害最盛，5月底～6月初虫老熟结茧，9月上旬化蛹，9月下旬～10月上旬羽化产卵越冬。幼龄幼虫有群集性，3龄后食量大增，可食整枚针叶，并能转枝转株危害，幼虫老熟后，爬至地面落叶层或树皮缝中结茧，羽化成虫后，雌蜂多在树冠阳面近枝梢先端的针叶上产卵。

（2）蔷薇三节叶蜂（*Arge pagana* Panzer）又名月季叶蜂、黄腹虫。分布于华北、华东、广东等地，以幼虫危害蔷薇、月季、十姐妹、黄刺梅、玫瑰等花卉。

蔷薇三节叶蜂的成虫雌雄异型，体长7.5～8.6mm，翅展17～19mm，头、胸背面及足黑色，腹部橙黄色，雌虫腹部1～2节及第4节背中央有褐色横纹，雄虫腹部1～3节及第7节背面中央有褐色横纹；老龄幼虫头淡黄色，胴部黄绿色，各节有3条横向黑点线，腹足6对，着生在腹部2～6节及最后一节上（如图4-33）。

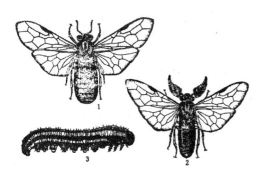

1. 雌成虫　2. 雄成虫　3. 幼虫

图 4-32　松黄叶蜂

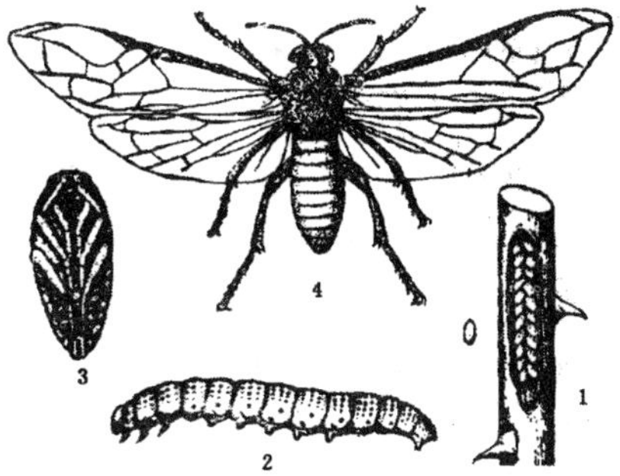

1. 卵及卵排列形状　2. 成虫　3. 蛹　4. 成虫

图 4-33　蔷薇三节叶蜂

蔷薇三节叶蜂 1 年 1～9 代，以老熟幼虫在土中作茧越冬，翌年 3 月上中旬开始化蛹、羽化、交尾和产卵，成虫用产卵管将月季、蔷薇等寄主植物的新梢纵向切一开口，产卵于其中，使茎部纵裂变黑倒折，幼虫孵化后爬出危害叶片，初龄幼虫有群集习性，先啃食叶肉，后吞食叶片。

2. 叶蜂类的防治措施

（1）冬春季结合土壤翻耕消灭越冬茧。

（2）寻找产卵枝梢、叶片，人工摘除卵梢、卵叶或孵化后尚未群集的幼虫。

（3）幼虫危害期喷洒 50%杀螟松 1 500 倍液，或 20%杀灭菊酯 2 000 倍液，或 80%敌敌畏乳油 1500～2 000 倍液。在气温逐渐增高的 5 月下旬，亦可用 25 亿～30 亿/ml 活孢子的苏云金杆菌，或 1 亿/ml 活孢子苏云金杆菌与低浓度药剂混合，喷雾防治老熟幼虫。

4.1.15　蝗虫类

1. 蝗虫类主要害虫

（1）东亚飞蝗　（*Locusta migratoria manilensis* meyen）　分布于北京、渤海湾、黄河下游、长江流域、广西、广东、台湾、山东、安徽、江苏等地，主要危害禾本科和莎草科植物。

东亚飞蝗的雌雄异型，雌虫体长 39.5～51.2mm，雄虫体长 33.5～41.5mm。体黄褐色或绿色，触角丝状，前胸背板马鞍状，前翅常超过后足胫节中部，后翅无色透明，后足腿节内侧基半部黑色，近端部有黑色环，后足胫节红色；若虫体型与成虫相似，共 5 龄（如图 4-34）。

东亚飞蝗发生代数因地而异，北京、渤海湾、黄河下游、长江流域1年发生2代，少数1年发生3代。广西、广东、台湾1年发生3代。海南1年发生4代。东亚飞蝗无滞育现象，全国各地均以卵在土中越冬。在山东、安徽、江苏等1年发生2代的地区，越冬卵于4月底~5月上中旬孵化为夏蝻，羽化后经10天交尾7天后产卵，7月上中旬进入产卵盛期，9月份以卵越冬。

（2）大青蝗（*Chondracris rosea* De Geer）又名大蝗虫、棉蝗。分布于北至内蒙古、南至海南省，它对农作物危害性很大，主要危害花生、棉花、水稻、甘蔗、竹类、美人蕉和杂草等。

大青蝗的成虫雌雄异型，雌虫体长5~8 cm，翅展5~6 cm。雄虫略小，体长5~6 cm，翅展4~5cm，触角比身体短，后足肥大，善于跳跃。体色鲜绿略带黄色，后翅顶端透明无色；若虫体淡绿色，头部大，其他特征与成虫相似（如图4-35）。

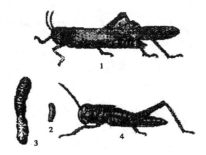

1. 成虫　2. 卵　3. 卵袋　4. 若虫

图4-34　东亚飞蝗

图4-35　大青蝗

大青蝗1年发生1代，以卵在土中越冬，翌年4~5月孵化的幼虫成为跳蝻。跳蝻6~7龄后于6~7月间产卵，产卵后逐渐死亡，成虫有多次交尾的习性，常选择萌芽和枝条较多，阳光充足的树林地或林中空地的边缘地带产卵。

2. 蝗虫类防治措施

（1）加强营林措施，预防虫害发生，在林中应挖掉树蔸，把离地面1米以内的小枝及萌芽条砍除，使蝗蝻出土后因缺乏食料而自然死亡。

（2）搞好虫情调查，主要是查卵和查蝻。

① 查卵：查明产卵地点、面积及其密度，以供制定防治措施时参考。应在7月下旬~8月中旬棉蝗产卵盛期，派人查明产卵地，及时做好标记，供以后查找。

② 查蝻：目的在于掌握跳蝻孵化的始、盛、末期及虫龄大小，以便及时指导用药。每年4月中旬~5月上旬，每隔3~4天到上年做好标志的产卵地观察，当跳蝻大量出土时，即可发出防治预报。

(3)药剂防治。发生量较多时可采用药剂防治,常用的药剂有 2.5%敌百虫粉剂、或 75%杀虫双乳剂、或 40%氧化乐果乳剂 1 000~1 500 倍液喷雾。用 95%敌百虫原药、或 50% 马拉硫磷乳油 500 倍液,或 40%乙酰甲胺磷乳油 1 000 倍液,防治效果均可达 95%以上。

(4)捕杀成虫。数量不多时,用捕虫网捕捉,可减轻危害。每天早晨露水未干前,棉蝗多静伏在树上不动,极易捕捉,所捕棉蝗可用于饲喂家禽。

4.2 枝干害虫

枝干害虫是园林植物的一类毁灭性的害虫。常见有鞘翅目的天牛科、小蠹科、象甲科、鳞翅目的木蠹蛾科、透翅蛾科等。枝干害虫危害枝梢及树干,除成虫期进行补充营养、寻找配偶和繁殖场所时营短暂的裸露生活外,大部分生长发育阶段营隐蔽性生活。在树木主干内的蛀食、繁衍,不仅使输导组织受到破坏,而且在木质部内形成纵横交错的虫道,降低了木材的经济价值。此外,蛀干害虫的天敌种类相对较少且寄生率低,因此,大发生率较高。

4.2.1 天牛类

1. 天牛类主要害虫

(1)黄斑星天牛(*Anoplophora nobilis* Ganglbauer)分布于甘肃、陕西、宁夏、河南、河北及北京市等地。在陕、甘、宁三省区 30 多个县危害严重,幼虫蛀害主干,造成箭杆杨、小叶杨、欧美杨等主要四旁林的毁灭,也危害毛白杨、河北杨、新疆杨、合作杨等多种杨树和复叶槭、旱柳等。

黄斑星天牛成虫雌雄异型,雄虫体长 14~31mm,雌虫体长 24~40mm,黑色。前胸背板两侧各有 1 个尖锐的侧刺突。每翅面上有 15 个以上大小不一的黄色或淡黄色绒毛斑,排成不规则的 5 行,第 1、2、3、5 行常为 2 斑,第 4 行 1 斑,第 1、5 两行斑较小,第 3 行两斑相接或愈合为最大斑。翅的两侧略平行,腹部黑色,密被黄棕色的细毛。足被蓝色细毛;老熟幼虫体长 40~50mm,圆筒形,淡黄色(如图 4-36)。

黄斑星天牛在陕西或宁夏为 2 年 1 代,以卵和卵内的小幼虫在树皮下和木质部越冬。次年 3~4 月间才陆续孵化,初孵化的小幼虫在树皮下取食腐坏的韧皮部及形成层,以后幼虫向深处钻蛀,在木质部形成椭圆形孔,老熟幼虫从坑道四周咬下长木丝,并用木丝紧塞虫道下部,在虫道末端形成蛹室,蛹室四周用细木丝围成,成虫于 7 月上旬开始羽化,7 月中下旬为羽化盛期,成虫产卵前,在树干上爬行寻找产卵部位,咬扁圆形的刻槽,将卵产在刻槽上方,成虫补充营养主要取食叶及嫩皮或表层,成虫行动迟钝,白天活动,晚上静息,飞翔力不强。产卵对树种有很强的选择性，特别嗜好在黑杨派（箭杆杨、加杨）及其衍生系树种（大官杨）上产卵。而且树木径级越大，受害越重。同时还和柳干木蠹蛾混同危害。

(2) 光肩星天牛（*Anoplophora glabripennis* Motsch）。分布于辽宁、河北、山东、河南、江苏、浙江、福建、安徽、陕西、山西、甘肃、四川、广西等地，主要危害杨、柳、元宝枫、榆、苦楝、桑等树种。

光肩星天牛成虫雌雄异型，雌虫体长 22～35mm，雄虫体长 20～29mm，亮黑色，头比前胸略小。雌虫触角约为体长的 1.3 倍，末节末端灰白色，雄虫触角约为体长的 2.5 倍，末节末端黑色。前胸两侧各有刺突 1 个，每个鞘翅具大小不同的白绒毛斑约 20 个；老熟幼虫体带黄色，长约 50mm。前胸背板后半部"凸"字形区色较深，其前沿无深色细边（如图 4-37）。

光肩星天牛在辽宁、山东、河南、江苏 1 年发生 1 代或 2 年发生 1 代。在辽宁以 1～3 龄幼虫越冬的为 1 年 1 代，以卵及卵壳内发育完全的幼虫越冬的多为 2 年 1 代。西北地区 1 年 1 代者少，2 年 1 代者居多，以卵、卵壳内发育完全的幼虫、幼虫和蛹越冬。越冬的老熟幼虫翌年直接化蛹，越冬幼虫 3 月下旬开始活动取食，4 月底～5 月初开始在隧道上部做向树干外倾斜的椭圆形蛹室化蛹，6 月中下旬为化蛹盛期，成虫羽化后在蛹室咬破羽化孔飞出，6 月中旬～7 月上旬为羽化盛期，10 月上旬还可见成虫活动。成虫将卵产在椭圆形刻槽内，产卵后分泌胶状物堵塞刻槽。

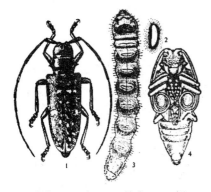

1. 成虫 2. 卵 3. 幼虫 4. 蛹

图 4-36 黄斑星天牛

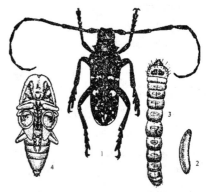

1. 成虫 2. 卵 3. 幼虫 4. 蛹

图 4-37 光肩星天牛（1 仿徐天森，仿张培义）

(3) 青杨天牛（*Saperda populnea* Linnaeus）又名青杨楔天牛、青杨枝天牛或山杨天牛。分布于东北、西北、华北等地，危害杨柳科植物，以幼虫蛀食枝干，被害处形成纺锤状瘤。

青杨天牛的成虫体长 11～14mm，体黑色，密被金黄色绒毛，间杂有黑色绒毛。触角鞭状，雄虫触角与体长相等，雌虫触角较体短。前胸无侧刺突，背面平坦，两侧各具 1 条较宽的金黄色纵带。鞘翅上各生金黄色绒毛组成的圆斑 4～5 个。第 2 对相距最远，第 3 对相距最近，雄虫鞘翅上金黄色圆斑不明显；老熟幼虫体长 10～15mm，深黄色，头缩入前胸很深，前胸背板骨化呈黄褐色，体背面有 1 条明显的中线（如图 4-38）。

青杨天牛 1 年发生 1 代，以老熟幼虫在树枝的虫瘿内越冬，第 2 年春天开始活动。在北京地区 3 月下旬开始化蛹，4 月中旬出现成虫，5 月上旬产卵，成虫产卵前咬成马蹄形的刻槽，然后，将卵产在其中，刻槽多在 2 年生的嫩枝上，初孵化幼虫向刻槽两边的韧皮部侵害，蛀入木质部，被害部位逐渐膨大，形成虫瘿，10 月中旬幼虫老熟，在虫瘿内越冬。

（4）松天牛（*Monochamus alternatus* Hope）又名松墨天牛、松褐天牛。分布于台湾、四川、云南、西藏等地，主要危害马尾松，其次危害冷杉、云杉、雪松、落叶松等生长衰弱的树木或新伐倒木。

松天牛的成虫体长 15~28mm，宽 4.5~9.5mm，橙黄色到赤褐色。雄虫触角超过体长 1 倍多，雌虫触角超出体长 1/3。前胸宽大于长，侧刺突较大。前胸背板有两条相当阔的橙黄色纵纹，与 3 条黑色绒纹相间。每一鞘翅具 5 条纵纹，由方形或长方形的黑色及灰白色绒毛斑点相间组成；老熟时体长可达 43mm，头部黑褐色，前胸背板褐色，中央有波状横纹（如图 4-39）。

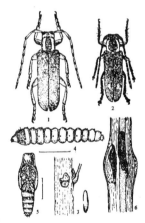

1. 2. 成虫　3. 卵及产卵痕
4. 幼虫　5. 蛹　6. 危害状

图 4-38　青杨天牛

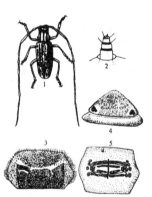

1. 成虫　2. 幼虫触角　3. 幼虫前胸背板
5. 幼虫前胸腹板　6. 幼虫腹部背面步泡突

图 4-39　松天牛

松天牛 1 年发生 1 代，以老熟幼虫在木质部坑道中越冬。在湖南于次年 3 月下旬，在四川于次年 5 月越冬幼虫在虫道末端蛹室中化蛹，湖南于 4 月中旬有少数蛹羽化成虫。成虫在树皮上咬一眼状刻槽，将卵产在其中，初龄幼虫在树皮下蛀食，在树皮内和边材形成宽而不规则的坑道，坑道内充满褐色虫粪和白色纤维状蛀屑，整个坑道呈 U 状，蛀屑除坑道末端靠近蛹室附近留下少数外，大部均推出并堆积树皮下，坑道内很干净。

（5）星天牛（*Anoplophora chinensis* Forster）又名柑橘星天牛、银星天牛、树牛。分布于吉林、辽宁、甘肃、陕西、四川、云南、广东、广西、海南、台湾等地。主要危害杨、柳、榆、刺槐、木麻黄、核桃、桑树、红椿、楸、乌桕、梧桐、合欢、大叶黄杨、相思树、苦楝、三球悬铃木、枇杷、栎、柑橘等。

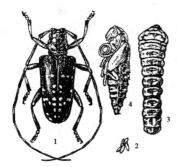

1. 成虫　2. 卵　3. 幼虫　4. 蛹

图4-40　星天牛（仿张翔）

星天牛的成虫体长21～41mm，体和翅漆黑色有金属光泽。触角大于体长。前胸背板中瘤明显，侧刺突尖锐粗大，鞘翅基部有黑色小颗粒，每个鞘翅上有大小白斑20个；老熟幼虫体长45～67mm，乳白至淡黄色，前胸背板前方左右各有1黄褐色飞鸟形斑纹，后方有一块黄褐色"凸"字形大斑纹，略呈隆起（如图4-40）。

星天牛发生代数因地而异，浙江南部5年发生1代，北方2～3年1代，以幼虫在树干或主根内越冬。越冬幼虫于次年3月开始活动，4月上旬开始化蛹，5月上旬成虫羽化，5～6月为成虫羽化高峰，6月上旬在树干下部或主侧枝下部产卵，7月上旬为产卵高峰，卵刻槽为"T"或"人"形，产卵后用胶状物封闭刻槽，7月中下旬为孵化高峰，11月初开始越冬。

2. 天牛类的防治措施

（1）植物检疫。在发生严重的疫区和保护区之间严格执行检疫制度。

（2）预测预报。健全对危险性大牛的监控组织机构，落实责任制度和科学的监控手段，定期检查，发出预报，对指导天牛类害虫的防治相当重要。

（3）园林栽培技术防治

① 选择适宜于当地气候、土壤等条件的抗虫树种，营造抗虫林，尽量避免栽植单一绿化树种，如营造杨树防护林或道路林带时，可每间隔一定距离栽植其他抗性树种，如苦楝、臭椿等。也可栽植一定数量的天牛嗜食树种作为诱虫饵木以减轻对主栽树种的危害，但必须及时清除饵木上的天牛，如栽植羽叶槭、糖槭可引诱光肩星天牛、黄斑星天牛。

② 加强树木管理。定时清除树干上的萌生枝叶，保持树干光滑，改善园林通风透光状况，阻止成虫产卵，改变卵的孵化条件，提高初孵幼虫的自然死亡率。如在光肩星天牛产卵期及时施肥浇水，促使树木旺盛生长，可使刻槽内的卵和初孵幼虫大量死亡。对青杨楔天牛等带虫瘿的苗木、枝条，应结合冬季管理剪除虫瘿，消灭其中幼虫以降低越冬虫口。

（4）生物防治

① 保护和利用天敌。啄木鸟对控制天牛的危害有较好的效果，如招引大斑啄木鸟可控制光肩星天牛的危害。

② 在天牛幼虫期释放管氏肿腿蜂。

③ 在黄斑星天牛幼虫生长期，取少许寄生菌粉与西维因的混合粉剂塞入虫孔，或用16亿孢子/ml寄生菌液喷侵入孔。

(5) 人工物理防治。对有假死性的天牛可震落捕杀，也可锤击产卵刻槽或刮除虫瘿杀死虫卵和小幼虫。在树干 2m 以下涂白或缠草绳，涂白剂配方：石灰 5kg、硫磺 0.5kg、食盐 25g、水 10kg。

(6) 药剂防治

① 药剂喷涂枝干。对在韧皮下危害尚未进入木质部的幼龄幼虫防效显著。常用药剂有 20%益果乳油、20%蔬果磷乳油、50%辛硫磷乳油、40%氧化乐果乳油、50%杀螟松乳油、90%敌百虫晶体 100~200 倍液，加入少量煤油、食盐或醋效果更好，涂抹嫩枝虫瘿时应适当增大稀释倍数。

② 注孔、堵孔法。对已蛀入木质部，并有排粪孔的大幼虫，如星天牛类等使用磷化锌毒签、磷化铝片、磷化铝丸等堵最下面 2~3 个排粪孔，其余排粪孔用泥堵死，进行毒气熏杀效果显著。用注射器注入 50%敌敌畏乳油、25%亚胺硫磷乳油、40%氧化乐果乳油 20~40 倍液，或用药棉沾 2.5%溴氰菊酯乳油 400 倍液塞入虫孔，药效达 100%。

③ 防治成虫。对成虫有补充营养习性的，用 40%氧化乐果乳油、2.5%溴氰菊酯乳油 500 倍液喷干。

④ 虫害木处理。密封大批量处理木后，按 $1m^3$ 木材投放溴甲烷 50~70g，密封 5 天；小批量处理时按 $1m^3$ 木材投放磷化铝或磷化锌 10~20g，密封 2~3 天。

4.2.2 木蠹蛾类

1. 木蠹蛾类主要害虫

(1) 芳香木蠹蛾（*Cossus orientalis* Gaede）分布于黑龙江、吉林、辽宁、内蒙古、河北、北京、天津、山东、河南、山西、陕西、宁夏、甘肃等地，危害杨、柳、榆、丁香、桦树、白蜡、槐、刺槐等。

芳香木蠹蛾的成虫体长 22.6~41.8mm，翅展 51~82.6mm，触角单栉齿状，头顶毛丛和鳞片鲜黄色，中胸前半部为深褐色，后半部白、黑、黄相间，后胸 1 黑横带。前翅前缘 8 条短黑纹，中室内 3/4 处及外侧 2 条短横线，后翅中室白色；老龄幼虫头黑色，体长 58~90mm，胴体背面紫红色，腹面桃红色，前胸背板"凸"形的黑色斑的中央 1 白色纵纹（如图 4-41）。

芳香木蠹蛾 2 年发生 1 代，第 1 年以幼虫在寄主内越冬，第 2 年幼虫老熟后至秋末，从排粪孔爬出，坠落地面，钻入土层 30~60mm 处做薄茧越冬。幼虫 4 月下旬开始羽化，5 月上中旬为羽化盛期，卵单产或聚产于树冠枝干基部的树皮裂缝、伤口、枝杈或旧虫孔处，无覆盖物，初孵幼虫常几头至几十头群集危害树干及枝条的韧皮部及形成层，随后进入木质部，形成不规则的共同坑道，至 9 月中下旬幼虫越冬，第 2 年继续危害至秋末入土结茧越冬。

（2）咖啡木蠹蛾（*Zeuzera coffee* Nietner）又名咖啡豹蠹蛾、小豹纹木蠹蛾、豹纹木蠹蛾、棉茎木蠹蛾。分布于西南、东南沿海、华南、河南、湖南、四川等地，危害水杉、乌桕、刺槐、咖啡、核桃、枫杨、悬铃木、黄檀等。

咖啡木蠹蛾的成虫雌雄异型，雌虫体长 12~26mm，雄虫体长 11~20mm，全体灰白色，触角黑色，雌虫丝状，雄虫基半部双栉齿状而端半部丝状。胸部绒毛长，中胸背板两侧 3 对圆斑。翅灰白色，翅脉间密布大小不等短斜斑点，外缘 8 个近圆形斑；老熟幼虫体长约 30mm，红褐色。头橘红色，头顶、上颚、单眼区域黑色，前胸背板黑色（如图 4-42）。

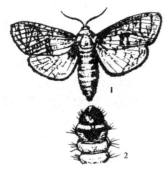

1. 成虫 2. 幼虫头及前胸

图 4-41 芳香木蠹蛾

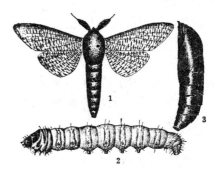

1. 成虫 2. 幼虫 3. 蛹

图 4-42 咖啡木蠹蛾（仿张培义）

咖啡木蠹蛾在江西 1 年 2 代，在河南和江苏 1 年 1 代，以幼虫在被害枝条的虫道内越冬。翌年 3 月中旬开始取食，4 月中下旬~6 月中下旬化蛹，5 月中旬~7 月上旬羽化成虫，5 月下旬为羽化盛期，成虫产卵，5 月底~6 月上旬幼虫孵化，10 月下旬~11 月初在蛀坑道内吐丝缀合虫粪和木屑封闭虫道两端越冬。

2. 木蠹蛾类的防治措施

（1）园林栽培技术措施。加强抚育管理，在木蠹蛾产卵前修枝，防止机械损伤，或在伤口处涂防腐杀虫剂。改变园林树木组成，淘汰受害严重的树种，更换抗性品种。清除无保留价值立木，以减少虫源。

（2）化学防治

① 对初孵幼虫可用 50%久效磷乳油 1 000~1 500 倍液，或 40%乐果乳油 1 500 倍液，或 2.5%溴氰菊酯，或 20%杀灭菊酯 3 000~5 000 倍液喷雾毒杀。

② 树干内施药可用 50%久效磷乳油 100~500 倍液，或 50%马拉硫磷乳油，或 20%杀灭菊酯乳油 100~300 倍液，或 40%乐果乳油 40~60 倍液注入虫孔。

③ 开春树液流动时树干基部钻孔灌药，可用 50%久效磷乳油或 35%甲基硫环磷内吸剂原液。

④ 将每片 3.3g 磷化铝片剂研碎，每虫孔填入片剂后外敷黏泥，杀虫率达 90%以上。

（3）灯光诱杀成虫

（4）人工捕杀　在羽化高峰期可人工捕捉成虫，或木蠹蛾在土内化蛹期捕杀。

4.2.3　小蠹类

1. 小蠹类主要害虫

（1）华山松大小蠹（*Dendroctonus armandi* Tsaietl）又名大凝脂小蠹。分布于陕西、四川、湖北、甘肃、河南等省，主要以成虫、幼虫危害华山松的健康立木，造成华山松大量枯死。

华山松大小蠹的成虫体长 4.4～6.5mm，长椭圆形，黑色或黑褐色，有光泽，但触角及跗节红褐色。前胸背板黑色，宽大于长，前端较狭，前缘中央缺刻大而显著，后缘中央向后突出，两侧向前凹入，略呈"m"型。鞘翅斜面上的绒毛甚短。母坑道为单纵坑；幼虫体长约 6mm，乳白色，头部淡黄色，口器褐色（如图 4-43）。

华山松大小蠹每年发生的代数因海拔高低而不同，在秦岭林区海拔 1700m 以下，1 年发生 2 代，在海拔 2 150m 以上 1 年发生 1 代，在海拔 1 700～2 150m 之间为 2 年 3 代，以幼虫越冬。越冬幼虫 6 月开始出现，7 月开始羽化飞出危害，主要危害 30 年生以上的健壮华山松。

（2）松纵坑切梢小蠹（*Tomicus piniperda* L.）。分布于辽宁、河南、陕西、江苏、浙江、湖南、四川、云南等地，主要危害松属树木。

松纵坑切梢小蠹的成虫体长 3.5～4.5mm，头及前胸背板黑色，鞘翅红褐至黑褐色、有光泽，鞘翅斜面上第二列间部凹下，小瘤和茸毛消失，母坑道为单纵坑；幼虫体长 5～6mm，头黄色，口器褐色；体乳白色，粗而多皱纹，微弯曲（如图 4-44）。

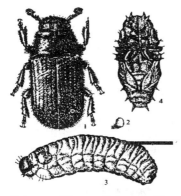

1. 成虫　2. 卵　3. 幼虫　4. 蛹

图 4-43　华山松大小蠹（仿朱兴才）

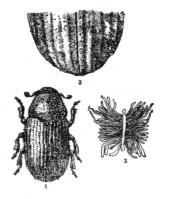

1. 成虫　2. 鞘翅斜面　3. 坑道

图 4-44　松纵坑切梢小蠹

松纵坑切梢小蠹1年发生1代，北方成虫在落叶中或被害树干基部0～10cm处皮内越冬，南方则在被害枝梢内越冬。东北翌年3月下旬～4月中旬气温达9℃时，越冬成虫飞上树冠侵入去年生嫩梢补充营养，然后侵入衰弱木、风折木，雌虫侵入后筑交配室与雄虫交配，卵密集产于母坑两侧，4月下旬～6月下旬为产卵期，5月中旬～7月上旬幼虫孵化，5月下旬～6月上旬为盛期，6月中旬老熟后在子坑道末端作一椭圆形蛹室化蛹，6月下旬为盛期，7月上旬羽化成虫，7月中旬为羽化盛期，10月上中旬当气温下降到-3～-5℃时，在2～3天内成虫集中下树开始越冬。

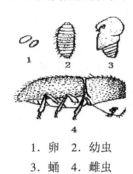

1. 卵 2. 幼虫
3. 蛹 4. 雌虫

图4-45 茶材小蠹

（3）茶材小蠹（*Xyleborus rornicatus* Eichhoff）分布在广西、广东、海南、台湾、四川、云南等省区，危害植物除荔枝、龙眼外，还有茶、樟、柳、蓖麻、橡胶树、可可等。

茶材小蠹的雌成虫体长2.5mm左右，圆柱形，全体黑褐色，头部延伸呈喙状，触角膝状，端部膨大如球。前胸背片前缘圆钝，并有不规则的小齿突，后缘近方形平滑。鞘翅舌状，长为前胸背片的1.5倍，翅面有刻点和茸毛，排成纵列。雄成虫体长1.3mm，黄褐色，鞘翅表面粗糙，点刻与茸毛排列不清晰；老龄幼虫体长约2.4mm，乳白色，足退化，腹足仅留痕迹（如图4-45）。

茶材小蠹在广东1年发生6代，在广西南部1年发生6代以上，世代重叠，主要以成虫在原蛀坑道内越冬，部分以幼虫和蛹越冬。翌年2月中下旬气温回升后，越冬成虫外出活动，并钻蛀危害，形成新的蛀道，成虫多在1～2年生枝条的叶痕和分叉处蛀入，形成蛀道，孔口常有木屑堆积，蛀道深达木质部，呈缺环状水平坑道。4月上旬卵产在坑道内，幼虫生活在母坑道中，老熟幼虫在原坑道中化蛹，11月中下旬成虫开始越冬。

2. 小蠹类的防治措施

（1）预防措施

① 加强检疫。严禁调运虫害木，对虫害木要及时药剂或剥皮处理，以防止扩散。

② 抚育措施。加强管理，改善树木的生理状况，增强树势，提高其抗御虫害的能力。

（2）生物防治。小蠹虫的捕食性、寄生性和病原微生物天敌资源非常丰富，包括线虫、螨类、寄生蜂、寄生蝇、捕食性昆虫和鸟类等。

（3）药剂防治

① 在越冬代成虫入侵盛期（5月末～7月初），使用40%氧化乐果乳油100～200倍液、2%的毒死蜱、2%的西维因、2%的杀螟松油剂或乳剂涂抹或喷洒活立木枝干可杀死成虫。

② 在北方，早春4月可挖开根颈土层10cm，撒施2%杀螟松粉剂或5%西维因粉剂，每株用量10g，然后再覆土踏实，杀虫率高达98%；在南方，可根施3%呋喃丹颗粒剂，每株200g或于树干基部打孔注射40%氧化乐果乳油，以防止成虫聚集钻蛀。

4.2.4 透翅蛾类

1. 透翅蛾类主要害虫

（1）白杨透翅蛾（*Parathrene tabaniformis* Rottenberg）又名杨透翅蛾。分布于西北、华北、东北、四川、江苏、浙江等地。危害杨、柳科树木，以毛白杨、银白杨、加拿大杨、中东杨、河北杨受害最重。

白杨透翅蛾成虫体长 11～21mm、翅展 23～39mm，外形似胡蜂，青黑色，腹部 5 条黄色横带，头顶 1 束黄毛簇，雌蛾触角栉齿不明显，端部光秃，雄蛾触角具青黑色栉齿 2 列。褐黑色前翅窄长，中室与后缘略透明，后翅全部透明；老熟幼虫体长 30～33mm，初龄幼虫淡红色，老熟黄白色（如图 4-46）。

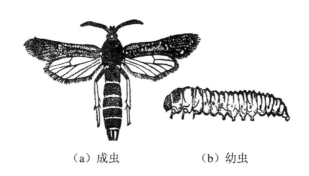

（a）成虫　　　（b）幼虫

图 4-46　白杨透翅蛾

白杨透翅蛾在北京、河南、陕西 1 年 1 代，以幼虫在枝干坑道内越冬。幼虫翌年 3 月下旬恢复取食，4 月底 5 月初幼虫开始化蛹，5 月中旬成虫开始羽化，6 月底 7 月初为羽化盛期，羽化成虫后即产卵，幼虫由皮层蛀入木质部钻蛀虫道，使被害处形成瘤状虫瘿，虫粪和碎屑被推出孔外后常吐丝缀封排粪孔，10 月越冬前在虫道末端吐丝作薄茧越冬。

2. 透翅蛾类的防治措施

（1）加强检疫。防止害虫传播和扩散。

（2）园林栽培技术防治。选用抗虫品种和树种。如小青杨×加拿大杨、小叶杨×黑杨、小叶杨×欧美杨、沙兰杨等杂交杨对白杨透翅蛾均有较高的抗性。

（3）人工防治。早春在成虫羽化集中且在树干上静止或爬行时进行人工捕杀。结合修剪铲除虫疤，烧毁虫疤周围的翘皮、老皮以消灭幼虫。对行道树或四旁绿化树木，在幼虫化蛹前用细铁丝由侵入孔或羽化孔插入幼虫坑道内，直接杀死幼虫。

（4）化学防治。成虫羽化盛期，喷洒 40%氧化乐果 1 000 倍液、或 2.5%溴氰菊酯 4 000 倍液，以毒杀成虫，兼杀初孵幼虫。幼虫越冬前及越冬后刚出蛰时，用 40%氧化乐果和煤油以1：30倍液，或与柴油以1：20倍液涂刷虫斑或全面涂刷树干。幼虫侵害期如发现枝干上有新虫粪立即用上述混合药液涂刷，或用50%杀螟松乳油与柴油液以1：5倍液滴入虫孔，或用50%杀螟松乳油、50%磷胺乳油20～60倍液在被害处1～2cm范围内涂刷药环。幼虫孵化盛期喷洒40%氧化乐果乳油或50%甲胺磷乳油1 000～1 500倍液，可达到较好的防治效果。

4.2.5 象甲类

1. 象甲类主要害虫

（1）杨干象（*Crytorrhynchus lapathi* Linnaeus）又名杨干隐喙象。分布于东北及内蒙古、河北、山西、陕西、甘肃、新疆、台湾等地，危害杨、柳、桦等园林树木，以加拿大杨、小青杨、香杨和旱柳等受害重，此虫列为检疫对象，是速生杨的毁灭性害虫。

杨干象的成虫体长8～10mm，长椭圆形，黑褐色，体密被灰褐色鳞片，其间散生白色鳞片，喙弯曲，前胸背板宽大于长，中央具1细纵隆线，前方着生两个，后方着生3个横列的黑色毛簇。鞘翅后端的1/3处向后倾斜，并逐渐缢缩，形成1个三角形区。鞘翅上各着生6个黑色毛簇；幼虫乳白色，全体疏生黄色短毛。前胸具1对黄色硬皮板。中后胸各由2小节组成（如图4-47）。

杨干象1年发生1代，以卵及初孵幼虫越冬。翌年4月中旬越冬幼虫开始活动，幼虫先在蛰伏处取食木栓层，然后逐渐深入韧皮部与木质部之间，围绕树干蛀成环形坑道。幼虫蛀食初期，由针眼状小孔排出红褐色丝状排泄物，被害处表皮形成1圈圈刀砍状裂口，5月下旬在蛀道末端向上蛀入木质部，在其末端蛀椭圆形蛹室化蛹，7月中旬为成虫出现盛期，在树干上咬1圆孔至形成层内取食，使被害枝干上留有无数针眼状小孔，7月下旬交尾、产卵，卵产于叶痕或裂皮缝的木栓层中，以黑色分泌物将孔口堵住，8月上中旬孵化出幼虫，于原处越冬，后期产下的卵，因天气变冷难孵化，以卵越冬。

（2）一字竹象（*Otidognathus davidis* Fair）又名杭州竹象。分布于陕西、江苏、安徽、江西、湖南等省，危害毛竹、桂竹、淡竹、刚竹、红壳竹、篌竹和毛金竹。

一字竹象的成虫体棱形，雌虫体长17mm，乳白至淡黄色。头管长6.5mm，细长，表面光滑。雄虫体长15mm，赤褐色。头管长5mm，粗短，有刺状突起。前胸背板中间有一梭形黑色长斑。鞘翅上各具有刻点组成的纵沟9条，翅中各有黑斑两个，腹部末节露于鞘翅外；老熟幼虫体长20mm，米黄色，头赤褐色（如图4-48）。

一字竹象在小笋竹林1年1代，在大小年明显的毛竹林2年1代。成虫在地下8～15cm深土茧中越冬。4月上旬出土，白天活动，4月中旬交尾，产卵时雌虫头向下在笋上咬产卵孔，再调转头产卵，卵多产于最下一盘枝节到笋梢之间。

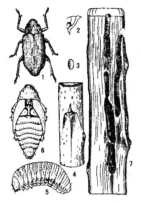

1. 成虫 2. 头部侧面 3. 卵 4. 产卵孔
5. 幼虫 6. 蛹 7. 危害状

图 4-47　杨干象

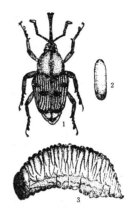

1. 成虫 2. 卵 3. 幼虫

图 4-48　一字竹象

2. 象甲类的防治措施

(1) 人工防治

① 挖山松土。在秋冬两季结合挖冬笋和施冬肥对竹林进行全面的挖山松土，改变越冬环境，使越冬成虫大量死亡，增强抗虫性。

② 人工捕捉。一字竹象有假死性及行动迟缓特点，在竹笋高 2m 内，采取人工捕捉成虫或幼虫。

(2) 化学防治

① 竹腔注药。在竹笋长高 1.5m 左右，在竹笋基部钻一孔，用针筒抽取 40%乙酰甲胺磷乳油注入竹腔，使补充营养的成虫及取食竹笋的幼虫致死。

② 笋体喷药。在成虫危害的 4 月份，当竹笋长到 1～2m 时，可选 50%杀螟松乳油、或 50%马拉硫磷、或 80%敌敌畏乳油、或 20%氰戊菊酯 50～100mg/kg 喷洒竹笋，防治 1～3 次。

4.3　吸汁害虫及螨类

吸汁类害虫是园林植物害虫中较大的一个类群。常见的有同翅目的蚜虫类、介壳虫类、粉虱类、木虱类、叶蝉类、蜡蝉类；缨翅目的蓟马类；半翅目的蝽类及蜱螨目的螨类等。吸汁类害虫吸取植物汁液，掠夺其营养，造成生理伤害，使受害部分褪色、发黄、畸形、营养不良，甚至整株枯萎或死亡。

4.3.1 蚜虫类

1. 蚜虫类主要害虫

（1）桃蚜（*Myzus persicae* Sulzer）) 又名桃赤蚜、烟蚜、菜蚜、温室蚜。分布于全国各地，危害海棠、郁金香、叶牡丹、百日草、金鱼草、金盏花、樱花、蜀葵、梅花、夹竹桃、香石竹、大雨花、菊花、仙客来、一品红、白兰、瓜叶菊、桃、月季、李、杏等 300 多种花木。

无翅胎生雌蚜卵圆形，体长约 2.0mm，体色绿、黄绿、粉红、淡黄等色，额瘤极显著，腹管圆柱形，稍长，尾片圆锥形，有长曲毛 6～7 根；有翅胎生雌虫体型及大小似无翅蚜。头、胸部黑色，复眼红色，额瘤明显，腹部颜色变化大，绿、黄绿、赤褐以及褐色；若蚜似无翅胎生雌蚜，淡粉红色，仅身体较小（如图 4-49）。

桃蚜北方 1 年发生 20～30 代，南方 30～40 代，生活周期类型属乔迁式。在我国北方主要以卵在枝梢、芽腋等裂缝和小枝等处越冬，少数以无翅胎生雌蚜在十字花科植物上越冬。翌春 3 月开始孵化危害，先群集在芽上，后转移到花和叶，5～6 月份繁殖最甚，并不断产生有翅蚜迁入到蜀葵和十字花科植物上危害，10～11 月又产生有翅蚜迁回桃、樱花等树木，如以卵越冬，则产生雌雄性蚜，交尾产卵越冬。

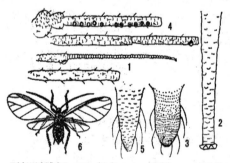

无翅孤雌蚜　1. 触角　2. 腹管　3. 尾片
有翅孤雌蚜　4. 触角　5. 尾片　6. 成虫

图 4-49　桃蚜　（仿张广学）

（2）绣线菊蚜（*Aphis citricola* Van der Goot）分布于河北、河南、内蒙古、山东、浙江、台湾等地区，危害多种绣线菊、樱花、麻叶绣球、榆叶梅、白玉兰、含笑、海桐、枇杷、海棠、木瓜、石楠等。

无翅孤雌蚜体长约 1.7mm，身体黄色或黄绿色，腹管与尾片黑色，足与触角淡黄至灰黑色，腹管圆筒形，有瓦纹，基部较宽，尾片长圆锥形；有翅孤雌蚜体长卵形，长约 1.7mm。头、胸黑色，腹部黄色，有黑色斑纹，腹管、尾片黑色，短小（如图 4-50）。

绣线菊蚜 1 年发生 10 代,以卵在寄主植物枝条隙缝、芽苞附近越冬。第 2 年 3~4 月份越冬卵孵化,4~5 月份在绣线菊嫩梢上大量发生,以后逐渐转移到海棠等其他木本花卉上危害,10 月上中旬发生无翅雌性蚜和有翅蚜,11 月上中旬产卵越冬。

(3) 月季长管蚜(*Macrosiphum rosivorum* Zhang) 分布于东北、华北、华东、华中等地,危害月季、蔷薇、玫瑰、十姐妹、七里香、丰花月季、藤本月季等。

无翅孤雌蚜体长卵形,长约 4mm,淡绿色或黄绿色,少数橙红色,腹管长圆筒形,尾片长圆锥形;有翅孤雌蚜草绿色,腹部各节有中、侧缘斑,第 8 节有一大宽横带斑,腹管长为尾片 2 倍,尾片有长毛 9~11 根,腹管及尾片形状同无翅型(如图 4-51)。

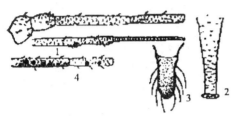

无翅孤雌蚜　1. 触角　2. 腹管　3. 尾片
有翅孤雌蚜　4. 触角

图 4-50　绣线菊蚜(仿张广学)

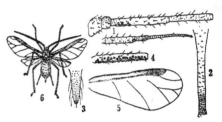

无翅孤雌蚜　1 触角　2. 腹管　3. 尾片
有翅孤雌蚜　4. 触角　5. 前翅　6. 成虫

图 4-51　月季长管蚜(仿张广学)

月季长管蚜 1 年发生 10 代,以成、若蚜在月季、蔷薇的叶芽和叶背越冬,翌春越冬蚜虫开始活动,并产生有翅蚜,全年盛发期在 4~5 月和 9~10 月。

2. 蚜虫类的防治措施

(1) 园林栽培技术措施。结合林木抚育管理,冬季剪除有卵枝叶或刮除枝干上的越冬卵。

(2) 化学防治。植物发芽前,喷施晶体石硫合剂 50~100 倍液消灭越冬卵。在成蚜、若蚜特别是第 1 代若蚜发生期,用 50%灭蚜威 2 000 倍液,40%乐果乳油、25%对硫磷乳油、50%马拉硫磷乳油、25%亚胺硫磷 1 000~2 000 倍液,或 20%氰戊菊脂乳油 3 000 倍液喷雾。亦可在树干基部打孔注射或刮去老皮的树干用 50%久效磷乳油、50%氧化乐果乳油 5~10 倍液涂 5~10cm 宽的药环。

(3) 注意保护和利用天敌。避免在天敌羽化期、寄生率达到 50%的情况下用药。

(4) 蚜虫的预测预报。蚜虫的防治关键是第 1 代若虫危害期及危害前期。鉴于蚜虫繁殖快,世代多,易成灾,因此,蚜虫的预测预报显得十分重要。

(5) 诱杀。温室和大棚内,采用黄绿色粘胶板诱杀有翅蚜虫。

4.3.2 介壳虫类

1. 介壳虫类主要害虫

(1) 日本松干蚧（*Matsucoccus matsumurae* Kuwana）又名松干蚧。分布于山东、辽宁、江苏、浙江、安徽和上海等地，危害油松、赤松、马尾松、黑松和黄松等树木，并引起次期性病虫害如松干枯病、切梢小蠹、象甲、天牛、吉丁虫等的入侵。

日本松干蚧的雌成虫卵圆形，体长 4mm 左右，橙赤色或橙褐色，体壁柔韧，分节不明显，口器退化。雄成虫体长 2mm 左右，胸部黑褐色，腹部淡褐色，无口器。前翅发达，半透明，羽状纹明显，后翅退化成平衡棍。腹部第 7 节背面隆起，上面生有分泌白色长蜡丝的管状腺 10 余个，腹部末节有一向腹面弯曲的钩状交尾器；1 龄初孵若虫长椭圆形，触角 6 节，腹末有长短尾毛各 1 对。1 龄寄生若虫梨形或心脏形，触角、胸足等附肢明显。2 龄无肢若虫触角、眼等全部消失，口器发达，虫体周围有长的白色蜡丝。3 龄雄若虫长椭圆形，口器退化，触角和胸足发达，外形与雌成虫相似（如图 4-52）。

日本松干蚧 1 年发生 2 代，以 1 龄寄生若虫越冬或越夏，发生时间因南北气候而有差异。南方早春气温回暖早，到达成虫期比北方提早 1 个多月，但由于南方夏季高温持续期较长、第 1 代 1 龄寄生若虫越夏期也较长，因而第五代成虫期比北方晚出现四个多月。如浙江越冬代成虫期为 3 月下旬～5 月下旬，而山东为 5 月上旬～6 月中旬，山东的第 1 代成虫期为 7 月下旬～10 月中旬，而浙江为 9 月下旬～11 月上旬。3 龄雄若虫经结茧、化蛹，羽化为成虫，雌若虫脱皮后即为成虫。成虫羽化后即交尾，第 2 天开始产卵于轮生枝节、树皮裂缝、球果鳞片、新梢基部等处，雌虫分泌丝质包裹卵形成卵囊，孵出若虫沿树干上爬活动 1～2 天后，即潜于树皮裂缝和叶腋等处固定寄生，成为寄生若虫，寄生若虫脱皮后，触角和足等附肢全部消失，这是危害最严重的时期，2 龄无肢雄若虫脱壳后，为 3 龄雄若虫，雄若虫出壳后爬行于粗糙的树皮缝、球果鳞片、树根附近分泌白色蜡丝，结茧化蛹。

(2) 吹绵蚧（*Icerya purchasi* Mask）我国除西北外各省（区）均有发生，主要有木麻黄、相思树、重阳木、油桐、油茶、桂花、檫树、马尾松等。

吹绵蚧的雌成虫橘红色，背面褐色，椭圆形，长 4～7mm，腹面扁平，背面隆起，呈龟甲状，体被白而微黄的蜡粉及絮状蜡丝。雄成虫体小细长，橘红色，长 3mm，前翅灰黑色，长而狭，末节具肉质状突 2 个；初孵若虫卵圆形、橘红色，长 0.66mm，附肢与体多毛，体被淡黄色蜡粉及蜡丝。2 龄后雌雄异形，雌若虫椭圆形、橙红色，长约 2mm，背面隆起，散生黑色小毛，蜡粉及蜡丝减少，雄若虫体狭长，体被薄蜡粉。3 龄雌若虫长 3～3.5mm，体色暗淡，仍被少量黄白色蜡粉及蜡丝（如图 4-53）。

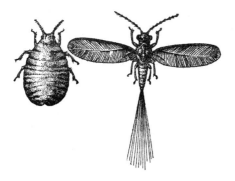

(a) 雌成虫　　(b) 雄成虫　　　　　　　　　　　(a) 雄成虫　　(b) 雌成虫

图 4-52　日本松干蚧（仿赵方桂）　　　　　图 4-53　吹绵蚧

吹绵蚧每年发生代数因地区而异，在我国南部1年3～4代，长江流域1年2～3代，各虫态均可越冬。浙江1年2～3代，第一代卵3月上旬始见（少数可见上年12月），5月为产卵盛期，若虫5月上旬～6月下旬发生，成虫发生于6月中旬～10月上旬，7月中旬成虫发生最盛，7月上旬～8月中旬为第2代卵期，8月上旬卵发生最盛，若虫7月中旬～11月下旬发生，8～9月若虫发生最盛。初孵若虫很活跃，1～2龄向树冠外层迁移，多寄居于新梢及叶背的叶脉两旁，2龄后，渐向大枝及主干爬行，成虫喜集居于主梢阴面、枝杈、枝条及叶片上，吸取树液并营囊产卵，不再移动，2龄雄若虫在枝条裂缝、杂草等处结茧化蛹。

（3）草履蚧（*Drosicha corpulenta* kawana）又名草鞋蚧。分布于河南、河北、山东、山西、陕西、辽宁、江西、江苏、福建等地，危害泡桐、杨、悬铃木、柳、谏、刺槐、栎、桑、月季等。

草履蚧的雌成虫红褐色，长7.8～10mm。背部皱折隆起、扁平椭圆形，似草鞋状。雄虫紫红色，长5～6mm。头、胸和前翅淡黑色，有许多伪横脉，后翅平衡棒状；若虫外形与雌成虫相似，但较小（如图4-54）。

草履蚧1年发生1代，大多以土中的卵囊越冬。越冬卵于翌年2月上旬～3月上旬孵化，孵化后的若虫仍停留在卵囊内，2月中旬后随气温升高，若虫开始出土上树，爬至嫩枝、幼芽等处吸食汁液，2月底若虫活动盛期，3月中旬基本结束。特殊年份冬季气温偏高时，上年12月即有若虫孵化，1月下旬开始出土、初龄若虫行动不活泼，喜在树洞、树杈、树皮缝内或背风处等隐蔽群居。雄若虫不再取食，潜伏于树缝、皮下或土缝、杂草等处，分泌大量蜡丝缠绕化蛹。4月底～5月上旬羽化为成虫，雄成虫不取食，4月下旬～5月上旬雌若虫与雄成虫交尾，5月中旬为交尾盛期，雄虫交尾后即死去，雌虫交尾后仍需吸食，至6月中下旬开始下树，钻入树干周围石块下、土缝等处，分泌白色绵状卵囊产卵，以卵越夏或越冬。

（4）桑盾蚧（*Pseudaulacaspis pentagona* Targioni）又名桑白蚧、黄点蚧、桑拟轮蚧。分布全国各地，是危害最普遍的一种介壳虫。危害梅花、碧桃、国槐、桑、丁香、棕榈、芙蓉、苏铁、桂花、榆叶梅、木槿、翠菊、玫瑰、芍药、夹竹桃、红叶李、山桃、蒲桃、山茶、白蜡、紫穗槐等花木。

桑盾蚧的成虫雌雄异型，雌介壳近圆形，灰白色，背面略隆起，壳点2个，黄褐色，在介壳边缘，雌成虫体椭圆形，橙黄色。雄介壳细长，白色，背面有3条纵脊，壳点橙黄色，位于介壳的前端，雄成虫橙色或橘红色，翅1对，透明，灰白色，上有两条翅脉，虫体腹部末端有1个针状交尾器；初龄若虫体长椭圆形，橙色，雌雄区别明显，雌虫体呈梨形，雄虫长椭圆形（如图4-55）。

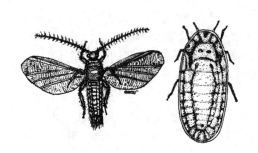

（a）雄成虫　　（b）雌成虫

图4-54　草履蚧

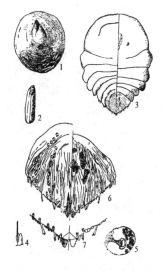

1. 雌介壳　2. 雄介壳　3. 雌虫体　4. 触角
5. 前气门　6. 臀板　7. 臀板末端

图4-55　桑盾蚧（仿周尧）

桑盾蚧世代数因地而异，1年发生2～5代，在华北地区1年发生2代，在江、浙一带1年发生3代，以受精雌成虫在枝干上越冬。翌年4月下旬开始产卵，卵产在介壳下，各代若虫孵化期分别在5月上中旬，7月中下旬及9月上中旬，有的若虫孵化后即在母体介壳周围寄生，桑盾蚧有雌雄分群生活的习性，雄性多群集于主干根颈或枝条基部，以背阴面稍多，雌性一般较分散。

（5）长白盾蚧[*Lopholeucaspis japonica* Cackerell = *Leucaspis japonica* Cockerell]又名梨白片盾蚧。分布广泛，危害紫玉兰、丁香、蔷薇、芍药、绣球花、海棠、月季、白玫瑰、灯笼树、杜鹃等许多花卉，此外，也是北方的苹果、梨、柿及南方的柑桔类等果木的重要害虫。

长白盾蚧的成虫雌雄异型，雌介壳灰白色，长纺锤形，壳点位于介壳前端褐色，雌成虫体呈梨形，黄色气门附近分布有一群圆盘状腺，臀叶2对，从腹部第二节开始到口器顶端的虫体边缘有成列分布的圆锥状刺腺。雄介壳与雌介壳相似，但较小，雄成虫体细长，淡紫色，白色半透明翅1对，虫体腹部末端有一针状交尾器；初孵若虫为椭圆形，后为梨形，颜色从淡紫色到淡黄色（如图4-56）。

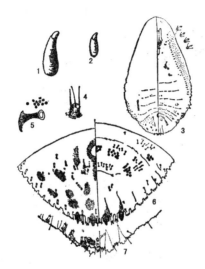

1. 雌介壳　2. 雄介壳　3. 雌虫体　4. 触角
5. 前气门　6. 臀板　7. 2龄若虫臀板末端

图4-56　长白盾蚧

长白盾蚧在浙江、湖南1年发生3代，大多数以老熟若虫和前蛹在枝干上越冬。在浙江，一般4月上中旬雄成虫大量羽化，4月下旬雌成虫大量产卵，第1、2和3代若虫发生盛期分别为5月下旬，7月下旬～8月上旬，9月中旬～10月上旬，有世代重叠现象，雌虫多分布于枝干和叶背中脉附近，雄虫多分布于叶片边缘。

2. 介壳虫类的防治措施

（1）植物检疫。加强检疫措施，严禁疫区害虫传播和蔓延。

（2）园林栽培技术措施。合理密植，选育抗虫树种，改善土肥条件，增加植株抗虫力。剪去病虫枝干、清除受害植株，清除虫源，减少虫口密度。

（3）生物防治。保护和利用天敌，当天敌寄生率达50%或羽化率达到60%时严禁化学防治。

(4) 化学防治

① 喷药。春季喷施 0.5~1 波美度石硫合剂，或 8~10 倍松脂合剂。生长季节用 50%杀螟松乳油、或 50%久效磷乳油 600~800 倍液、40%氧化乐果乳油、或 75%辛硫磷乳油、或 50%辛硫磷乳油、或 50%马拉硫磷乳油 800~1 000 倍液喷雾。

② 树干涂药环。树木萌芽时，在粗糙树干刮约 15cm 环带，但不要伤及韧皮部，用 40%氧化乐果乳油 50 倍液涂环，涂药后用塑料纸包扎。

③ 灌根。除去树干根际泥土，用 40%氧化乐果乳油 100 倍液浇灌并覆土，或 50%久效磷乳油 500 倍液灌根，涂环及灌根后要及时浇水一次，提高杀虫效果。

④ 树干涂胶。对在土壤越冬，有上树习性害虫的可用废机油、柴油或蓖麻油 1 份充分熬煮后加入压碎的松香 1 份配制粘虫胶，在树干涂 30cm 宽的环带阻止若虫上树。

4.3.3 粉虱类

1. 粉虱类主要害虫

（1）白粉虱（*Trialeurodes vaporariorum* Westwood）又名温室粉虱、小白蛾。分布于东北、华北、江浙一带。是一种分布很广的露地和温室害虫，危害瓜叶菊、天竺葵、茉莉、扶桑、倒挂金钟、金盏花、万寿菊、一串红、一品红、月季、牡丹、绣球、大雨花等 16 科 70 多种观赏植物。

白粉虱的成虫体淡黄色，体长 12mm，翅展 24mm，触角短丝状，翅两对膜质，覆盖白色蜡粉，前翅有一长一短两条脉，后翅有 1 条脉；幼虫体长约 0.5mm，长椭圆形，淡绿色，体缘及体背具数 10 根长短不一的蜡丝，两根尾须稍长（如图 4-57）。

白粉虱 1 年发生 9~10 代，在南方和北方温室内可终年繁殖，世代重叠严重，以各种虫态在温室植物上越冬。成虫喜欢群集在上部嫩叶背面取食和产卵，卵期约 6~8 天，幼虫期 8~9 天，蛹期 6~7 天，成虫营有性生殖和孤雌生殖，具有趋光、趋黄色和嫩绿色的特性。

（2）黑刺粉虱（*Aleurocanthus spiniferus* Quaint）又名橘刺粉虱。分布于浙江、江苏、广东、广西、福建、台湾等地。危害月季、蔷薇、白兰、米兰、玫瑰、榕树、樟树、山茶、柑橘等花木。

黑刺粉虱的成虫体长约 1.0~1.3mm，体橙黄色，覆有蜡质白色粉状物，前翅紫褐色，有 7 个不规则的白斑，后翅无斑纹，淡紫褐色；初孵幼虫椭圆形，体扁平，淡黄色，尾端有 4 根尾毛，老熟幼虫体深黑色，体背有 14 对刺毛，周围白色蜡圈明显（如图 4-58）。

黑刺粉虱在浙江、安徽 1 年发生 4 代，以老熟幼虫在叶背越冬，翌年 3 月化蛹，4 月上中旬成虫开始羽化，各代幼虫发生盛期分别在 5 月下旬、7 月中旬、8 月下旬、9 月下旬至 10 月上旬，有世代重叠现象，成虫白天活动，卵多产于叶背，老叶上的卵比嫩叶上的多，有孤雌生殖现象。

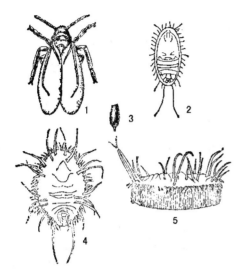

1. 成虫 2. 幼虫 3. 卵
4. 蛹正面观 5. 蛹侧面观

图 4-57 温室粉虱 （仿唐尚杰）

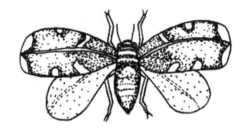

图 4-58 黑刺粉虱

2. 粉虱类的防治措施

（1）加强植物检疫工作。严格检查进入塑料大棚和温室的各类花卉，避免将虫带入。

（2）园艺防治。清除大棚和温室周围杂草，以减轻虫源。适当修枝，勤除杂草，以减轻危害。

（3）物理防治。白粉虱成虫对黄色有强烈趋性，在植株旁悬挂或栽插黄色木板或塑料板，并在板上涂黏油，振动花卉枝条，使飞舞的成虫趋向且粘到黄色板上，起到诱杀作用。

（4）药剂防治。用 80% 敌敌畏熏蒸成虫，$1ml/m^3$ 原液，兑水 1~2 倍，使药液迅速雾化（可将药液撒在室内步道上），每隔 5~7 天 1 次，连续进行 5~7 次，并注意密闭门窗。亦可喷施 2.5% 溴氰菊酯、20% 速灭杀丁 2 000 倍液，或 40% 氧化乐果乳油、80% 敌敌畏乳油、50% 二秦农乳油 1 000 倍液，毒杀成虫、幼虫。喷时注意药液均匀，叶背处更应均匀喷射。

4.3.4 木虱类

1. 木虱类主要害虫

（1）梧桐木虱（*Thysanogyna Limbata* Endderlein）。分布于陕西、山东、江苏、浙江、

北京、河南及华南各地，只危害梧桐。

梧桐木虱的成虫雌雄异型，雌虫体黄绿色，体长 4~5mm，翅展约 13mm。复眼深赤褐色，触角黄色，最后 2 节黑色。前胸背板弓形，前后缘黑褐色，足淡黄色，跗节暗褐色，爪黑色。前翅无色透明，脉纹茶黄色，腹部背板浅黄色。雄虫体色和斑纹大致与雌虫相似，体长 4~4.5mm，翅展 12mm；1 龄若虫体扁，呈长方形，淡黄色，半透明，薄被蜡质，触角 6 节。2 龄若虫体色较初龄者深，触角 8 节。3 龄若虫体略呈长圆筒形，被较厚的白色蜡质，全体灰白而微带绿色，触角 10 节（如图 4-59）。

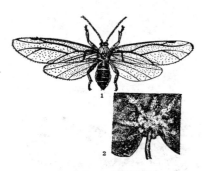

1. 成虫　2. 被害状

图 4-59　梧桐木虱（仿杨逢春）

梧桐木虱在陕西 1 年发生 2 代，以卵在枝干上越冬，翌年 4 月底~5 月初越冬卵开始孵化，第 1 代若虫在 6 月上中旬开始羽化为成虫，6 月下旬为羽化盛期。第 2 代若虫发生期 7 月中旬，在 8 月上中旬羽化，8 月下旬开始产卵于枝上越冬，第 1 代和第 2 代成虫在寄主上产卵的位置有所不同，第 1 代主要产卵在叶背上，以便若虫孵化后取食，第 2 代的卵则产在枝条上，以备越冬。

2. 木虱类的防治措施

（1）植物检疫。苗木调运时加强检查，禁止带虫材料外运和引进。

（2）园林技术措施。保护和利用天敌，选育抗虫品种，合理营造混交林。冬季剪除有卵枝，或清除林内枯叶杂草，降低越冬虫口。

（3）化学防治。用 65%肥皂石油乳剂 8 倍液喷杀卵，用 40%氧化乐果乳油、50%马拉硫磷乳油、50%杀螟松乳油 1 000~1 500 倍液防治若虫或成虫。

4.3.5　叶蝉类

1. 叶蝉类主要害虫

（1）大青叶蝉（*Cicadella viridis* Linnaeus）又名青叶蝉、大绿浮尘子、桑浮尘子、青叶跳蝉。分布于我国各地，危害杨、柳、刺槐、槐、榆、桑、海棠、樱花、梧桐、梅、杜鹃、木芙蓉、竹、核桃、桧柏、扁柏、梧桐等林木。大青叶蝉的成虫雌雄异型，雌虫体长 9.4~10.1mm，雄虫体长 7.2~8.3mm。头、胸部黄绿色，头顶有 1 对黑斑，复眼绿色，前胸背板淡黄绿色，其后半部深青绿色，小盾片淡黄绿色，后翅烟黑色，半透明。腹部背面蓝黑色，两侧及末节灰黄色；若虫共 5 龄，初孵化黄绿色，复眼红色，2~6 小时后，体色变淡黄、浅灰或灰黑色。3 龄后出现翅芽，老熟若虫体长 6~7mm（如图 4-60）。

大青叶蝉 1 年发生 3～5 代，以卵越冬。1 年发生 3 代的发生期为 4 月中旬～7 月上旬，6 月中旬～8 月中旬，7 月下旬～11 月中旬，均以卵在林木嫩枝和枝干部皮层内越冬。初孵若虫喜群聚取食，寄生在叶面或嫩茎上，成虫喜集中在潮湿背风处生长茂密、嫩绿多汁的寄主上昼夜刺吸危害，雌虫用锯状产卵器刺破寄主植物表皮，形成月牙形产卵痕，将成排的卵产于表皮下，夏季卵多产于禾本科植物的茎秆和叶鞘上，越冬卵则产于木本寄主苗木、幼树及树木 3 年生以下的第一轮侧枝上。

(2) 小绿叶蝉（*Empoasca flavescens* Fab.）又名小绿浮尘子、叶跳虫。分布我国各地，危害桃、梅花、樱花、红叶李，苹果、柑橘等花木。

小绿叶蝉的成虫体长 3～4mm，绿色或黄绿色，复眼灰褐色，无单眼，前胸背板与小盾板淡鲜绿色，前翅绿色，半透明，后翅无色透明；若虫草绿色，具翅芽，体长 2.2mm（如图 4-61）。

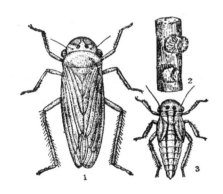

1. 成虫 2. 卵块 3. 若虫

图 4-60 大青叶蝉（仿邵玉华）

图 4-61 小绿叶蝉

小绿叶蝉世代数因地而异，在江苏、浙江 1 年发生 9～11 代，在广东 1 年发生 12～13 代，以成虫在杂草丛中或树皮缝内越冬，越冬期间无明显休眠现象，当气温高于 10℃以上便能活动。在浙江杭州，越冬成虫于 3 月中旬开始活动，3 月下旬～4 月上旬为产卵盛期，卵产于叶背主脉内，初孵若虫在叶背危害，活动范围不大。3 龄长出翅芽后，善爬善跳，喜横走。全年有 2 次危害高峰期，5 月下旬～6 月中旬和 10 月中旬～11 月中旬，有世代重叠现象。

2. 叶蝉类的防治措施

(1) 灯光诱杀。在成虫危害期，利用灯光诱杀，消灭成虫。

(2) 园艺防治。加强管理，勤除草，清洁庭院，结合修剪，剪除被害枝，以减少虫源。

(3) 药剂防治。在若虫、成虫危害期，可喷 40%氧化乐果、50%杀螟松、50%辛硫磷等药剂 1 000～1 500 倍液。

4.3.6 蜡蝉类

1. 蜡蝉类主要害虫

（1）斑衣蜡蝉（*Lycorma delicatuza* White）。分布于陕西、四川、浙江、江苏、河南、北京、河北、山东、广东、台湾等地，危害臭椿、香椿、刺槐、苦楝、楸、榆、青桐、白桐、悬铃木、三角枫、五角枫、女贞、合欢、杨、珍珠梅、杏、李、桃、海棠、葡萄、黄杨、麻等植物。

斑衣蜡蝉的成虫雌雄异型，雄虫体长 14～17mm，翅展 40～45mm，雌虫体长 18～22mm，翅展 50～52mm，体隆起，头部小，前翅长卵形，基部 2/3 淡褐色，上面布满黑色斑点 10～20 余个，脉纹白色。后翅膜质，扇状，基部一半红色，有黑色斑 6—7 个，翅中有倒三角形的白色区，脉纹为黑色；老龄若虫体长 13mm，宽 6mm，体背淡红色，头部最前的尖角、两侧及复眼基部黑色。足基部黑色，布有白色斑点（如图 4-62）。

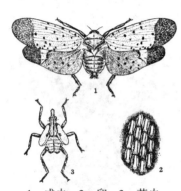

1. 成虫　2. 卵　3. 若虫

图 4-62　斑叶蜡蝉（仿张培义）

斑衣蜡蝉 1 年发生 1 代，以卵越冬，在 4 月中旬孵化若虫开始危害，脱皮 4 次。6 月中旬变为成虫，8 月中旬～10 月下旬交配产卵，卵产于树干的向阳面，初孵若虫体呈粉红色，渐变黑色，并显出红色及白色的斑纹，成虫、若虫均有群集性，栖息于树干或枝叶上，以叶柄基部为多，蜡蝉的跳跃力甚强，具有假死性，若秋季雨少，易酿成灾。

2. 蜡蝉类的防治方法

（1）结合修剪，剪掉有虫卵的枝条，集中烧毁。
（2）人工捕杀成虫和若虫。
（3）在成虫和若虫大量发生时，喷 80%敌敌畏乳油 1 000 倍液，或 90%敌百虫 1 000 倍液，或 50%磷胺乳油 1 000 倍液进行防治。

4.3.7 蝽类

1. 蝽类主要害虫

（1）梨网蝽（*Stephanitis nashi* Esaki et Takeya）也叫梨冠网蝽、梨军配虫。分布广泛，危害梅花、樱花、杜鹃、海棠、桃、李等花木。

梨网蝽的成虫体长 3.5mm，黑褐色，前胸两侧扇状扩张并具网状花纹，前翅平覆，布满网状花纹，静止时翅上的花纹构成 "X" 状斑纹；若虫共 5 龄，与成虫相似，无翅，腹部两侧有刺状突起（如图4-63）。

梨网蝽发生代数因地而异，在华北1年3代，在陕西关中1年4代，在华中和华南1年5~6代。以成虫在果园杂草、落叶、土块下和树皮裂缝、翘皮下越冬。翌年4月上旬越冬成虫开始活动，4月下旬开始产卵，卵产在叶背主脉两侧的叶肉中，5月中旬为第一代卵孵化盛期，6月初孵化末期，初孵若虫群聚，不善活动，2龄后渐扩散，喜群集叶背主脉附近，被害处叶面具黄白色斑点，随着不断取食，斑点随之扩大，同时叶背和下面的叶片常落有黑褐色黏性分泌物和排泄物，1年中以7~8月危害最重，以后出现世代重叠现象，成虫在叶背活动取食，在9月上中旬以成虫越冬。

（2）杜鹃冠网蝽（*Stephanisis pyriodes* Scott.）分布于广东、广西、浙江、江西、福建、辽宁、台湾等省，是杜鹃花的主要害虫。

杜鹃冠网蝽的成虫体小而扁平，长3.0~3.4mm，初产时粉白色，渐变白，翅透明。前胸背板发达，具网状花纹，向前延伸盖住头部，向后延伸盖住小盾片。翅膜质透明，翅脉暗褐色，前翅布满网状花纹，两翅中间接合成明显"X"状花纹；若虫共5龄，体形随虫龄增长而变得扁平宽大（如图4-64）。

杜鹃冠网蝽在广州1年发生10代，世代重叠，无明显越冬现象，几乎全年可见危害。成虫不善飞翔，多静伏于叶背吸食叶液，受惊则飞。羽化后2天即可交配，卵多产于叶背主脉旁的叶组织中，少数产于边脉及主脉上，上覆盖有黑色胶状物，初孵化的若虫全身雪白，随后虫体颜色逐渐加深，若虫群聚性强，不大活动。

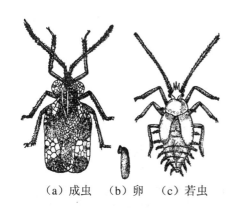

（a）成虫　（b）卵　（c）若虫

图4-63　梨冠网蝽（仿唐尚杰）

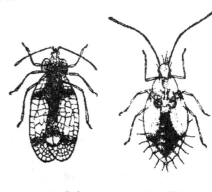

（a）成虫　（b）若虫

图4-64　杜鹃冠网蝽

（3）绿盲蝽（*Lygocoris lucorum* Meyer—dur）分布于东北、华北、华中等地，以长江流域发生较为普遍。危害月季、菊花、大丽菊、茶花、扶桑、一串红、紫薇、海棠、木槿、石榴等树木、花木。

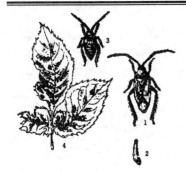

1. 成虫　2. 卵　3. 若虫
4. 月季叶被害状

图 4-65　绿盲蝽

绿盲蝽的成虫体长约 5mm，黄绿至浅绿色，较扁平，复眼红褐色，触角淡褐色，前胸背板绿色，有许多小黑点，小盾片黄绿色，翅的革质部分为绿色，膜质部分半透明；若虫有 5 龄，体鲜绿色，复眼灰色，体表密被黑色细毛，只有翅芽（如图 4-65）。

绿盲蝽 1 年发生 4～5 代，以卵在木槿、石榴等植物的伤口组织内越冬。翌春 4 月上旬越冬卵孵化，4 月中旬为若虫孵化盛期，5 月上中旬羽化为成虫，第 2～4 代成虫发生期分别在 6 月上旬，7 月中旬，8 月中旬和 9 月中旬。有世代重叠现象。5 月份在月季上出现明显被害状，6 月下旬在月季上危害减轻而转向菊花危害。成虫和若虫不耐高温干燥，白天均潜伏隐蔽处，夜里爬至芽、叶上刺吸取食，以芽、嫩叶和幼芽受害最重。

2. 螨类的防治措施

（1）园林技术措施。加强抚育管理，提高寄主的抗性。清除树下枯枝落叶，深翻园地土壤，冬季树干涂白，以减少越冬成虫。

（2）化学防治。大发生时用 50%辛硫磷乳油、50%杀螟松乳油、50%马拉硫磷乳油、40%乐果乳油 1 000～1 500 倍液喷雾毒杀若虫和成虫。

（3）保护和利用天敌。

4.3.8　叶螨类

1. 叶螨类主要害虫

（1）针叶小爪螨（*Oligonychus ununguis* Jacobi）又称栗红蜘蛛、板栗小爪螨。分布于我国北京、河北、山东、江苏、安徽、浙江、江西等地，主要危害栗树叶片，也危害板栗、麻栎、云杉、杉木、橡等树种。

针叶小爪螨的雌成螨体长 0.49mm，宽 0.32mm，椭圆形，背部隆起，背毛 26 根，具绒毛，末端尖细，各足爪间突呈爪状，夏型成螨前足体浅绿褐色，后半体深绿褐色，产冬卵的雌成螨红褐色。雄成螨体长 0.33mm，宽 0.18mm，体瘦小，绿褐色，后足及体末端逐渐尖瘦，第 1、4 对足超过体长；幼螨足 3 对，冬卵初孵幼螨红色，夏卵初孵幼螨乳白色，渐变为褐色至绿褐色。若螨足 4 对，体绿褐色，形似成螨（如图 4-66）。

针叶小爪螨在北方栗区 1 年 5～9 代，以卵在 1～4 年生枝条上越冬，多分布于叶痕、粗皮缝隙及分枝处，以 2～3 年生枝条上最多。越冬卵每年于 5 月上中旬开始孵化，至 5 月下旬～6 月初基本孵化完毕。第 1 代幼螨孵化后爬至新梢基部小叶正面聚集危害，第 2

代发生期在 5 月中下旬～7 月上旬，第 3 代发生期在 6 月上中旬～8 月上旬。从第 3 代开始出现世代重叠，每年 5 月下旬成螨种群数量暂时处于下降阶段，从 6 月上旬起种群数量上升，至 7 月中下旬形成全年的发生高峰，8 月上旬种群数量迅速下降，8 月中旬降至叶片 1 头以下，田间于 6 月下旬始见越冬卵，8 月上旬为越冬卵盛发期，9 月上旬结束。

（2）榆全爪螨（*Panonychus ulmi* Koch）又称苹果红叶螨、苹果红蜘蛛、欧洲红蜘蛛和苹果短腿螨。分布于辽宁、河北、山东、山西、陕西、宁夏、青海、甘肃、河南、浙江、上海、湖北、江苏等地。主要危害月季、海棠、玫瑰、紫藤、樱花、紫叶李、榆、桃、椴、枫、赤杨、刺槐、核桃等。

榆全爪螨的雌成螨体长 0.45mm，深红色，从侧面看呈半球形，背毛刚毛状着生在白色光滑的疣突上共 13 对。雄成螨体较小，狭长，末端尖细，橘红色（如图 4-67）。

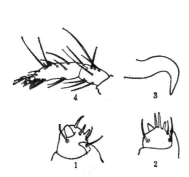

1. 雌螨须肢跗节　2. 雄螨须肢跗节
3. 阳具　4. 雌螨足Ⅰ跗节和胫节

图 4-66　针叶小爪螨（仿崔云琦）

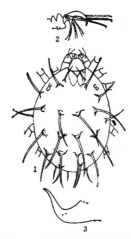

1. 雌螨背面观　2. 雌螨足Ⅰ跗节爪和爪间突
3. 阳具

图 4-67　榆全爪螨（仿崔云琦）

榆全爪螨在辽宁、内蒙古 1 年发生 6～7 代，在山东、河北、河南地区 1 年发生 8 代，在上海、江苏、浙江地区 1 年发生 10 代，以滞育卵（冬卵）在 2～4 年生枝条分杈、伤疤、芽腋等背阴面越冬。翌年 4～5 月孵化，6～7 月份是全年发生危害高峰，世代重叠严重，8 月中下旬出现滞育卵，越冬卵主要产在 2～4 年生的枝杈和果枝上，产卵期延续到 10 月初霜期为止。

2. 叶螨类的防治措施

（1）加强检疫措施。对苗木、接穗、插条等严格检疫，防止调运带有害螨的栽植材料、以杜绝其蔓延和扩散。

(2) 越冬期防治。对木本植物，刮除粗皮、翘皮；结合修剪，剪除病、虫枝条；树干束草，诱集越冬雌螨集中烧毁。对花圃地，结合翻耕整地，冬季灌水，清除残株落叶，消灭越冬害虫。

(3) 药剂防治。在较多叶片危害时，可喷 40%三氯杀螨醇乳油 1 000～1 500 倍液对杀成螨、若螨、幼螨、卵均有效。或用 40%氧化乐果乳油 1 500 倍液，或 25%亚胺硫磷乳油 1 000 倍液，或 50%三硫磷乳油 2 000 倍液防治。冬季可选喷 3～5 波美度石硫合剂，杀灭在枝干上越冬的成螨、若螨和卵，如螨害发生严重，每隔 10～15 天喷 1 次，连续喷 2～3 次，有较好效果。对受螨害的球根，在收获后贮藏前，用 40%三氯杀螨醇乳油 1000 倍液浸泡 2 分钟，有较好的防治效果。

4.4 根部害虫

地下害虫栖居于土壤中，取食刚发芽的种子、苗木的幼根、嫩茎及叶部幼芽给苗木带来很大危害，严重时造成缺苗、断垄等。该类害虫种类繁多，常见害虫种类包括直翅目的蝼蛄、蟋蟀；鞘翅目的金针虫、蛴螬；鳞翅目的地老虎；等翅目的白蚁类等，危害最大的是地老虎、蛴螬、蝼蛄和金针虫。

我国南北气候差异很大，苗木种类繁多，各地的地下害虫种类有很大差异。一般来说，秦岭、淮河以南以地老虎为主；秦岭、淮河以北以蝼蛄、蛴螬为主；江浙一带以蝼蛄、蛴螬、地老虎危害较重；华南以大蟋蟀危害严重。

4.4.1 蝼蛄类

1. 蝼蛄类主要害虫

(1) 华北蝼蛄（*Gryllotalpa unispina* Saussure）又称单刺蝼蛄、大蝼蛄、拉拉蛄、地拉蛄、土狗子、地狗子。我国分布于江苏、河南、河北、山东、山西、陕西、内蒙古、新疆、辽宁、吉林西部等地，危害禾谷类、烟草、甘薯、瓜类、蔬菜等多种农作物播下的种子和幼苗。

华北蝼蛄的成虫体长 36～56mm，黄褐色，近圆筒形，全身密布细毛，前翅覆盖腹部不到 1/3，前足特化为开掘足，腹部末端近圆筒形；初孵若虫乳白色，脱皮 1 次后浅黄褐色，5～6 龄后体色与成虫相似，老龄若虫体长 36～40mm（如图 4-68）。

华北蝼蛄在华北 3 年 1 代，以成虫和若虫在土中越冬。翌年 3～4 月若虫开始上升危害，地面可见长约 10cm 的虚土隧道，4～5 月份地面遂道大增即危害盛期，6 月上旬出窝迁移和交尾产卵，6 月下旬～7 月中旬为产卵盛期，8 月为产卵末期。该虫在 1 年中的活动规律和东方蝼蛄相似，当春天气温达 8℃时开始活动，秋季低于 8℃时则停止，春季随气温上升危害逐渐加重，地温升至 10～13℃时在地下形成长条隧道危害幼苗。

（2）东方蝼蛄（*Gryllotalpa orientalis* Burmeister）。分布全国，以辽宁及长江以南等地发生量大，食性杂，对针叶树播种苗和经济作物苗期危害严重。

东方蝼蛄的成虫体长 30～35mm，近纺锤形，灰褐色，密生细毛，前胸背板中央 1 暗红色心脏形长斑，前翅超过腹部末端，前足腿节下缘平直，后足胫节外缘有刺 3～4 个，腹部末端近纺锤形；初孵若虫全身乳白色，头、胸及足渐变暗褐色，腹部淡黄色。老龄若虫体长 24～28mm，若虫大多数 7～8 龄（如图 4-69）。

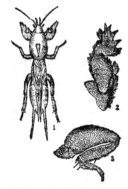

1. 成虫 2. 前足 3 后足

图 4-68 华北蝼蛄

（a）前足 （b）后足

图 4-69 东方蝼蛄

东方蝼蛄在华北以南地区 1 年发生 1 代，东北则需 2 年完成 1 代。华北以成虫或 6 龄若虫越冬。翌年 3 月下旬越冬若虫开始上升至表土取食活动，5 月份是危害盛期，5～6 月羽化成虫，5 月下旬至 7 月上旬交尾产卵，5 月下旬到 7 月上旬若虫孵化，6 月中旬孵化最盛。越冬成虫 4～5 月在土深 5～10cm 作扁椭圆形卵室产卵，7～8 月份若虫大量孵化，9 月中下旬为第二次危害高峰。

2. 蝼蛄类的防治措施

（1）农业措施。施用充分腐熟厩肥、堆肥等有机肥料，深耕、中耕可减轻蝼蛄危害。

（2）保护和利用天敌。在苗圃周围栽植杨、刺槐等防风林，招引红脚隼、戴胜、喜鹊、黑枕黄鹂和红尾伯劳等食虫鸟控制害虫。

（3）人工捕杀。羽化期间，晚上 7～10 时灯光诱杀，苗圃的步道间每隔 20m 左右挖一小土坑，将马粪、鲜草放入坑诱集，次日清晨可到坑内集中捕杀。

（4）药剂防治。用 40%乐果乳油 0.5kg，加水 5kg，拌饵料 50kg，傍晚将毒饵均匀撒在苗床上诱杀，饵料可用多汁的鲜菜、鲜草以及蝼蛄喜食的块根和块茎，或炒香的麦麸、豆饼和煮熟的谷子等，同时要注意防止家畜、家禽误食中毒。

（5）药剂拌种。用 50%对硫磷 0.5kg 加水 50L 搅拌均匀后，再与 500kg 种子混合搅拌，堆闷 4 小时后摊开晾干播种。

4.4.2 地老虎类

1. 地老虎类主要害虫

（1）小地老虎（*Agrotis ypsilon* Rottemberg）又叫土蚕、截虫、切根虫。分布比较普遍。主要发生在长江流域、东南沿海地区，东北多发生在东部和南部湿润地区。主要危害落叶松、红松、水曲柳、核桃楸、马尾松、杉木桑、茶、油松等苗木。

小地老虎的成虫体长 16～23mm，头、胸暗褐色，前翅褐色，前缘区黑褐色，外缘多暗褐色，亚外缘线与外横线间在各脉上有小黑点，外缘线黑色，外横线与亚外缘线间淡褐色，亚外缘线以外黑褐色。后翅灰白色，腹部背面灰色；幼虫体长 37～47mm，黄褐至暗褐色，背面有明显的淡色纵带，上布满黑色圆形小颗粒，腹部各节背面前方有 4 个毛片，后方 2 个较大，臀板上具两条明显的深褐色纵带（如图 4-70）。

小地老虎每年发生代数随各地气候不同而异，越往南年发生代数越多，在黄河以北 1 年发生 3 代，在长江流域 1 年发生 4 代，在华南和西南 1 年发生 5～6 代，在北方以蛹越冬，在南方以老熟幼虫或蛹越冬。一年中以第 1 代幼虫在春季发生数量最多，对苗木危害最重。成虫多在下午 3 时至晚上 10 时羽化，白天潜伏杂草丛中、枯叶下、土隙间，黄昏后出来活动，卵散产于低矮叶密的杂草和幼苗上，少数产于枯叶土缝中，近地面处产卵最多，幼虫 6 龄、个别 7～8 龄，幼虫老熟后在深约 5cm 土室中化蛹，成虫具有远距离南北迁飞习性，春季由南向北，由低纬度向高纬度，由低海拔向高海拔迁飞，秋季则沿着相反方向飞回南方。

（2）大地老虎（*Agrotis tokionis*）别名黑虫、地蚕、土蚕、切根虫、截虫。分布比较普遍，北起黑龙江、内蒙古，南至福建、江西、湖南、广西、云南，食性较杂，常与小地老虎混合发生，长江沿岸部分地区发生较多，北方危害较轻。

大地老虎的成虫体长 20～23mm，触角雌蛾丝状，雄蛾双栉状，体暗褐色。前翅褐色，从前缘的基部至 2/3 处呈黑褐色，肾状纹、环状纹、楔状纹较明显，边缘为黑褐色，亚基线、内横线、外横线都是双条曲线，有时不明显，外缘有 1 列黑色小点。后翅外缘具有很宽的黑褐色边；老龄体长 41～61mm，体黄褐色，腹部末端臀板除末端两根刚毛附近为黄褐色外，几乎全部为一块深色斑，全面布满龟裂状的皱纹（如图 4-71）。

大地老虎全国各地 1 年发生 1 代，以幼虫越冬，在 4 月越冬幼虫开始危害，6 月老熟幼虫在土下 3～5cm 处筑土室滞育越夏，越夏期长达 3 个多月，到秋季羽化成虫，成虫将卵散产土表或生长幼嫩的草茎叶上，4 龄以前的幼虫不入土蛰伏，常在草丛间啃食叶片，4 龄以后白天伏于表土下，夜出活动危害，以第 3～6 龄幼虫在表土或草丛潜伏越冬，如气温上升到6℃以上时，越冬幼虫能活动取食，越冬后的幼虫食欲旺盛，是全年危害的最盛时期。

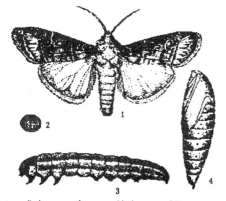

1. 成虫　2. 卵　3. 幼虫　4. 蛹

图 4-70　小地老虎

（a）成虫　　　　　（b）蛹

图 4-71　大地老虎

2. 地老虎类的防治措施

（1）诱杀成虫。在危害盛期用黑光灯或糖醋酒液诱杀，新从泡桐树摘下的老桐叶于傍晚放在苗圃地内，每亩放 60～80 张，清晨进行捕杀，或用药液浸泡桐叶后直接诱杀。

（2）苗地管理。用大水漫灌可杀死地面杂草上的卵和大量初龄幼虫。

（3）人工捕杀。清晨巡视圃地，发现断苗时刨土捕杀幼虫。

（4）药剂防治

① 用 90%晶体敌百虫 1 000 倍液，或 50%敌敌畏乳油 1 000 液喷雾防治幼虫危害。

② 幼虫危害盛期用毒饵诱杀。将饼肥碾细磨碎，炒香，用 50%辛硫磷乳油，加水 5～10kg 稀释，喷洒在 25kg 的饼肥上，每公顷用量为 75kg，撒在圃地上。

③ 药剂处理土壤。将 5%辛硫磷颗粒剂 33kg/ha 加上筛过的细土 200kg，拌匀后施入幼苗周围，按穴施入。

4.4.3　蛴螬类

1. 蛴螬类主要害虫

（1）小青花金龟（*Oxycetonia jucunda* Faldermann）又名小青花潜。分布于东北、华北、华东、中南、陕西、四川、云南、台湾等地，危害悬铃木、榆、槐、柳、马尾松、云南松、玫瑰、月季、菊花、美人蕉、杨、梅、木芙蓉、桃、丁香、萱草、石竹、栎、枫等。

小青花金龟的成虫体长 13～17mm，暗绿色，头部长，黑色，复眼漆黑色，触角赤黑色。前胸背板前狭后宽，前角钝，后角圆弧形，中央布小刻点。两侧密布条刻，且生黄褐色毛。鞘翅上的斑点分布基本对称，足及体下均为黑褐色；老熟幼虫头部较小，褐色，胴部乳白色，各体节多皱褶，密生绒毛（如图4-72）。

小青花金龟1年发生1代，以成虫在土中越冬。翌年4～5月份成虫出土活动，成虫白天活动，主要取食花蕊和花瓣，尤其在晴天无风和气温较高的上午10点至下午4点，成虫取食、飞翔最烈，同时也是交配盛期，如遇风雨天气，则栖息在花中，不大活动，落花后飞回土中潜伏、产卵。6～7月始见幼虫，8月后成虫在土中越冬。

（2）白星花金龟（*Potosia liocala brevitarsis* Lewis）又名白星花潜。分布于东北、华北、江苏、江西、安徽、山东、河南、湖南、湖北、陕西、宁夏、福建、贵州、海南、浙江、云南等地。危害雪松、蜀葵、女贞、月季、榆、海棠、木槿、杨、槐、美人蕉、梅花、桃、柳、榆、麻栎等。

白星花金龟的成虫体长18～24mm，椭圆形，全体黑紫铜色，带有绿色或紫色闪光，前胸背板及鞘翅上有白色斑纹，头部较窄，两侧在复眼前有明显陷入，头部中央隆起，小盾片长三角形，鞘翅侧缘前方内弯，腹部腹板有白毛，腹部枣红色有光泽，分节明显；老熟幼虫体长24～39mm，体柔软肥胖多皱纹，弯曲成"C"字形，头部褐色，胴部乳白色（如图4-73）。

图4-72　小青花金龟（仿朱兴才）　　　　图4-73　白星花金龟（仿朱兴才）

白星花金龟1年发生1代，以2～3龄幼虫潜伏在土中越冬，翌年5～6月化蛹，6～7月为成虫期，成虫白天活动取食，7月上旬开始产卵，幼虫一生以腐殖质为食料，一般不危害活植物根系，9月幼虫逐渐潜伏在土中越冬。

（3）铜绿丽金龟（*Anomala corpulenta* Motschulsky）又名铜绿金龟子。除西藏、新疆外遍及全国，幼虫危害杨、柳、榆、樟子松、落叶松、杉、栎、板栗、乌桕等多种针阔叶树树根，成虫取食阔叶树叶部。

铜绿丽金龟的成虫体长18～21mm，背面铜绿色有光泽，前胸背板及鞘翅侧缘黄褐色或褐色，鞘翅黄铜绿色且合缝隆脊明显，足黄褐色，胫节、跗节深褐色，前足胫节外侧2

齿；老熟幼虫体长 30~33mm，头部暗黄色，近圆形，腹部末端两节自背面观为泥褐色且带有微蓝色（如图 4-74）。

铜绿丽金龟 1 年发生 1 代，以幼虫在土中越冬。翌年 4 月份越冬幼虫上升表土危害，5月下旬~6 月上旬化蛹，6~7 月份为成虫活动期，成虫夜间活动，有多次交尾习性，具有很强趋光性和假死性，卵多散产果树下或农作物根系附近 5~6cm 深土壤中，9 月上旬幼虫在土中越冬。

（4）黑绒鳃金龟（*Maladera orientalis* Motschulsky）又名天鹅绒金龟子、东方金龟子。分布于黑龙江、吉林、辽宁、内蒙古、北京、河北、山西、山东、河南、陕西、宁夏、甘肃、青海、江苏、浙江、江西、台湾等地，食性杂，可食 149 种植物，主要危害的植物有杨、柳、榆、落叶松、月季、菊花、牡丹、芍药、桃、臭椿等。

黑绒鳃金龟的成虫体长 7~9mm，卵圆形，前狭后宽，雄虫略小于雌虫。初羽化为褐色，后渐转黑褐至黑色，体表具丝绒般光泽。前胸背板宽为长的 2 倍，前缘角呈锐角状向前突出，前胸背板上密布细小刻点。鞘翅上各有 9 条浅纵沟纹，刻点细小而密。前足胫节外侧生有 2 齿，内侧有一刺，后足胫节有 2 枚端距；幼虫头部黄褐色，胴部乳白色，多皱褶，被有黄褐色细毛，老熟幼虫体长约 16mm（如图 4-75）。

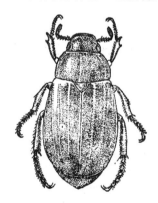
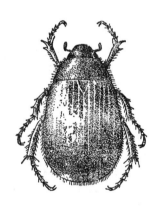

图 4-74　铜绿丽金龟（仿张培义）　　　　　　图 4-75　黑绒鳃金龟成虫（仿郭士英）

黑绒鳃金龟在河北、宁夏、甘肃等地 1 年 1 代，以成虫在土中越冬。翌年 4 月中旬出土活动，4 月末~6 月上旬为成虫盛发期，6 月末虫量减少，7 月份很少见到成虫。成虫有夜出性，飞翔力强，傍晚多围绕树冠飞翔、栖落取食。雌虫产卵于 10~20cm 深的土中，成虫有较强的趋光性和假死性。

（5）苹毛丽金龟（*Proagopertha lucidula* Faldermann）。分布于华北、东北、陕西、甘肃、内蒙古等地，危害杨、柳、榆、樱花、枫树、月季、刺槐、牡丹、黄杨等。

苹毛丽金龟的成虫体长约 10mm，头、前胸背板、小盾片褐绿色，带紫色闪光，全体除鞘翅和小盾片光滑无毛外，皆密被黄白色细茸毛。小盾片较大，呈圆顶三角形，翅上有

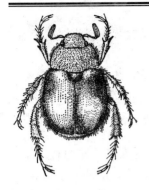

图4-76 苹毛丽金龟成虫
（仿邵玉华）

纵行列点，肩瘤明显。胸部腹面密生灰黄色长毛，中胸具有伸向前方的尖形突起；幼虫体长12～16mm，体弯曲呈马蹄形，头黄褐色，足深黄色，臀节腹面复毛区的钩状毛群中间的刺毛列由短锥刺和长锥刺组成。短锥刺每列各为5～12根，多数是7～8根，长锥刺每列各为5～13根，多数7～8根（如图4-76）。

苹毛丽金龟在东北西部地区1年发生1代，多以成虫在30～50cm土层内越冬。4月中旬越冬成虫出土活动，成虫喜食花、嫩叶和未成熟的籽实，5月上旬开始产卵，卵散产于植被稀疏、土质疏松的表土层中，5月中旬为产卵盛期，5月下旬产卵完毕，5月下旬开始孵化，幼虫共3龄，脱皮两次后于5月间化蛹，化蛹前老熟幼虫下迁到80～120cm土壤深处作长椭圆形蛹室，9月上旬羽化，成虫羽化后当年不出地面，在蛹室中越冬，成虫有假死性而无趋光性。

2. 金龟子类的防治措施

（1）消灭成虫

① 对危害的花金龟，在果树吐蕾和开花前，喷50%1605乳油1 200倍液，或40%乐果乳油1 000倍液，或75%辛硫磷乳油、50%马拉硫磷乳油1 500倍液。

② 金龟危害的初盛期，在日落后或日出前，施放烟雾剂，每亩用量1kg。

③ 利用金龟子的趋光性，可设黑光灯诱杀。

④ 利用金龟子的假死性，可震落捕杀。

（2）除治蛴螬

① 苗木生长期发现蛴螬危害，可用50%1605乳油、75%辛硫磷乳油、25%乙酰甲胺磷乳油、25%异丙磷乳油、90%敌百虫原药等，兑水1 000倍稀释液灌注根际。

② 在11月前后冬灌和5月上中旬生长期适时浇灌大水，可减轻危害。

③ 加强苗圃管理，中耕锄草，破坏蛴螬生存环境和利用机械将其杀死。

4.4.4 金针虫类

1. 金针虫类主要害虫

（1）细胸金针虫（*Agriotes fuscicollis* Miwa）。分布于东北、华北、华东、内蒙古、宁夏、甘肃、陕西等地区的沿河冲积地、低地及水浇地等多水地带，主要危害禾谷类作物、豆类、棉花等作物的幼芽和种子，也可咬断刚出土的幼苗或钻入较大的苗根取食。

细胸金针虫的成虫体细扁，被灰色短毛，长4～9mm，有光泽，头胸黑褐色，鞘翅、触角 足红褐色。前胸背板长略大于宽，后缘角向后突出如刺。鞘翅约为头胸部长度的2

倍，上面有 9 条纵列刻点；老龄幼虫体长 23mm，细长圆筒形，淡黄色有光泽，体背无纵沟，尾节圆锥形，近基部两侧各 1 褐色圆斑，背面有 4 条褐色纵纹（如图 4-77）。

细胸金针虫在西北、华北、东北等地 1 年 1 代，以成虫越冬。在 3 月中下旬成虫出蛰，4 月盛发，5 月终见，卵始见于 4 月下旬，8 月下旬后羽化的少数成虫，多在避风向阳的隐蔽处越冬。成虫活动能力较强，幼虫耐低温能力强，在河北 4 月平均气温 0℃时即上升到表土层危害，当 10cm 深处土温达 7～13℃时危害严重。

（2）沟金针虫（*Pleonomus canaliculatus* Faldemann）。分布于河北、山西、山东、河南、陕西、甘肃、青海、内蒙古、辽宁、苏北、皖北、鄂北等地平原旱作区，危害各种农作物、果树及蔬菜作物等。

沟金针虫的成虫体长 14～18mm，体形较扁长，深黑色，密被金黄色细毛，头顶有三角形凹陷，鞘翅长约为前胸的 4～5 倍，腹部可见腹板 6 节，足浅褐色；老熟幼虫体长 20～30mm，扁长，金黄色，被黄色细毛（如图 4-78）。

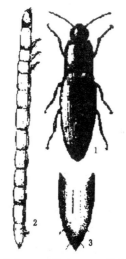

1. 成虫　2. 幼虫　3. 幼虫尾部

图 4-77　细胸金针虫

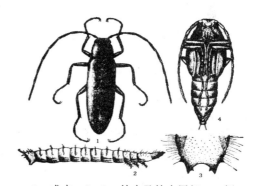

1. 成虫　2、3. 幼虫及幼虫尾部　4. 蛹

图 4-78　沟金针虫

沟金针虫 2 或 3 年 1 代，以成虫或幼虫在土中越冬。华北地区越冬成虫翌年于 3 月上旬开始活动，4 月上旬为活动盛期。成虫有假死习性，白天静伏土中，晚上活动交尾、产卵，雄虫善飞有趋光性，雌虫无飞翔力，产卵于苗根附近的土中，幼虫期长达 105 天，第三年 8 月下旬至 9 月中旬在土中化蛹，9 月中下旬成虫羽化后越冬。沟金针虫随季节在土内上下迁移，6 月底表层土温超过 24℃时迁入深层越夏，9 月中旬～10 月上旬 10cm 土温达 18℃时又迁到表层危害，11 月下旬土温下降后又至深层越冬，翌年 2 月底至 3 月上旬土

温达 7℃时又上升活动危害。

2. 金针虫类的防治措施

（1）农业防治。苗圃地精耕细作，通过机械损伤或将虫体翻出土面让鸟类捕食，以降低金针虫口密度。加强苗圃管理，避免施用未腐熟的草粪。

（2）土壤处理。做床育苗时采用 3%呋喃丹颗粒剂 $10g/m^2$ 施入床面表土层内，或用 50%辛硫磷颗粒剂按 30～37.5kg/ha 施入表土层防治。苗木出土或栽植后如发现金针虫危害，可逐行在地面撒施上述毒土后随即用锄掩入苗株附近的表土内。

（3）药剂拌种。用 50%1605 乳剂 100g 兑水 5～10kg，拌种 50～100kg。拌种方法，将种子平放在地上，用喷雾器边喷药边翻拌种子，翻动均匀，使种子充分湿润，用麻袋盖上闷种 3 小时，摊开晾干播种。

（4）诱杀成虫。用 3%亚砷酸钠浸过的禾本科杂草诱杀成虫。

4.4.5 蟋蟀类

1. 蟋蟀类主要害虫

（1）大蟋蟀（*Brchytrupes portentosus* Lichtenstein）。分布于西南、华南、东南沿海。杂食性，常咬断植物嫩茎，造成严重缺苗、断苗、断梢等现象。

大蟋蟀的成虫体长 30～40mm，体暗色或棕褐色，头部较前胸宽，两复眼间具 T 字形浅沟，触角比虫体稍长。前胸背板中央 1 纵线，后足腿节强大，胫节粗具两排刺，每排有刺 4～5 枚，尾须长，雌虫产卵器较其他蟋蟀短；若虫与成虫相似，体型较小，黄色或灰褐色（如图 4-79）。

大蟋蟀 1 年发生 1 代，以若虫在土穴中越冬。翌年 3 月初若虫出土危害各种苗木和农作物幼苗，5～7 月羽化成虫，6～7 月正是成虫交尾产卵前的大量取食期，常对作物和苗木造成严重的危害，6 月间成虫盛发，7～8 月间为交尾盛期，7～10 月产卵，8～10 月孵化。10～11 月若虫仍常出土危害，11 月若虫在土穴中越冬。

（2）油葫芦（*Gryllus testaceus* Walker）又名结缕黄。普遍分布我国各省，主要分布安徽、江苏、浙江、江西、福建、河北、山东、山西、广东、广西、贵州、云南、西藏、海南，对刺槐、泡桐、杨树、沙枣、茶树、大豆、花生、山芋、马铃薯、栗、棉、麦等农作物有一定的危害性。

油葫芦的成虫体长 27mm，黄褐色或黄褐带绿色。头黑色具光泽，口器和两颊赤褐色。前胸背板黑色，有 1 对半月形斑纹。中胸腹板后缘有"V"形缺刻。雄性前翅黑褐色，斜脉 4 条，雌虫前翅有黑褐和淡褐两型，背面可见许多斜脉；雌雄两性前翅均达腹端，后翅超过腹端，似两条尾巴（如图 4-80）。

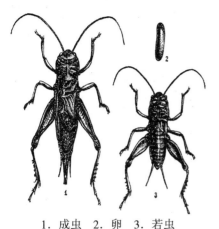

1. 成虫　2. 卵　3. 若虫

图 4-79　大蟋蟀

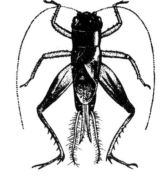

图 4-80　油葫芦

油葫芦 1 年发生 1 代，以卵在土中越冬，翌年 5 月上中旬为孵化盛期，8 月上旬为若虫发生盛期，8 月下旬为成虫羽化盛期，成虫白天隐藏在石块下或草丛中，夜间出来觅食和交配，雄虫筑穴与雌虫同居，雌虫 9 月下旬到 10 月中旬产卵越冬。

2. 蟋蟀类的防治措施

（1）毒饵诱杀。可选用炒香的谷皮、米糠、油渣、麦麸等 50kg，再将 90% 敌百虫 0.5kg 溶于 15kg 水中，或用 40% 的氧化乐果 800 倍液拌成毒饵，于傍晚前诱杀。也可在苗圃内每隔 4~5 步堆放禾本科植物鲜叶，堆内放少量毒饵诱杀。

（2）坑诱捕杀。每亩挖 0.3m×0.5m 的坑 3—4 个，坑内放入加上毒饵的新鲜畜粪，再用鲜草覆盖，可以诱集大量蟋蟀成、若虫前来取食，次晨进行捕杀。

（3）人工捕杀。根据洞口有松土的标志，挖掘洞穴，捕杀成、若虫。

4.5　习　题

1. 园林植物叶部害虫、吸汁害虫的危害特点是什么？
4. 如何开展园林植物叶部害虫的综合治理工作，并结合实际进行操作。
5. 吸汁类害虫有哪些共同特性？
6. 如何防治蚜虫？应注意哪些问题？
7. 防治介壳虫有哪些关键措施？

8．危害园林植物的螨类主要有哪些种类？怎样防治？
9．天牛类害虫有哪些？如何防治？
11．根部害虫的发生特点是什么？
12．如何配制毒饵诱杀蝼蛄和地老虎？

第 5 章　园林植物病害及防治

本章引言：本章主要介绍园林植物 7 大类 21 种叶、花、果病害，7 大类 18 种枝干病害和 5 大类 7 种根部病害的分布与危害、症状与病原及园林植物病害的防治措施。要求学生了解园林植物叶部病害、枝干病害和根部病害的分布与危害；掌握园林植物各部分病害的症状与病原及发病规律；重点掌握园林植物病害的防治措施。

5.1　叶、花、果病害

虽然园林植物叶、花、果病害种类最多，但是很少能引起园林植物的死亡，只是叶部病害常导致园林植物提早落叶，减少光合作用产物的积累，削弱花木的生长势，严重影响了园林植物的观赏效果。常见叶部病害的症状类型：叶斑、白粉、锈粉、煤污、灰霉、毛毡、叶畸形、变色等。

叶、花、果病害侵染循环的主要特点：
（1）初侵染源主要是感病落叶上越冬的菌丝体、子实体或休眠体。
（2）再侵染来源单纯，来自于初侵染所形成的病部，叶部病害有多次再侵染。
（3）潜育期一般较短，大约在 7～15 天左右。
（4）病原物主要通过被动传播方式到达新的侵染点，传播的动力和媒介包括风、雨、昆虫、气流和人类活动。
（5）侵入途径主要有直接侵入、自然孔口侵入和伤口侵入。

5.1.1　叶斑病类

1. 叶斑病类的主要病害

（1）丁香叶斑病。分布于南京、杭州、青岛、济南、南昌、丹东、大连、武汉、长春、北京等地，在丁香叶片上发病，丁香叶斑病常见的类型有丁香黑斑病、褐斑病、斑枯病。
① 丁香黑斑病的症状。发病初期，叶片上有褪绿斑，逐渐扩大成圆形或近圆形病斑，褐色或暗褐色，有不明显轮纹，最后变成灰褐色，病斑上密生黑色霉点，即病菌的分生孢子梗和分生孢子（如图 5-1）。

图5-1 丁香黑斑病症状

② 丁香褐斑病的症状。叶片上病斑常为不规则多角形,褐色,后期病斑中央变成灰褐色,边缘深褐色,病斑背面着生暗灰色霉层,即病菌的分生孢子梗和分生孢子,发病严重时病斑上也有少量霉层。

③ 丁香斑枯病的症状。发病初期,叶片两面散生近圆形、多角形或不规则形的病斑,病斑边缘颜色较深,中央颜色浅,后期病斑中央产生少量的黑色小点,即病菌的分生孢子器。

④ 丁香黑斑病的病原。链格孢属的真菌(*Aoteraria* sp.),分生孢子梗散生或数根集生,褐色,分生孢子褐色。

⑤ 丁香褐斑病的病原。丁香尾孢菌[*Cercospora lilacis* (Desmaz.) Sacc.],属半知菌亚门、丝孢纲、丝梗孢目、尾孢菌属。子座球形,暗褐色,分生孢子梗数根束生,直立不分枝,分生孢子线形或细棍棒形,无色或近无色,有多个分隔,基部细胞钝圆或近平截。

⑥ 丁香斑枯病的病原。丁香针孢菌(*Septoria syringae* Sacc.et Speg.),属半知菌亚门、腔孢纲、球壳孢目、球针孢属。分生孢子器近球形或扁球形,分生孢子细长,针状或蠕虫状,无色,有1~4个横隔。

⑦ 丁香叶斑病的发病规律。病菌以菌丝体、分生孢子或分生孢子器在感病落叶上越冬,由风雨传播。在苗木上发病重;雨水多、露水重、种植密度大、通风不良条件下有利于发病重。

(2)圆柏叶枯病。分布于北京、西安等地,该病是圆柏、侧柏、中山柏的一种常见病害,病菌侵染当年生针叶、新梢,危害苗木、幼树,古树也发病。

圆柏叶枯病的症状。发病初期针叶由深绿色变为黄绿色,无光泽,最后针叶枯黄、早落。嫩梢发病初期褪绿、黄化,最后枯黄,枯梢当年不脱落(如图5-2)。

① 圆柏叶枯病的病原。病原为细交链孢菌,属于半知菌亚门、丝孢菌纲、丛梗孢目、交链孢霉属。分生孢子梗直立,分枝或不分枝,淡橄榄色至绿褐色,顶端稍粗有孢子痕,分生孢子形成孢子链,分生孢子有喙,形状为椭圆形、卵圆形、肾形、倒棍棒形和圆筒形,淡褐色至深褐色,有1~9个横隔膜,0~6个纵隔膜,在PDA培养基上菌落中央为毡状,灰绿色,边缘灰白色,菌落背面为深灰绿色,菌落圆形。

② 圆柏叶枯病的发病规律。病菌以菌丝体在病枝条上越冬。翌年春天产生分生孢子,由气流传播,自伤口侵入,潜育期6~7天。在北京地区,5~6月病害开始发生,发病盛期为7~9月。小雨有利于分生孢子的形成、释放、萌发,幼树和生长势弱的古树易于发病。

(3)月季黑斑病。我国月季栽培地区均有发生,是月季上的一种重要病害。该病也危害玫瑰、黄刺梅、金樱子等蔷薇属的多种植物。

① 月季黑斑病的症状。病菌主要危害叶片,也能危害叶柄、嫩梢等部位。在叶片上,发病初期正面出现褐色小斑点,逐渐扩大圆形、近圆形、不规则形的黑紫色病斑,病斑边缘呈放射状,这是该病的特征性症状。病斑中央白色,上面着生许多黑色小颗粒,即病菌

的分生孢子盘。病斑周围组织变黄,在有些月季品种上黄色组织与病原之间有绿色组织,这种现象称为"绿岛"。嫩梢、叶柄上的病斑初为紫褐色的长椭圆形斑,后变为黑色,病斑稍隆起。花蕾上的病斑多为紫褐色的椭圆形斑(如图5-3)。

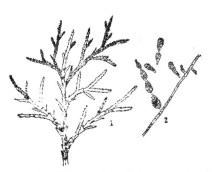

(a)症状图　(b)分生孢子及分生孢子梗

图5-2　圆柏叶枯病

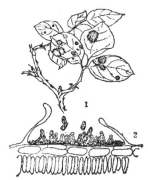

1. 症状图　2. 分生孢子盘

图5-3　月季黑斑病(仿蔡耀焯)

② 月季黑斑病的病原。病原为蔷薇放线孢菌[*Actinonema rosae* (Lib.) Fr.],属半知菌亚门、腔孢纲、黑盘孢目、放线孢属。分生孢子盘生于角质层下,盘下有呈放射状分枝的菌丝,分生孢子长卵圆形或椭圆形,无色,双胞,分隔处略缢缩,两个细胞大小不等,直或略弯曲,分生孢子梗很短,无色。有性阶段为蔷薇双壳菌(*Diplocarpon rosae* Wolf),一般很少发生。子囊壳黑褐色,子囊孢子8个长椭圆形,双细胞,两个细胞大小不等,无色。

③ 月季黑斑病的发病规律。在野外病菌以菌丝体在芽鳞、叶痕及枯枝落叶上越冬,翌年春天产生分生孢子进行初次侵染;在温室内,病菌以菌丝体和分生孢子在病部越冬,分生孢子借雨水、灌溉水的喷溅传播,直接从表皮侵入。在一个生长季节中有多次再侵染。该病在长江流域一年中有5～6月和8～9月两个发病高峰,在北方地区只有8～9月一个发病高峰。雨水是该病害流行的主要条件,低洼积水、通风不良、光照不足、肥水不当、卫生状况不佳,都会加重病害的发生。老叶较抗病,展开6～14天的新叶最感病。月季的不同品种之间抗病性有较大的差异,一般浅黄色的品种易感病。

(4) 杨树黑斑病,又名杨树褐斑病。分布于黑龙江、吉林、辽宁、河北、北京、河南、山东、山西、内蒙古、陕西、甘肃、宁夏、新疆、四川、云南、贵州、湖南、湖北、安徽、江西、江苏等杨树栽植区,危害北京杨、小美旱杨、毛白杨、加杨、沙兰杨等。

① 杨树黑斑病的症状。病菌危害叶片、叶柄、果穗、嫩梢等。发病初期感病叶片上产生针刺状亮点,逐渐扩大成角状、近圆形或不规则形的病斑,黑褐色,直径0.2～1mm,数个病斑连接形成不规则的大斑,空气潮湿时,在病斑中心产生乳白色的分生孢子堆;嫩梢上的病斑为棱形,黑褐色,长2～5mm,后隆起,出现略带红色的分生孢子盘,嫩梢木质化后,病斑中间开裂成溃疡斑(如图5-4)。

② 杨树黑斑病的病原。属于半知菌亚门、腔孢纲、黑盘孢目、盘二孢属（*M.arssonina*）。主要有杨生盘二孢菌[*Marssonina brunnea* （Ell.et Ev.）Magn]，其分生孢子盘生于病叶表皮下，分生孢子梗棍棒形，分生孢子无色，长椭圆形，中间有一分隔，分隔处不溢缩，形成两个不等大的细胞，上端钝圆形，下端略尖，其中有数个油球。另外，还有杨盘二孢菌[*M.populi* （Lib.）Magn]及白杨盘二孢菌[*M.castagnei*（Desto.et Mont.）Magn]。

③ 杨树黑斑病的发病规律。以菌丝体、分生孢子盘和分生孢子在落叶中或一年生嫩梢的病斑上越冬。越冬的分生孢子和第二年新产生的分生孢子为初侵染来源。病原菌的分生孢子堆具有胶黏性，通过雨水和凝结水稀释后随水滴飞溅或飘扬传播，分生孢子通过气孔侵入或从表皮直接侵入，3~4天后出现病状，5~6天形成分生孢子盘，分生孢子可进行再侵染。不同杨树上的黑斑病发病时间不同，毛白杨的黑斑病发病早，展叶不久就开始发病，6~7月发病严重，然后停止发展，9月长新叶后，病情又加重，直至落叶。青杨派、黑杨派及两派杂交的杨树，6~7月开始发病，以后逐渐加重。高温、多雨、湿度大、植株过密、通风不良则发病严重；杨树种类不同，抗病性差异显著，如Ⅰ-69杨、Ⅰ-72杨抗病性强，加杨、沙兰杨、北京杨等高度感病。

（5）阔叶树毛毡病。我国各地均有发生。主要危害杨、柳、白蜡、槭、枫杨、樟、榕树、青岗栎等绿化树种，也侵害梨、柑橘、葡萄、梅花、丁香、雀梅、蝙蝠兰等观赏树种。

① 阔叶树毛毡病的症状。病菌侵染树木的叶片，发病初期，叶片背面产生白色、不规则形病斑，之后发病部位隆起，病斑上密生毛毡状物，灰白色，最后毛毡状物变为红褐色或暗褐色，有的为紫红色，病斑主要分布在叶脉附近，也能相互连接覆盖整个叶片。毛毡状物是寄主表皮细胞受病原物的刺激后伸长和变形的结果。发病严重时，叶片发生皱缩或卷曲，质地变硬，引起叶片早落（如图5-5）。

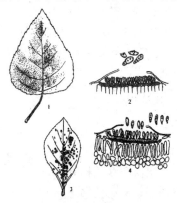

1、2. 加杨黑斑病病叶及病菌分生孢子盘
3、4. 小叶杨黑斑病病叶和病菌分生孢子盘

图5-4　杨树黑斑病

1. 症状　2. 叶背毛毡状物　3. 瘿螨

图5-5　阔叶树毛毡病

② 阔叶树毛毡病的病原。病原为四足螨（*Eriophyes sp.*），属蛛形纲、蜱螨目、瘿螨总科、绒毛瘿螨属。

病原物的体形近圆形至椭圆形，黄褐色，头胸部有两对足，腹部较宽大，尾部较狭小，末端有1对细毛，背、腹面具有许多皱褶环纹，背部环纹很明显；幼螨体形比成虫小，背、腹部环纹不明显。常见的毛毡病病原有椴叶瘿螨（*E.tilosise-liosoma* Nal）、槭叶瘿螨（*E.macrochelus eriobius* Nal.）、毛白杨瘿螨（*E.dispar* Nal）、胡桃楸瘿螨（*E.tristriatus enineus* Nal.）和葡萄瘿螨（*E.vitis* Nal.）。

③ 阔叶树毛毡病的发病规律。瘿螨以成螨在芽鳞内或在病叶及枝条的皮孔内越冬。翌年春天，当嫩叶抽出时瘿螨随叶片的展开爬到叶背面进行危害，在瘿螨的刺激下，寄主植物表皮细胞变成茸毛状，瘿螨隐蔽其中危害。在高温干燥条件下，瘿螨繁殖快，夏秋季为发病盛期。

2. 叶斑病类的防治措施

（1）加强栽培管理，控制病害的发生。控制密度，及时修剪，采用滴灌，减少病菌传播；实行轮作，更新盆土；增施有机肥、磷肥、钾肥，适当控制氮肥，提高植株抗病能力。

（2）选用抗病品种。在配置上，选用抗性品种，减轻病害的发生，如香石竹的组培苗比扦插苗抗病。

（3）清除侵染来源。清除病株残体，集中烧毁。每年一次盆土消毒。在发病重的地块喷洒3°Be的石硫合剂，或在早春展叶前，喷洒50%多菌灵可湿性粉剂600倍液。

（4）喷药防治。发病初期喷施杀菌剂。如50%托布津可湿性粉剂1 000倍液、或50%退菌特可湿性粉剂1 000倍液、或65%代森，锌可湿性粉剂800倍液。

（5）加强检疫。松针褐斑病是检疫性病害，严禁从疫区购进松类苗木，向保护区出售。

5.1.2 白粉病类

1. 白粉病类的主要病害

（1）黄栌白粉病。分布在北京、大连、河北、河南、山东、陕西、四川等省市，是黄栌上的一种重要病害。

① 黄栌白粉病的症状。病菌主要危害叶片。发病初期，叶片上出现针尖大小的白色粉点，逐渐扩大成污白色近土黄色的圆斑，最后出现典型的白粉斑，发病严重时数个病斑相连整个叶片覆被厚厚的白粉层，后期在白粉层上出现黑褐色的小颗粒即病菌的闭囊壳。叶片褪色变黄甚至干枯（如图5-6）。

② 黄栌白粉病的病原。病原为漆树钓丝壳菌（*Uncinula vernieiferae* P.Henn.），属子囊菌亚门、核菌纲、白粉菌目、钩丝白粉菌属。闭囊壳球形、近圆形，黑色至黑褐色，附属丝顶

端卷曲,闭囊壳内有多个子囊,子囊袋状、无色,子囊孢子5~8个,单胞,卵圆形,无色。

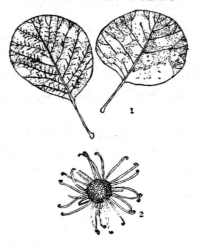

1. 症状图 2. 白粉病闭囊壳

图 5-6 黄栌白粉病

③ 黄栌白粉病的发病规律。病菌以闭囊壳在落叶上或附着在枝干上越冬,或以菌丝在病枝上越冬的。翌年5~6月,子囊孢子借风雨传播。菌丝在叶表面生长,以吸器侵入寄主表皮细胞吸取营养,菌丝上产生分生孢子进行多次再侵染。一年中以8月上中旬~9月上中旬病害蔓延最快。植株密度大,通风不良发病重,山顶比窝风的山谷发病轻;混交林比纯林发病轻;黄栌生长不良、分蘖多发病重。

(2)月季白粉病。我国各地均有发生,其中重庆、西宁、太原、郑州、呼和浩特、苏州、兰州、沈阳等市发病严重,该病也侵染玫瑰、蔷薇等植物。

① 月季白粉病的症状。病菌主要侵染叶片、嫩梢和花。初春在病芽展开的叶片上布满了白粉层,叶片皱缩、反卷、变厚,呈紫绿色,逐渐干枯死亡,成为初侵染来源。生长季节感病的叶片先出现白色的小粉斑,逐渐扩大为圆形或不规则形的白粉斑,严重时病斑相互连接成片;感病的叶柄白粉层很厚;花蕾染病时表面被满白粉,花朵畸形;嫩梢发病时病斑略肿大,节间缩短,病梢有干枯现象(如图5-7)。

② 月季白粉病的病原。病原为蔷薇单囊壳菌[*Sphaerotheca pannosa*(wallr.)Lev.],属子囊菌亚门、核菌纲、白粉菌目、单囊白粉菌属。闭囊壳球形或梨形,附属丝短,子囊孢子8个;无性阶段为粉孢霉属的真菌(*Oidoum* Sp.),粉孢子5~10个串生,单胞,卵圆形或桶形无色。

③ 月季白粉病的发病规律。大多数以菌丝体在芽中越冬。翌年病菌侵染幼嫩部位,产生粉孢子,粉孢子2~4小时萌发,3天左右形成新的孢子,粉孢子生长的最适温度为21℃,粉孢子萌发的最适湿度为97~99%。露地栽培月季以春季5~6月份和秋季9~10月份发

病较多，温室栽培全年发病；温室内光照不足、通风不良、空气湿度高、种植密度大时发病严重；氮肥施用过多，土壤中缺钙或过多的轻沙土时有利于发病。温差变化大、花盆土壤过干，减弱植物的抗病力，有利于白粉病的发生；月季红色花品种极易感病。

（3）瓜叶菊白粉病。白粉病是瓜叶菊温室栽培中主要病害，此病还危害菊花、金盏菊、波斯菊、百日菊等多种菊科花卉。

① 瓜叶菊白粉病的症状。病菌主要危害叶片，在叶柄、嫩茎以及花蕾上也有发生。发病初期，叶面上的病斑不明显，后来成近圆形或不规则形黄色斑块，上面覆一层白色粉状物，严重时病斑相连白粉层覆盖全叶。在严重感病的植株上，叶片和嫩梢扭曲，新梢生长停滞，花朵变小，有的不能开花，最后叶片变黄枯死。发病后期，叶面的白粉层变为灰白色或灰褐色，其上可见黑色小粒点病菌的闭囊壳（如图5-8）。

（a）症状图　　（b）白粉菌粉孢子

图5-7　月季白粉病（仿蔡耀焯）

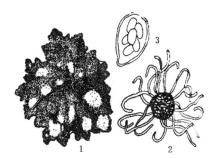

1. 症状图　2. 闭囊壳　3. 子囊及子囊孢子

图5-8　瓜叶菊白粉病（仿唐尚杰）

② 瓜叶菊白粉病的病原。病原为二孢白粉菌[*Erysiphe eichoracearum* DC.]，属子囊菌亚门、核菌纲、白粉菌目、白粉菌属。闭囊壳上附属丝多，子囊卵形或短椭圆形，子囊孢子椭圆形2个。该菌的无性阶段为豚草粉孢霉（*Oidium ambrosiae* Thum.），分生孢子椭圆形或圆筒形。

③ 瓜叶菊白粉病的发病规律。病原菌以闭囊壳在病枝残体上越冬。翌年病菌借气流和水流传播，孢子萌发后以菌丝自表皮直接侵入寄主表皮细胞，温度在15～20℃有利于病害的发生，病害的发生一年有两个高峰，苗期发病盛期为11～12月，成株发病盛期为3～4月。

2. 白粉病类的防治措施

（1）清除侵染来源。秋冬季结合清园扫除枯枝落叶，或结合修剪除去病株集中烧毁，以减少侵染来源。

（2）加强栽培管理。加强栽培管理，提高园林植物的抗病性；合理使用氮肥，适当增施磷、钾肥，种植不要过密，适当疏伐，以利于通风透光；营造针叶树混交林；加强温室的温湿度管理，有规律地通风换气，营造不利于白粉病发生的环境条件。

（3）喷药防治。发芽前喷施 3～4°Be 的石硫合剂（瓜叶菊上禁用）；生长季节用 25%粉锈宁可湿性粉剂 2 000 倍液，或 70%甲基托布津可湿性粉剂 1 000～1 200 倍液，或 50%退菌特 800 倍液，或 15%绿帝可湿性粉剂 500～700 倍液进行喷雾。在温室内用 45%百菌清烟剂熏烟，每 667m^2 用药量为 250g，或在夜间用电炉加热硫磺粉（温度控制在 15～30℃）进行熏蒸，对白粉病有较好的防治效果。

5.1.3 锈病类

1. 锈病类的主要病害

（1）玫瑰锈病。分布于北京、山东、河南、陕西、安徽、江苏、广东、云南、上海、浙江、吉林等地，危害玫瑰、月季、野玫瑰等园林植物，是世界性病害。

① 玫瑰锈病的症状。病菌主要危害叶片和芽。玫瑰芽受害后，展开的叶片布满鲜黄色粉状物，叶背出现黄色的稍隆起的小斑点（锈孢子器），小斑点最初生于表皮下，成熟后突破表皮，散出橘红色粉末，病斑外围有褪色环圈，叶正面的性孢子器不明显。随着病情的发展，叶片背面（少数地区叶正面也会出现）出现近圆形的橘黄色粉堆（夏孢子堆）。发病后期，叶背出现大量黑色小粉堆（冬孢子堆）；病菌也可侵害嫩梢、叶柄、果实等部位，受害后病斑明显地隆起，嫩梢、叶柄上的夏孢子堆呈长椭圆形，果实上的病斑为圆形，果实畸形（如图 5-9）。

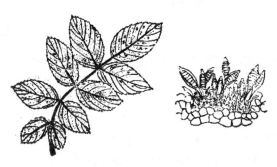

（a）症状图　　（b）冬孢子堆

图 5-9　玫瑰锈病

② 玫瑰锈病的病原。引起玫瑰锈病的病原种类很多，国内已知有 3 种，属担子菌亚门、冬孢菌纲、锈菌目、多胞菌属（*Phraymidium*），分别为短尖多胞锈菌［*Phragmidium mucronatum*（Pers.）Schlecht］、蔷薇多胞锈菌[*Ph.rosae -multiflorae* Diet]、玫瑰多胞锈菌（*Ph.rosaerugosae* Kasai）。其中，短尖多胞锈菌（*Phragmidium mucronatum*）(Pers.) Schlecht]危害大、分布广。

该病菌性孢子器生于上表皮,不明显。锈孢子器橙黄色,周围有很多侧丝,锈孢子半球形或广椭圆形,淡黄色,有瘤状刺。夏孢子堆橙黄色,夏孢子球形或椭圆形,孢壁密生细刺。冬孢子堆红褐色或黑色,冬孢子圆筒形,暗褐色,3~7个不缢缩横隔,顶端有乳头状突起,无色,孢壁密生无色瘤状突起,孢子柄永存,上部有色,下部无色,显著膨大。

③ 玫瑰锈病的发病规律。单主寄生,病原菌以菌丝体在病芽、病组织内或以冬孢子在染病落叶上越冬。翌年芽萌发时冬孢子萌发产生担孢子,侵入植株幼嫩组织。在南京地区3月下旬出现明显的病芽,在嫩芽、嫩叶上产生橙黄色粉状的锈孢子。4月中旬在叶背产生橙黄色的夏孢子,经风雨传播后,由气孔侵入进行第一次侵染,以后条件适宜时,叶背不断产生大量夏孢子进行多次再侵染,病害迅速蔓延。发病的最适温度为18~21℃。一年中以6~7月发病较重,秋季有一次发病小高峰。温暖、多雨、多露、多雾的天气有利于病害的发生,偏施氮肥会加重危害。

(2) 毛白杨锈病,又名白杨叶锈病。分布于全国各毛白杨栽植区,以河南、河北、北京、山东、山西、陕西、新疆、广西等地危害严重,主要危害毛白杨、新疆杨、苏联塔形杨、河北杨、山杨和银白杨等白杨派杨树。

① 毛白杨锈病的症状。毛白杨春天发芽时,病芽早于健康芽2~3天发芽,上面布满锈黄色粉状物,形成锈黄色球状畸形病叶,远看似花朵,严重时经过3周左右就干枯变黑。正常叶片受害后在叶背面出现散生的橘黄色粉状堆,是病菌进行传播和侵染的夏孢子。受害叶片正面有大型枯死斑。嫩梢受害后,上面产生溃疡斑。早春在前一年染病落叶上可见到褐色、近圆形或多角形的疱状物,为病菌的冬孢子堆(如图5-10)。

② 毛白杨锈病的病原。我国报道的有三种:马格栅锈菌(*Melampsora magnusiana* Wagner)和杨栅锈菌(*M. rostrupii* Wagner),属担子菌亚门、冬孢菌纲、锈菌目、栅锈属;圆痂夏孢锈菌(*Uredo tholopsora* Cumin),属担子菌亚门、冬孢菌纲、锈菌目、夏孢锈属。

我国毛白杨以马格栅锈菌引起的锈病最为普遍。夏孢子新鲜时近圆形,内含物鲜黄色,失水后变形为钝卵圆形,外壁无色,密生刺状突起,侧丝头状或球拍状,冬孢子堆褐色,冬孢子柱状。

③ 毛白杨锈病的发病规律。病菌主要在受侵染的冬芽内越冬。翌年放芽时,散发出大量夏孢子,成为初侵染的重要来源。夏孢子直接穿透角质层自叶的正、背两面侵入,潜育期约5~18天。马格栅锈菌的转主寄主为紫堇属和白屈菜属植物,杨栅锈菌的转主寄主为山靛属植物。春天毛白杨发芽时发病,5~6月为第一次发病高峰,8月以后长新叶又出现第二次发病高峰,毛白杨锈病主要危害1~5年生幼苗和幼树,老叶很少发病。毛白杨比新疆毛白杨感病重;河北的毛白杨较抗病,河南的毛白杨和箭杆毛白杨易感病。苗木过密,通风透光不良,病害发生早且重;灌水过多或地势低洼,雨水偏多,病害严重。

(3) 梨锈病,又名赤星病,土名"红隆"、"羊胡子"等。全国各地普遍发生,危害梨树、木瓜、山楂、棠梨等,转主寄主以桧柏、欧洲刺柏和龙柏最易感病。

① 梨锈病的症状。病菌主要危害叶片和新梢,也危害幼果。叶片受害,在叶正面出

现橙黄色、有光泽的小斑点，1~2个到数十个，病斑逐渐扩大近圆形，在叶的正面产生橙红色近圆形的斑点，表面密生橙黄色小点为病菌斑。病斑中部橙黄色，边缘淡黄色，最外层有一围黄绿色的晕圈。病斑表面密生橙黄色针头大的小粒点，即病菌的性孢子器。天气潮湿时，溢出淡黄色粘液，即无数的性孢子。粘液干燥后，小粒点变为黑色，叶片背面隆起，正面稍凹陷，在隆起部位长出灰黄色的毛状物，为病菌的锈孢子器，锈孢子器成熟后，先端破裂，散出黄褐色粉末，即病菌的锈孢子，病斑逐渐变黑，叶片上病斑较多时，叶片早期脱落；幼果受害，初期病斑与叶片上的相似。病部稍凹陷，病斑上密生橙黄色后变黑色的小粒点，后期病斑表面产生灰黄色毛状的锈孢子器，病果生长停滞，畸形早落；新梢、果梗与叶柄被害时，症状与果实的大体相同病部稍肿起，初期病斑上密生性孢子器，以后长出锈孢子器，最后发生龟裂（如图5-11）。

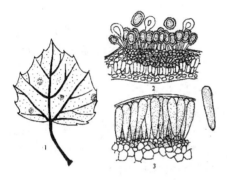

1. 夏孢子堆　2. 夏孢子堆　3. 冬孢子堆

　　图 5-10　毛白杨锈病　　　　　　　　　　　　　图 5-11　梨锈病

② 梨锈病的病原。属担子菌亚门，锈菌目，胶锈菌属。在两类不同寄主上完成生活史。在梨、山楂、木瓜等第一寄主上产生性孢子器及锈孢子器，在桧柏、龙柏等第二寄主（转主寄主）上产生冬孢子角。性孢子器呈葫芦形，埋生于梨叶正面病部表皮下，孔口外露，内有许多无色单胞纺锤形或椭圆形的性孢子。锈孢子器丛生于梨病叶的背面或嫩梢、幼果和果梗的肿大病斑上，细圆筒形，锈孢子器内有很多呈球形或近球形的锈孢子，橙黄色，表面有小疣。冬孢子角红褐色或咖啡色，圆锥形，冬孢子纺锤形或长椭圆形，双胞，黄褐色，外表被有胶质。冬孢子萌发产生担孢子，卵形，淡黄褐色，单胞。

③ 梨锈病的发生规律。病菌以多年生菌丝体在桧柏病部越冬。翌年春季3月间显露冬孢子角，冬孢子萌发产生有隔膜的担子，在其上形成担孢子，担孢子随风飞散，散落在梨树的嫩叶、新梢、幼果上，叶正面呈现橙黄色病斑，其上长出性孢子器产生性孢子。在叶背面形成锈孢子器产生锈孢子。锈孢子不能直接危害梨树，而危害转主寄主桧柏等的嫩叶或新梢，在其上越夏和越冬。到翌春再度形成冬孢子角，冬孢子角上的冬孢子萌发产生担孢子，不直接危害桧柏等，而危害梨树。梨锈病菌无夏孢子阶段，不发生重复侵染，一

年中只有一个短时期内产生担孢子侵害梨树。阴雨连绵或时晴时阴，发病严重；中国梨最易感病，日本梨次之，西洋梨最抗病。

（4）美人蕉锈病。分布于海南、深圳、厦门、广州等地，是南方美人蕉常见病害。

① 美人蕉锈病的症状。发病初期，多在叶背出现黄色小疱状物，疱状物破裂散出黄粉为夏孢子堆，黄粉堆边缘有黄绿色晕圈。发病重时，叶正面也出现病斑。海南地区夏孢子周年产生，天凉后，病斑上产生褐色粉堆，即冬孢子堆。发病严重时，病斑连成片，形成不规则的坏死大斑，叶片干枯（如图 5-12）。

② 美人蕉锈病的病原。病原为由柄锈菌（Puccinia cannae）引起。夏孢子浅黄色，长卵形至椭圆形，壁厚有刺，柄短。冬孢子长椭圆形至棍棒形，顶端圆或略扁平，分隔处略缢缩，冬孢子梗为黑褐色。该菌常被一种真菌寄生。

③ 美人蕉锈病的发病规律。以夏孢子堆或冬孢子堆在发病植物上越冬，或以冬孢子堆在病残体上越冬。夏孢子及冬孢子由风雨传播，直接侵入。该病在广州地区，10～12 月的阴凉天气发病较重，海南地区 11 月至翌年 1 月的潮湿条件下发病严重，周年发病，天气干燥炎热发病较轻。

（5）海棠锈病，又名苹桧锈病。在东北、华北、西北、华中、华东、西南等地发生，主要危害海棠、桧柏及仁果类观赏植物。

① 海棠锈病的症状。病菌主要危害海棠的叶片，也危害叶柄、嫩枝、果实。感病初期，叶片正面出现橙黄色、有光泽的小圆斑，病斑边缘有黄绿色的晕圈，其后病斑上产生针头状的黄褐色小颗粒，即病菌的性孢子器。大约 3 周后病斑的背面长出黄白色的毛状物，即病菌的锈孢子器。叶柄、果实上的病斑明显隆起，多呈纺锤形，果实畸形并开裂。嫩梢发病时病斑凹陷，病部易折断（如图 5-13）。

图 5-12 美人蕉锈病

1. 桧柏上的菌瘿　2. 冬孢子萌发
3. 海棠叶上的症状　4. 性孢子器　5. 锈孢子器

图 5-13 海棠锈病

秋冬季病菌危害转主寄主桧柏的针叶和小枝，最初出现淡黄色斑点，随后稍隆起，最后产生黄褐色圆锥形角状物或楔形角状物，即病菌的冬孢子角，翌年春天，冬孢子角吸水膨胀为橙黄色的胶状物，犹如针叶树"开花"。

② 海棠锈病的病原。病原菌主要有两种：山田胶锈菌（Gymnosporangium yamadai Miyabe）和梨胶锈菌（G.haraeanum Syd.），均属担子菌亚门、冬孢菌纲、锈菌目、胶锈属。性孢子器球形，生于叶片的上表皮下，丛生，由蜡黄色渐变为黑色，性孢子椭圆形或长圆形。锈孢子器毛发状，多生于叶背的红褐色病斑上，丛生，锈孢子球形至椭圆形，淡黄色。冬孢子广椭圆形或纺锤形，双细胞，分隔处稍缢缩或不缢缩，黄褐色，有长柄。担孢子半球形、卵形、无色、单胞。梨胶锈菌与山田胶锈菌相似，但性孢子器扁球形，较小，而性孢子纺锤形，较大。

③ 海棠锈病的发病规律。病菌以菌丝体在桧柏上越冬，可存活多年。翌年3~4月份冬孢子成熟，冬孢子角吸水膨大成花朵状，当日平均气温达10℃以上，旬平均温度达8℃以上时，萌发产生担孢子，担孢子借风雨传播到海棠的嫩叶、叶柄、嫩枝、果实上，从表皮直接侵入，经6~10天的潜育期，在叶正面产生性孢子器，约3周后在叶背面产生锈孢子器。锈孢子借风雨传播到桧柏上侵入新梢越冬。病菌无夏孢子，生长季节没有再侵染。春季温暖多雨则发病重；海棠与桧柏类针叶树混栽发病就重。

2. 锈病类的防治措施

（1）合理配置园林植物。避免海棠和桧柏类针叶树混栽。

（2）清除侵染来源。结合庭园清理和修剪，及时除去病枝、病叶、病芽并集中烧毁。

（3）化学防治。在休眠期喷洒3°Be石硫合剂杀死在芽内及病部越冬的菌丝体。生长季节喷洒25%粉锈宁可湿性粉剂1 500~2 000倍液，或12.5%烯哩醇可湿性粉剂3 000~6 000倍液，或65%的代森锌可湿性粉剂500倍液，可起到较好的防治效果。

5.1.4 灰霉病类

1. 灰霉病类的主要病害

（1）仙客来灰霉病。我国仙客来栽培地区均有发生，尤其是温室花卉发病普遍，是世界性病害，危害月季、倒挂金钟、百合、扶桑、樱花、白兰花、瓜叶菊、芍药等多种园林植物。

① 仙客来灰霉病的症状。病菌危害叶片、叶柄、花梗和花瓣。叶片发病初期，叶缘出现暗绿色水渍状病斑，病斑迅速扩展，蔓延至整个叶片，病叶变为褐色、干枯或腐烂；叶柄、花梗和花瓣受害时，发生水渍状腐烂。在潮湿条件下，病部产生灰色霉层，即病原菌的分生孢子和分生孢子梗（如图5-14）。

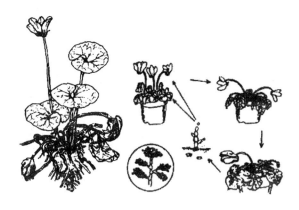

图 5-14 仙客来灰霉病症状及侵染循环

② 仙客来灰霉病的病原。病原为灰葡萄孢霉（*Botrytis cinerea* Pers et Fr.），属半知菌亚门、丝孢纲、丛梗孢目、葡萄孢属。分生孢子梗丛生，有横隔，灰色到褐色，顶端树枝状分叉。分生孢子椭圆形或卵圆形，葡萄状聚生于分生孢子梗上。有性阶段为子囊菌亚门的富氏葡萄盘菌［*Botryotinia fuckeliana* （de Bary） Whetzel.］。

③ 仙客来灰霉病的发病规律。以病菌的分生孢子、菌丝体、菌核在病组织，或随病株残体在土中越冬。翌年借气流、灌溉水及园艺措施等途径传播，病部产生的分生孢子是再侵染的主要来源。一年中有两次发病高峰，即 2～4 月和 7～8 月。温度在 20℃ 左右，相对湿度 90% 以上有利于发病；温室大棚温度适宜、湿度大、管理不善，整年可以发病且重；室内花盆摆放过密、施用氮肥过多、浇水不当及光照不足等发病重；土壤粘重、排水不良、连作的地块发病重。

2. 灰霉病类的防治措施

（1）控制温室湿度。降低棚室内的湿度，使用换气扇或暖风机经常通风。

（2）清除侵染来源。及时清除病花、病叶，拔除重病株并集中烧毁。

（3）加强肥水管理，注意园艺操作。定植时要施足底肥，适当增施磷钾肥，控制氮肥用量。避免阴天和夜间浇水，最好在晴天的上午浇，避免在植株上造成伤口，以防病菌侵入。

（4）药剂防治。生长季节喷药，用 50% 速克灵可湿性粉剂 2 000 倍液，或 70% 甲基托布津可湿性粉剂 800～1 000 液，或 50% 多菌灵可湿性粉剂 1 000 倍液，或 50% 农利灵可湿性粉剂 1 500 倍液，进行叶面喷雾，每两周喷 1 次，连续喷 3～4 次。还可用 10% 绿帝乳油 300～500 倍液或 15% 绿帝可湿性粉剂 500～700 倍液，用 50% 速克灵烟剂熏烟，每 $667m^2$ 的用药量为 200～250g，或用 45% 百菌清烟剂，每 $667m^2$ 的用药量为 250g，于傍晚点燃，封闭大棚或温室，过夜即可。用 5% 百菌清粉尘剂，或 10% 夹克粉尘剂，或 10% 腐霉利粉剂喷粉，每 $667m^2$ 用药粉量为 1 000g，烟剂和粉尘剂每 7～10 天用 1 次，连续用 2～3 次。

5.1.5 炭疽病类

1. 炭疽病类的主要病害

(1) 兰花炭疽病。普遍发生在兰花上的一种严重病害,还危害虎头兰、宽叶兰、广东万年青等园林植物。

① 兰花炭疽病的症状。病菌主要侵害叶片,也侵害果实。发病初期,叶片上出现黄褐色稍凹陷的小斑点,后扩大为暗褐色圆形或椭圆形病斑,发生在叶尖、叶缘的病斑呈半圆形或不规则形。发生在叶尖的病斑向下扩展,枯死部分可占叶片的1/5~3/5,发生在叶基部的病斑导致全叶或全株枯死。病斑中央灰褐色,有不规则的轮纹,着生许多近轮状排列的黑色小点,即病菌的分生孢子盘,潮湿情况下,产生粉红色黏液。果实上的病斑不规则形,稍长(如图5-15)。

图5-15 兰花炭疽病症状、分生孢子及分生孢子盘

② 兰花炭疽病的病原。危害春兰、建兰、婆兰等品种的病原菌为兰炭疽菌(*Colletotrichum orchidaerum* Allesoh.),属半知菌亚门、腔孢纲、黑盘孢目、炭疽菌属。分生孢子盘垫状,小形,刚毛黑色,有数个隔,分生孢子梗短细,不分枝,分生孢子圆筒形。危害寒兰、蕙兰、披叶刺兰、建兰、墨兰等品种的病原菌为兰叶炭疽菌(*C.orchidaerum f.eymbidii* Allesoh)。分生孢子盘周围有刚毛,褐色,一个分隔,分生孢子梗短、束生,分生孢子圆筒形、单孢,无色,中央有一个油球。

③ 兰花炭疽病的发病规律。病菌以菌丝体和分生孢子盘在病株残体、假鳞茎上越冬。翌年气温回升,兰花展开新叶时,分生孢子进行初次侵染,病菌借风、雨、昆虫传播。从伤口侵入或直接侵入,潜育期2~3周,多次再侵染。分生孢子萌发的适温为22~28℃。每年3~11月发病,4~6月梅雨季节发病重。株丛过密,叶片相互摩擦易造成伤口,蚧虫危害严重有利于病害发生。

(2) 梅花炭疽病。发生在梅花栽培地区,是我国梅花上一种重要病害。梅花炭疽病的症状。病菌主要危害叶片,也侵染嫩梢。叶片上的病斑圆形或椭圆形,黑褐色,后期病斑变为灰色或灰白色,边缘红褐色,上面着生有轮状排列的黑色小点,即病菌的分生孢子盘,在潮湿情况下子实体上溢出胶质物。病斑可形成穿孔,病叶易脱落。嫩梢上的病斑为椭圆形的溃疡斑,边缘稍隆起(如图5-16)。

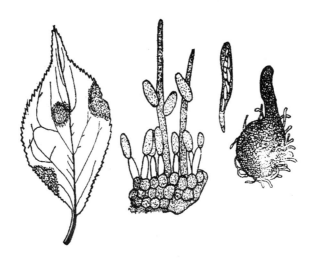

(a) 症状图　(b) 分生孢子及刚毛　(c) 子囊壳及子囊孢子

图 5-16　梅花炭疽病

① 梅花炭疽病的病原。病原为梅炭疽菌[*Colletotrichum mume* (Hori) Hemmi]，属半知菌亚门、腔孢纲、黑盘孢目、炭疽菌属。分生孢子盘中有深褐色的刚毛，分生孢子圆筒形，无色，单孢。

② 梅花炭疽病的发病规律。病菌以菌丝块（发育未完成的分生孢子盘）和分生孢子在嫩梢溃疡斑及病落叶上越冬。分生孢子借风雨传播，侵染新叶和嫩梢，菌丝发育的最适温度为 25～28℃。一年中，4～5 月开始发病，7～8 月为发病盛期，10 月停止发病。早春寒潮发病延迟，高温多雨，有利于病害发生；栽植过密、通风不良、光照不足病害发生重；盆栽梅花比地栽梅花发病重。

2. 炭疽病类防治措施

（1）清除侵染来源。冬季清除病株残体并集中烧毁。发病初期摘除病叶、剪除枯枝，挖除严重感病植株。

（2）加强栽培管理。营造不利于病害发生的环境条件控制栽植密度，及时修剪，以滴灌取代喷灌，多施磷、钾肥，适当控制氮肥，提高寄主的抗病能力。

（3）药剂防治。当新叶展开、新梢抽出后，喷洒 1%的等量波尔多液。发病初期喷施 65%代森锌可湿性粉剂 500 倍液，或 75%百菌清可湿性粉剂 500～600 倍液，或 70%甲基托布津可湿性粉剂 800 倍液，或 50%多菌灵可湿性粉剂 800 倍液，每隔 7～10 天喷 1 次，连续喷 3～4 次。

5.1.6 叶畸形类

1. 叶畸形类的主要病害

（1）桃缩叶病。我国各地均有发生，危害桃树、樱花、李、杏、梅等园林植物。

① 桃缩叶病的症状。病菌主要危害叶片，也危害嫩梢、花、果实。病叶波浪状皱缩卷曲，呈黄色至紫红色。春末夏初，叶片正面出现一层灰白色粉层，即病菌的子实层，叶片背面偶见灰白色粉层；病梢为灰绿色或黄色，节间短缩肿胀，上面着生成丛、卷曲的叶片，严重时病梢枯死；幼果发病初期果皮上出现黄色或红色的斑点，稍隆起，病斑随果实长大逐渐变为褐色且龟裂，病果早落（如图5-17）。

② 桃缩叶病的病原。病原为畸形外囊菌[*Taphrina deformance* (berk)Tul.]，属子囊菌亚门、半子囊菌纲、外囊菌目、外囊菌属。子囊直接从菌丝体上生出，裸生于寄主表皮外，子囊圆筒形，无色，顶端平截，子囊内有8个子囊孢子，偶为4个，子囊孢子球形至卵形，无色。

③ 桃缩叶病的发病规律。病菌以厚壁芽孢子在树皮、芽鳞上越夏和越冬。翌年春天，成熟的子囊孢子或芽孢子随气流等传播到新芽上，自气孔或表皮侵入，刺激寄主细胞大量分裂，胞壁加厚，病叶肥厚皱缩、卷曲并变红。病菌发育最适温度为20℃，侵染的最适温度为13～17℃。早春温度低、湿度大有利于病害的发生。一年中4～5月份发病盛期，6～7月份发病停滞，无再次侵染。

（2）杜鹃饼病，又称杜鹃叶肿病、瘿瘤病。分布于广东、云南、四川、湖南、江苏、浙江、江西、山东、辽宁等地，危害杜鹃、茶、石楠科植物。

① 杜鹃饼病的症状。病菌主要危害叶片、嫩梢，也危害花。发病初期叶正面出现淡黄色、半透明的近圆形病斑，后变为淡红色，病斑扩大变为黄褐色并下陷。叶背的病斑相应位置则隆起成半球形的菌瘿，上面着生灰白色黏性粉层，即病菌的子实层，后期灰白色粉层脱落，菌瘿变成褐色至黑褐色，受害叶片大部分或整片加厚，如饼干状，故称饼病。叶脉受害，局部肿大，叶片畸形；新梢受害，顶端出现肥厚的叶丛或形成瘤状物；花受害后变厚，形成瘿瘤状畸形花，表面生有灰白色粉状物（如图5-18）。

② 杜鹃饼病的病原。病原为担子菌亚门、层菌纲、外担子菌目、外担子菌属（*Exobasidium*）的真菌，常见的有两种：半球外担子菌（*E.hemisphaericium* Shirai），子实层白色，担子棍棒形或圆筒形，担孢子纺锤形，稍弯曲，无色，单胞。半球外担子菌危害叶脉、叶柄等部位，产生半球形或扁球形的菌瘿；日本外担子菌（*E.japonicum* Shirai），担子棍棒形或圆柱形，担子无色，单胞，圆筒形。日本外担子菌寄生在嫩叶上，产生较小的菌瘿。

③ 杜鹃饼病的发病规律。病菌以菌丝体在病组织中越冬。条件适宜时产生担孢子，借风雨传播蔓延，带菌苗木为远距离传播的重要来源。该病是一种低温高湿病害，发生的适宜温度为15～20℃，适宜相对湿度为80%以上。在一年中有两个发病高峰，即春末夏初和夏末秋初，高山杜鹃容易感病。

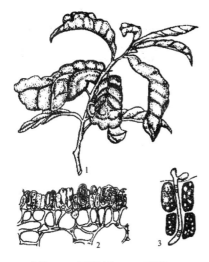

1. 症状　2. 子囊层　3. 子囊

图 5-17　桃缩叶病

1. 症状　2. 病原菌的担子和担孢子

图 5-18　杜鹃饼症

2. 叶畸形类的防治措施

（1）清除侵染来源。摘除病叶、病梢和病花并烧毁，防止病害进一步传播蔓延。

（2）加强栽培管理，提高植株抗病力。

（3）药剂防治。在重病区，休眠期喷洒 3°～5° Be 的石硫合剂；新叶刚展开后，喷洒 0.5° Be 的石硫合剂，或 65% 代森锌可湿性粉剂 400～600 倍液，或 0.5° Be 的波尔多液，或 0.2～0.5% 的硫酸铜液进行防治。

5.1.7　病毒病类

1. 病毒病类的主要病害

（1）杨树花叶病。分布于北京、江苏、山东、河南、甘肃、四川、青海、陕西、湖南等地，是一种世界性病害，主要危害美洲黑杨、念珠杨、黑杨、健杨、I-214 杨、I-262 杨、沙兰杨、毛果杨等。

① 杨树花叶病的症状。病菌主要危害叶部，发病初期，在 6 月上中旬有病植株下部叶片上出现点状褪绿，常聚集为不规则少量橘黄色斑点，至 9 月份从下部到中上部叶片呈明显症状，边缘褪色发焦，叶脉透明，叶片上小支脉出现橘黄色线纹，或叶面有橘黄色斑点，主脉和侧脉出现紫红色坏死斑（也称枯斑），叶片皱缩、变厚、变硬、变小，甚至畸形，提

早落叶，高温时叶部隐症（如图5-19）。

② 杨树花叶病的病原。香石竹潜隐病毒组（*Carnation Latent* Virus）。杨树花叶病的发病规律该病毒有耐高温的特性，致死温度在75～80℃，稀释终点10^{-4}，体外存活时间不超过7天，在杨树体内为系统感染，杨树的所有组织，如形成层、韧皮部和木质部等均受侵染，发病后难以防治。

（2）美人蕉花叶病。分布于上海、北京、杭州、成都、武汉、哈尔滨、沈阳、福州、珠海、厦门等地区，是美人蕉上的主要病害。

① 美人蕉花叶病的症状。病菌主要危害叶片及花器。发病初期，叶片上出现褪绿色小斑点，呈花叶状，有黄绿色和深绿色相间的条纹，条纹逐渐变褐色坏死，叶片沿着坏死部位撕裂，叶片破碎不堪．某些品种出现花瓣杂色斑点或条纹，呈碎锦。发病严重时心叶畸形、内卷呈喇叭筒状，抽不出花穗，植株显著矮化（如图5-20）。

1. 症状　2. 病原　（网上下载）

图 5-19　杨树花叶病　　　　　　　　图 5-20　美人蕉花叶病（仿林焕章）

② 美人蕉花叶病的病原。病原为黄瓜花叶病毒（*Cucumber mosaic virus*）。钝化温度为70℃，稀释终点为10^{-4}，体外存活期为3～6天。另外，我国已从花叶病病株内分离出美人蕉矮化类病毒（*Canna dwarf viriod*），初步鉴定为黄化类型症状的病原物。

③ 美人蕉花叶病的发病规律。病毒在有病的块茎内越冬。由汁液传播，也可以由棉蚜、桃蚜、玉米蚜、马铃薯长管蚜、百合新瘤额蚜等做非持久性传播，由病块茎做远距离传播。黄瓜花叶病毒寄主范围很广，能侵染40～50种花卉，大花美人蕉、粉叶美人蕉、美人蕉均为感病品种，红花美人蕉抗病品种，其中"大总统"品种对花叶病是免疫；蚜虫数量多，寄主植物种植密度过大发病重。美人蕉与百合等毒源植物为邻，杂草、野生寄主多发病重；挖掘块茎的工具不消毒，易造成有病块茎对健康块茎的感染。

（3）香石竹病毒病。普遍分布于香石竹栽培区，是一类世界性病害，常见的有坏死斑病、叶脉斑驳病、蚀环斑病和潜隐病。

① 香石竹坏死斑病。感病植株中下部叶片变为灰白色，出现淡黄坏死斑，或不规则形状的条斑或条纹。下部叶片常表现为紫红色，随着植株的生长，症状向上蔓延，发病严重时，叶片枯黄坏死。病原为香石竹坏死斑病毒（Carnation necrotic flack virus，），主要通过蚜虫传播。

② 香石竹叶脉斑驳病。该病在香石竹、中国石竹和美国石竹上产生系统花叶。幼苗期，症状不明显，随着植株的生长，病毒症状加重，冬季老叶往往隐症。病原为香石竹叶脉斑驳病毒（Carnation vein mottle virus，），主要通过汁液传播，桃蚜也是重要传播媒介。

③ 香石竹蚀环病。大型香石竹品种受害，感病植株叶上产生轮纹状、环状或宽条状坏死斑，幼苗期最明显。发病严重时，很多灰白色轮纹斑可以连接成大病斑，使叶子卷曲，畸形，在高温季节呈隐症。病原为香石竹蚀环病毒（Carnation etched ring virus，），主要通过汁液和蚜虫传播（如图5-21）。

图5-21 香石竹蚀环病

香石竹潜隐病毒病（也称香石竹无症状病毒病）。一般不表现出症状，或者产生轻微花叶症状，与香石竹叶脉斑驳病毒复合感染时，产生花叶病状。病原为香石竹潜隐病毒（Carnation latent virus，），主要通过汁液和桃蚜传播。

2. 病毒病类的防治措施

（1）加强检疫。严禁带毒繁殖材料进入无病地区，防止病害扩散和蔓延。

（2）培育无毒苗。选用健康无病的枝条、种苗作为繁殖材料，建立无毒母树园，提供无毒健康系列材料，采用茎尖脱毒法繁殖脱毒幼苗。

（3）加强栽培管理。在园林作业前，必须用3～5%的磷酸三钠溶液、酒精或热肥皂水洗涤消毒园林工具，防止病毒传播。

（4）及时防治刺吸式口器的昆虫。

（5）药剂防治。可选用病毒特、病毒灵、83增抗剂、抗病毒1号等药剂进行防治。

5.2 枝干病害

园林植物枝干病害种类多，危害性大，轻者引起枝枯，重者导致整株枯死。病状类型主要有腐烂、溃疡、丛枝、枝枯、黄化、肿瘤、萎蔫、腐朽、流脂流胶等。

5.2.1 腐烂病类

1. 腐烂病类的主要病害

（1）杨树腐烂病。又称杨树烂皮病。我国杨树栽培地区均有发生，主要危害杨属树种，也危害柳、榆、槭、樱、接骨木、桦楸、木槿等园林树种，是公园、绿地、行道树和苗木的常见病和多发病，常引起杨树的死亡。

① 杨树腐烂病的症状。病菌主要危害主干和枝条，表现为干腐和枯梢两种类型。

② 干腐型。主要发生在主干、大枝和树干分叉处。发病初期出现暗褐色水肿状病斑，病部皮层腐烂变软，以手压之，有水渗出，随后失水下陷，有时龟裂，病斑有明显的黑褐色边缘。后期病斑上产生许多针尖状小突起，即病菌的分生孢子器，潮湿条件下，分生孢子器孔口挤出橙黄色或橘红色卷丝状物，即分生孢子角。病部皮层腐烂成麻状，易与木质部剥离，具酒糟味。发病严重时，病斑绕树干一周，病斑以上部分枯死。当环境条件不利止扩展。有些地区秋季在死亡的病组织上长出一些黑色小点，即病菌的闭囊壳。

③ 枯梢型。发生在小枝条上，小枝感病后迅速枯死，无明显的溃疡症状，直至树皮裂缝中产生分生孢子角时才被发现（如图5-22）。

④ 杨树腐烂病的病原。病原为污黑腐皮壳菌（*Valsa sordida* Nit.），属子囊菌亚门、核菌纲、球壳菌目、黑腐皮壳属。子囊壳多个埋生于子座内，烧瓶状，有一长颈，子囊棍棒状，中部略膨大，无色，子囊孢子单胞，无色，香蕉形。无性阶段为金黄壳囊孢菌（*Cytospora chrysosperma*），属半知菌亚门、腔孢纲、球壳孢目、壳囊孢属。分生孢子器黑色，不规则形，多室，埋生于子座内，有一共同孔口伸出子座外，突出寄主表皮外露，分生孢子形状与子囊孢子相似，无色、单胞，较小。

⑤ 杨树腐烂病的发病规律。以菌丝、分生孢子和子囊壳在病菌组织内越冬。翌年春天，孢子借风、雨、昆虫等媒介传播，自伤口或死亡组织侵入，潜育期一般6～10天，病菌生长的最适温度为25℃，孢子萌发的适温为25～30℃。一年中一般3～4月开始发病，5～6月为发病盛期，9月病害基本停止。子囊孢子于当年侵入杨树，次年表现症状。病原菌是半活养生物，树势衰弱的树木，立地条件不良或栽培管理不善，有利于病害的发生；土壤瘠薄，低洼积水，春季干旱，夏季日灼，冬季冻害等容易发病；行道树、防护林、林缘木、新种植的幼树、移植多次或假植过久的苗木、强度修剪的树木容易发病；6～8年生的幼树发病重。

（2）银杏茎腐病。分布于山东、安徽、江苏、浙江、江西、福建、湖南、湖北、广东、广西和新疆等地，主要危害银杏、扁柏、香榧、杜仲、鸡爪槭等多种阔叶树苗木。

① 银杏茎腐病的症状。一年生苗木发病初期，茎基部近地面处变成深褐色，叶片失绿稍向下垂，发病后期，病斑包围茎基并迅速向上扩展，引起整株枯死，叶片下垂不落。苗木枯死3～5天后，茎上部皮层稍皱缩，内皮层组织腐烂呈海绵状或粉末状，浅灰色，其中有许多细小的黑色小菌核。病菌侵入木质部和髓部后，髓部变褐色，中空，也生有小菌核，

最后病害蔓延至根部，使整个根系皮层腐烂，此时拔苗则根部皮层脱落，留在土壤中，仅拔出木质部。二年生苗易感病，有的地上部分枯死，当年自根颈部能发新芽（如图 5-23）。

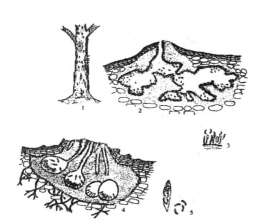

1. 干腐和枯枝型症状 2. 分生孢子器
3. 分生孢子 4. 子囊壳 5. 子囊孢子

图 5-22 杨树烂皮病

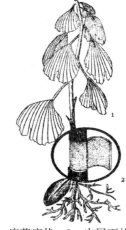

1. 病苗症状 2. 皮层下的菌核

图 5-23 银杏茎腐病（仿董元）

② 银杏茎腐病的病原。病原为菜豆壳球孢菌（*Macrophominia phaseolina* Goid），属半知菌亚门、腔孢纲、球壳孢目、壳球孢属。菌核黑褐色，扁球形或椭圆形，粉末状。分生孢子器有孔口，埋生于寄主组织内，孔口开于表皮外，分生孢子梗细长，不分枝，无色。分生孢子单胞，无色，长椭圆形。病菌在银杏上不产生分生孢子器，但在芝麻、黄麻上产生，有时在桉树上也产生。病菌较喜高温，生长最适温度为 30～32℃，对酸碱度的适应范围在 Ph 值 4～9 之间，但以 Ph 值 4～7 为最适。

③ 银杏茎腐病的发病规律。病菌是一种土壤习居菌，营腐生生活，在适宜条件下，自伤口侵入寄主。夏季火热、土温升高、苗木根茎部灼伤，是病害发生的诱因。在南京，苗木在梅雨结束后 10～15 天开始发病，以后发病率逐渐增加，到 9 月中旬停止发病。

（3）松烂皮病。又名松垂枝病、松软枝病、松干枯病。分布于黑龙江、吉林、辽宁、北京、河北、陕西、江苏、四川、山东等地，危害红松、赤松、黑松、油松、华山松、樟子松、云南松等多种松树。

① 松烂皮病的症状。病菌危害松树的枝、干、梢。在小枝、侧枝、干上发病时，与健康植株相比无明显的变化，但病部以上有松针时，松针变黄色至灰绿色，逐渐变褐或红褐色，受害枝干失水干缩起皱；在侧枝基部的皮层发病时，侧枝向下弯曲；小枝基部发病时；小枝干枯；主干皮层发病时，初期有树脂流出，后期受害皮层干缩下陷，流脂加剧，病斑绕干一周则病部以上部分枯死，最后病部皮层产生细裂纹，从裂纹处产生黄褐色的单个或

数个成簇的盘状物,即病菌的子囊盘。子囊盘逐渐变大,颜色加深,雨后张开渐大,干缩变黑(如图 5-24)。

② 松烂皮病的病原。病原为铁锈薄盘菌(*Cenangium ferruginosum* Fr.ex Fr),属子囊菌亚门、盘菌纲、柔膜菌目、薄盘菌属。子囊盘在当年生病枝上形成,初埋在寄主表皮下,后突破寄主表皮外露,子囊盘初为黄褐色至绿褐色,后变为黑褐色,无柄,雨后张开变大,边缘向外卷曲,干缩皱曲,子实层淡黄至黄褐色,子囊棍棒状,子囊孢子无色至淡色,单胞,椭圆形。

③ 松烂皮病的发病规律。病菌以菌丝在树皮内越冬。翌年 1~3 月针叶开始出现枯萎症状,4 月上中旬病枝皮下产生子囊盘,5 月下旬~6 月下旬子囊盘开始成熟,7 月中旬~8 月中旬子囊孢子发散,子囊孢子借风力传播到松树枝干上,在潮湿情况下开始萌发,自伤口侵入皮层组织中,越冬后翌年春天再显现症状。病菌为弱寄生菌,在林中枯枝上或下部树冠弱枝上生活,有利于林中的自然整枝,松树因遇干旱、水涝、冻害、虫害、土壤贫瘠、环境污染或栽植过密、管理粗放等发病重。

(4)仙人掌茎腐病。分布于福建、广东、山东、天津、新疆等地,是仙人掌类普遍而严重的病害。

① 仙人掌茎腐病的症状。主要危害幼嫩植株茎部或嫁接切口组织,大多从茎基部开始侵染。发病初期为黄褐色或灰褐色水渍状斑块,逐渐软腐,病斑迅速发展,绕茎一周使整个茎基部腐烂,病斑失水,剩下一层干缩的外皮,或茎肉组织腐烂仅留髓部,最后全株枯死,病部产生灰白色或紫红色霉点或黑色小点,即病菌的子实体(如图 5-25)。

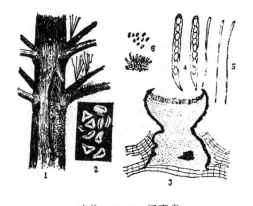

1. 症状 2、3. 子囊盘
4. 子囊孢子 5. 侧丝 6. 性孢子

(a)症状 (b)分生孢子

图 5-24 红松烂皮病

图 5-25 仙人掌茎腐病

② 仙人掌茎腐病的病原。病原有三种:尖镰孢菌(*Fusarium oxysporum* Schlecht.)、茎点霉菌(*Phoma* Sp)和大茎点霉菌(*Macrophoma* Sp)。主要是尖镰孢菌,属半知菌亚门、

丝孢纲、瘤座孢目、镰孢属。子座灰褐色至紫色，分生孢子梗集生，粗而短，有分枝。大型分生孢子在分生孢子座内形成，纺锤形或镰刀形，基部有足细胞；小型分生孢子卵形至肾形，单细胞或双细胞。厚垣孢子球形，顶生或间生。

③ 仙人掌茎腐病的发病规律。病菌以菌丝体和厚垣孢子在病株残体上或土壤中越冬，茎点霉及大茎点霉则以菌丝体和分生孢子在病株残体上越冬。尖镰孢可在土壤中存活多年。通过风雨、土壤、混有病残体的粪肥和操作工具传播，带病茎是远程传播源。高温高湿有利于发病；盆土用未经消毒的垃圾土或菜园土发病重；施用未经腐熟的堆肥，嫁接、低温、受冻及虫害造成的伤口多易于发病。

2. 腐烂病类的防治措施

（1）加强栽培管理。适地适树，合理修剪、剪口涂药。避免干部皮层损伤，随起苗随移植，避免假植时间过长。秋末冬初树干涂白。合理施肥是防治仙人掌茎腐病的关键。

（2）加强检疫。防止危险性病害的扩展蔓延，一旦发现，立即烧毁。

（3）清除侵染来源。及时清除病死枝条和植株，减轻病害的发生。

（4）药剂防治。树干发病时可用50%代森铵、50%多菌灵可湿性粉剂200倍液的药剂。茎、枝梢发病时可喷洒50%退菌特可湿性粉剂800~1 000倍液，或50%多菌灵可湿性粉剂800~1 000倍液，或70%百菌清可湿性粉剂1 000倍液，或65%代森锌可湿性粉剂1 000倍液。

5.2.2 溃疡病类

1. 溃疡病类的主要病害

（1）杨树溃疡病。分布于北京、天津、河北、辽宁、吉林、黑龙江、山东、河南、江苏、陕西、甘肃、上海、山西等地，危害杨树、核桃、苹果等多种阔叶树。

① 杨树溃疡病的症状。病菌主要危害树干和主枝，表现为溃疡型和枝枯型二种症状。

② 溃疡型。3月中下旬感病植株的干部出现褐色病斑，圆形或椭圆形，大小在1cm左右，松软，用手挤压有褐色臭水流出。后期水泡破裂，流出黏液，病斑下陷呈长椭圆形或长条形斑，病斑无明显边缘。5月下旬，病斑上散生许多小黑点，即病菌的分生孢子器，突破表皮。6月上旬病斑基本停止，病斑周围形成一隆起的愈伤组织，中央开裂，形成典型的溃疡斑。11月老病斑处产生较大的黑点，即病菌的子座和子囊壳（如图5-26）。

③ 枯梢型。在当年定植的幼树主干上出现不明显的小斑呈红褐色，2~3个月后病斑迅速包围主干，上部梢头枯死。有时在感病植株的冬芽附近出现成段发黑的斑块，剥开树皮里面已经腐烂，在枯死梢头的部位出现小黑点，这是该病的常见症状。

④ 杨树溃疡病的病原。病原为茶藨子葡萄座[*Botwosphaeria ribis* （Tode）Gross.et Dugg.]，属子囊菌亚门、腔菌纲、格孢腔菌目、葡萄座腔菌属。子座黑色，近圆形。子囊

腔单生或集生在子座内，洋梨状，有乳头状孔口，黑褐色，子囊棍棒形，双层壁，子囊孢子8个，无色，单胞，椭圆形，子囊间有拟侧丝。无性阶段为群生小穴壳菌[*Dothiorella gregaria Sacc.*]，属半知菌亚门、腔孢纲、球壳孢目、小穴壳属。分生孢子器生于寄主表皮下，单生或集生于子座内，暗色，球形，后期突破表皮，孔口外露，分生孢子梗短，不分枝，分生孢子无色，单胞，梭形。

⑤ 杨树溃疡病的发病规律。病菌以菌丝在寄主体内越冬，翌年春天气温回升到10℃时，菌丝开始活动，杨树表皮出现明显的病斑。分生孢子和子囊孢子也可在病组织内越冬。孢子借风雨传播，从伤口、皮孔或表皮直接侵入，潜育期为1个月左右，具潜伏侵染的特点。病害在月平均气温10℃以上，相对湿度60%以上，或小阵雨后，干部开始发病；月平均温度18~25℃，相对湿度80%以上时，病害迅速扩展。沙丘地比平沙地发病重；土壤反碱，苗木生长不良，病害发生重；苗木假植时间过长，根系受伤发病重。

（2）柑橘溃疡病。在我国普遍发生，以热带和亚热带地区发病重，是园林植物的危险性病害。

① 柑橘溃疡病的症状。病菌危害叶片、枝条、果实、萼片，形成木栓化突起的溃疡病斑。发病初期，叶片上产生针头大小的黄色或暗绿色油浸斑点，逐渐扩大成圆形，病斑正反两面突起，表面粗糙木栓化。病斑中央凹陷，具微细轮纹呈灰褐色，病斑周围有黄色或黄绿色的晕圈，老叶上黄色晕圈不明显，病斑直径4~5mm，有时几个病斑相互愈合，形成不规则形的大病斑；果实上的病斑和叶片上的相似，木栓化突起显著，坚硬、粗糙，病斑较大，最大的可达12mm，中央火山口状的开裂更显著（如图5-27）。

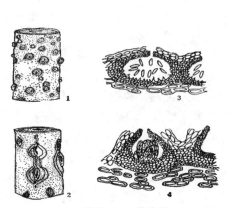

1. 症状　2. 溃疡斑
3. 分生孢子　4. 子囊孢子

图5-26　杨树溃疡病（仿董元）

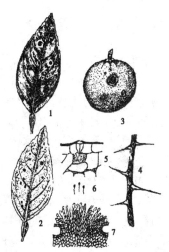

1、2. 叶症状　3. 果实症状　4. 枝条症状
5. 细胞间细菌　6. 病原细菌　7. 寄主过度增殖

图5-27　柑橘溃疡病

② 柑橘溃疡病的病原。病原为柑橘极毛杆菌[*Xanthomonas citri*（Hasse）Dowson.]，菌体短杆状，两端圆钝，极生鞭毛，能运动，有荚膜，无芽胞。革兰氏染色阴性，好气，在马铃薯琼脂培养基 PDA 上，菌落初鲜黄色，后为蜡黄色，圆形，表面光滑，周围有狭窄白色带。

③ 柑橘溃疡病的发病规律。病菌在病叶、病梢、病果内越冬。翌年春季在适宜条件下，病部溢出菌脓，借风雨、昆虫和枝叶接触及人工操作等传播，由自然孔口和伤口侵入。在高温多雨季节，病斑上的菌脓可进行多次再侵染。病菌可随苗木、接穗、果实的调运而远距离传播。

2. 溃疡病类的防治措施

（1）加强栽培管理。促进园林植物健康生长，增强树势，是防治溃疡病的重要途径。

（2）加强检疫。防止危险性病害传播和蔓延，一旦发现，立即烧毁。

（3）清除侵染来源。结合修剪去除生长衰弱的植株及枝条，刮除老病斑，减少侵染来源。

（4）药剂防治。树干发病时可用 50%代森铵、50%多菌灵可湿性粉剂 200 倍液喷雾。

5.2.3 丛枝病类

1. 丛枝病类的主要病害

（1）泡桐丛枝病。分布于河北、河南、陕西、安徽、湖南、湖北、山东、江苏、浙江、江西等泡桐栽培区，以华北平原危害最严重。

① 泡桐丛枝病的症状。危害树枝、干、根、花、果。幼树和大树发病时，个别枝条的腋芽和不定芽萌发不正常的细弱小枝，小枝上的叶片小而黄，叶序紊乱，病小枝又抽出不正常的细弱小枝，表现为局部枝叶密集成丛，随着病害逐年发展，丛枝现象越来越多，最后全株都呈丛枝状而枯死（如图 5-28）。

② 泡桐丛枝病的病原。病原为植原体（MLO），圆形或椭圆形，直径 200～820mm，无细胞壁，但具 3 层单位膜，内部具核糖核蛋白颗粒和脱氧核糖核酸的核质样纤维。泡桐丛枝病的发病规律。植原体大量存在于韧皮部输导组织的筛管内，随汁液流动通过筛板孔而侵染到全株。病害由刺吸式口器昆虫（如蝽、叶蝉等）在泡桐植株之间传播，带病的种根和苗木的调运是病害远程传播的重要途径。种子繁殖的实生苗发病率低，行道树发病率高；白花泡桐、川桐、台湾泡桐较抗病。

（2）龙眼丛枝病。又称鬼扫病、扫帚病、麻疯病。分布于广东、广西、福建、台湾、海南等龙眼产区。

① 龙眼丛枝病的症状。病菌危害植株嫩梢、叶片及花穗，并产生不同病状。

② 叶片。感病嫩叶狭小，淡绿色，叶缘卷曲，不能展开，呈筒状，严重时全叶呈线状扭曲，烟褐色。成长叶片凹凸不平，卷曲皱缩，叶脉与叶肉呈黄绿相间斑纹，病叶易脱落而成秃枝。

③ 嫩叶。病情严重的植株，新梢丛生，节间缩短，嫩梢顶部有各种畸形叶片，当病叶全部脱落后，整个植株呈扫帚状，故有丛枝病、鬼帚病、扫帚病之称。

④ 花穗。发病的花穗呈丛生短簇状，花畸形不结果或果少而小，病穗褐色干枯后不易脱落，常悬挂于枝梢上（如图 5-29）。

⑤ 龙眼丛枝病的病原。龙眼鬼帚病毒（*Longan witches broom virus*），病毒粒体线状，只在寄主筛管内存活，也存在荔枝蝽成虫的唾液腺细胞内，所以该病毒除侵染龙眼外还可侵染荔枝。

⑥ 龙眼丛枝病的发病规律。田间病株是主要初侵染源。该病毒可通过嫁接、压条、种子、花粉和介体昆虫进行传播，远距离传播靠带毒的种子，接穗和苗木。果园自然传毒媒介主要是荔枝蝽若虫、龙眼角颊木虱和白蛾蜡蝉。

图 5-28　泡桐丛枝病（仿董元）

图 5-29　龙眼丛枝病

2. 丛枝病类的防治措施

（1）加强检疫，防治危险性病害的传播和蔓延。

（2）栽植抗病品种或选用培育无毒苗、实生苗。

（3）及时剪除病枝，挖除病株，减轻病害的发生。

（4）防治刺吸式口器昆虫（如蝽、叶蝉等）。可喷洒 50%马拉硫磷乳油 1 000 倍液或 10%安绿宝乳油 1 500 倍液，或 40%速扑杀乳油 1 500 倍液的药剂。

（5）喷药防治。植原体引起的丛枝病可用四环素、土霉素、金霉素、氯霉素 4 000 倍液喷雾。真菌引起的丛枝病可在发病初期直接喷 50%多菌灵或 25%三唑酮的 500 倍液进行防治。

5.2.4 锈病类

1. 锈病类的主要病害

（1）竹秆锈病，又称竹褥病。分布于江苏、浙江、安徽、山东、湖南、湖北、河南、陕西、贵州、四川、广西等地，主要危害淡竹、刚竹、早竹、哺鸡竹、箭竹、毛竹等。

① 竹秆锈病的症状。病菌多侵染竹秆下部或近地面的秆基部，严重时也侵染竹秆上部甚至小枝。感病部位于春天2～3月（有的在上一年11～12月），在病部产生明显的椭圆形、长条形或不规则形、紧密不易分离的橙黄色垫状物，即病菌的冬孢子堆，多生于竹节处。4月下旬～5月冬孢子堆遇雨后吸水向外卷曲并脱落，下面露出由紫灰褐色变为黄褐色粉质层状的夏孢子堆，当夏孢子堆脱落后，发病部位成为黑褐色枯斑，病斑逐年扩展，当绕竹秆一周时，病竹枯死（如图5-30）。

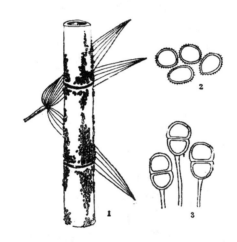

1. 症状　2. 夏孢　3. 冬孢子

图5-30　竹秆锈病（1. 仿董元 2. 3仿李传道）

② 竹秆锈病的病原。病原为皮下硬层锈菌 [*Stereostratum corticioides*（Berk. et Br.）Magn]，属担子菌亚门、冬孢纲、锈菌目、硬层锈菌属。夏孢子堆生于寄主茎秆的角质层下，后突破角质层

外露，呈粉状，夏孢子近球形或卵形，单细胞，表面有刺。冬孢子堆圆形或椭圆形，生于角质层下，多群生紧密连成片，呈毡状，后突破角质层外露，黄褐色，冬孢子半球形至广椭圆形，双细胞，无色或淡黄色，壁平滑，具细长的柄。

③ 竹秆锈病的发病规律。病菌以菌丝体或不成熟的冬孢子堆在病组织内越冬，菌丝体可在寄主体内存活多年。每年9～10月产生冬孢子堆，翌年4月中下旬冬孢子脱落后形成

夏孢子堆，5～6月新竹放枝展叶是夏孢子飞散的盛期，夏孢子是主要侵染源，夏孢子借风雨传播，从伤口侵入当年新竹或老竹，或直接侵入新竹，潜育期7～9个月，病竹上只发现夏孢子堆和冬孢子堆，至今未发现转主寄主。地势低洼、通风不良、较阴湿的竹林发病重；气温在14～21℃，相对湿度78～85%时，病害发展迅速。

（2）松疱锈病。分布于河北、黑龙江、吉林、辽宁、四川、陕西、新疆、甘肃、云南、山西、湖北、内蒙古、安徽、山东、贵州、河南等地，是多种五针松的危险性病害，主要危害红松、新疆五针松、华山松、乔松、堰松、樟子松、油松、马尾松、云南松、赤松和转主寄主为东北茶藨子、黑果茶藨子、马先蒿等。

① 松疱锈病的症状。主要危害松树的枝条和主干皮层，先在侧枝基部发病，后转到主干。发病初期，病枝皮层略肿胀，呈纺锤形，后期病部皮层变色，粗糙开裂，严重时木质部外露并流脂，5月初在表皮下形成黄白色的疱，即病菌的锈孢子器，6月上中旬锈孢子器成熟突出表皮外露，呈橘黄色，锈孢子器破裂散发黄粉状锈孢子，8月末～9月初老病皮的上、下端出现混有病菌精子的蜜滴，初乳白色，后变枯黄色，带有甜味。剥去带蜜滴的树皮，可见皮层中的精子器，呈血迹状。在转主寄主上，夏季至秋季的症状为：叶背出现油脂光泽的黄色丘形夏孢子堆，在夏孢子堆或新叶组织处长出刺毛状红褐色冬孢子（如图5-31）。

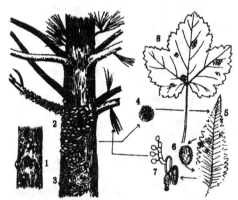

1. 红松蜜滴　2. 锈孢子器　3. 老病皮　4. 锈孢子　5. 冬孢子柱
6. 夏孢子　7. 担孢子　8. 东北茶藨子上的冬孢子柱

图 5-31　松疱锈病

② 松疱锈病的病原。病原为茶藨生柱锈菌（*Conartium riblcola* J.C. Fischer ex Rabenhorst)，属担子菌亚门、冬孢菌纲、锈菌目、柱锈属。性孢子器扁平，生于皮层中，性孢子梨形，无色。锈孢子器初黄白色后橘黄色，具无色包被，锈孢子球形或卵形，鲜黄色表面具粗疣，夏孢子球形或短椭圆形，鲜黄色表面具细刺，冬孢子柱丛生于寄主叶背面，赤褐色，冬孢子梭形，褐色。担孢子球形，带一嘴状突起，透明无色，具油球。

③ 松疱锈病的发病规律。秋季冬孢子成熟后不经休眠萌发产生担子和担孢子，担孢子借风传播到松针上萌发产生芽管，由气孔或表皮侵入，侵入后15天左右，在松针上出现很小的褪色斑点，在叶肉中产生初生菌丝并越冬。翌年初生菌丝生长蔓延，从针叶逐步扩展到细枝、侧枝直至树干皮部或树干基部，此过程需要3～7年，甚至更长。在侵染后的2～3年，枝干皮层上开始出现病斑，产生裂缝，秋季渗出蜜滴为性孢子和蜜露的混合物。次年春季在病部产生锈孢子器，内有大量的锈孢子，每年都产生锈孢子器，锈孢子借风力传播到转主寄主叶上，由气孔侵入，经育期15天，产生夏孢子堆，夏孢子可重复侵染，秋季产生冬孢子柱，冬孢子柱萌发担子和担孢子，担孢子借风力传播到松针上再进行侵染。该病多发生在松树树干薄皮处、刚定植的幼苗、20年生以内的幼树及杂草丛生的幼林内，或林缘、荒坡、沟渠旁的幼龄松树易感病。以东北地区的红松疱锈病为例：锈孢子在温度10～19℃，相对湿度100%，萌发产生芽管，侵染转主寄主，在16℃以下产生冬孢子，在20℃下产生担子及担孢子，在10～18℃条件下向松树侵染。

（3）松瘤锈病，又称松栎锈病。分布于黑龙江、吉林、辽宁、河南、河北、山西、江苏、浙江、江西、贵州、安徽、广西、云南、四川、内蒙古等地，危害樟子松、油松、赤松、兴凯湖松、黑松、马尾松、黄山松、云南松、华山松等，转主寄主有麻栎、栓皮栎、蒙古栎、椰栎、白栎、木包树、板栗等。

① 松瘤锈病的症状。主要侵害松树的主干、侧枝和栎类的叶片。松树枝干受侵染后，木质部增生形成近圆形的瘿瘤，每年春夏之际，瘿瘤的皮层不规则破裂，自裂缝溢出蜜黄色液滴为性孢子器，第二年在瘤的表皮下产生黄色疱状锈孢子器，后突破表皮外露，锈孢子器成熟后破裂，散放出黄粉状的锈孢子。破裂处当年形成新表皮，次年再形成锈孢子器、再破裂。连年发病后瘿瘤上部的枝干枯死，易风折。锈孢子侵染栎树叶片，在栎叶的背面初生鲜黄色小点，即夏孢子堆，叶正面的相对位置色泽较健康部分淡，一个月后，在夏孢子堆上生出许多近褐色的毛状物，即冬孢子柱（如图5-32）。

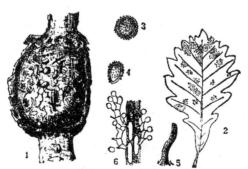

1. 病瘤　2. 蒙古栎叶冬孢子柱　3. 锈孢子
4. 夏孢子　5. 冬孢子柱　6. 担孢子

图 5-32　松瘤锈病

② 松瘤锈病的病原。病原为栎柱锈菌 [*Cronartium quercum* (Berk.) Myiabe]，属担子菌亚门、冬孢菌纲、锈菌目、柱锈菌属。性孢子无色，混杂在黄色蜜液内，自皮层裂缝中外溢，锈孢子器扁平状，橙黄色，锈孢子球形或椭圆形，黄色或近无色，表面有粗疣，夏孢子堆黄色，半球形，夏孢子卵形至椭圆形，内含物橙黄色，壁无色，表面有细刺，冬孢子柱褐色，毛状，冬孢子长椭圆形，黄褐色，冬孢子连结成柱状，冬孢子萌发产生担子及担孢子。

③ 松瘤锈病的发病规律。病菌的冬孢子成熟后不经休眠即萌发产生担子和担孢子，担孢子随风传播到松针上萌发产生芽管，自气孔侵入，由针叶进入小枝再进入侧枝、主干，在皮层中定殖，有的担孢子直接自伤口侵入枝干，以菌丝体越冬。病菌侵入皮层第2～3年的春天，在瘤上挤出混有性孢子的蜜滴，第3～4年产生锈孢子器，锈孢子随风传播到栎叶上，由气孔侵入，5～6月产生夏孢子堆，7～8月产生冬孢子柱，8～9月冬孢子萌发产生担子和担孢子，当年侵染松树。

（4）细叶结缕草锈病。分布于黑龙江、山东、广东、江苏、四川、云南、上海、北京、浙江、台湾等地，主要危害结缕草。

① 细叶结缕草锈病的症状。主要发生在结缕草的叶片上，发病严重时也侵染草茎。早春叶片一展开即可受侵染，发病初期叶片上下表皮出现疱状小点，逐渐扩展形成圆形或长条状的黄褐色病斑即夏孢子堆，成熟后突破表皮，粉堆状，橙黄色，冬孢子堆生于叶背，黑褐色、线条状，病斑周围叶肉组织失绿变为浅黄色，发病严重时整个叶片橘黄色、卷曲干枯，草坪变稀疏（如图5-33）。

② 细叶结缕草锈病的病原。病原为结缕草柄锈菌（*Puccinia zoysiae* Diet.），属担子菌亚门、冬孢菌纲、锈菌目、柄锈菌属。夏孢子堆椭圆形，夏孢子椭圆形至卵形单胞，淡黄色，表面有刺，冬孢子棍棒状，双细胞，黄褐色，锈菌的性孢子器及锈孢子器生于转主寄主鸡矢藤等寄主植物上。

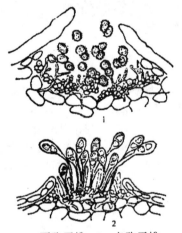

1. 夏孢子堆　2. 冬孢子堆

图5-33　细叶结缕草锈病（仿徐明慧）

③ 细叶结缕草锈病的发病规律。病原以菌丝体或夏孢子在病株上越冬，北京地区的细叶结缕草5～6月份叶片上出现褪绿色病斑，9～10月发病严重，9月底～10月初产生冬孢子堆。广州地区发病较早，3月发病，4～6月及秋末发病较重。病原菌生长发育适温为17～22℃，空气相对湿度在80%以上易于发病；光照不足，土壤板结，排水不良，通风透光较差，偏施氮肥的草坪发病重；病残体多的草坪发病重。

2. 锈病类的防治措施

（1）加强栽培管理，改良土壤，合理施肥，提高草的抗病性。

（2）清除转主寄主。不与转主寄主植物混栽，是防治杆锈病的有效途径。

（3）加强检疫。禁止将疫区的苗木、幼树运往无病区，防止松疱锈病的扩散蔓延。

（4）清除病株，减少侵染来源。

（5）药剂防治。在发病初期喷洒15%粉锈宁可湿性粉剂1000倍液，或25%粉锈宁1500倍液，或用70%甲基托布津可湿性粉剂1000倍液，或用25%三唑酮可湿性粉剂1000～2500倍液喷雾。

5.2.5 枯萎病类

1. 枯萎病类的主要病害

（1）香石竹枯萎病。分布于天津、广东、浙江、上海等地，危害香石竹、石竹、美国石竹等多种石竹属植物。

① 香石竹枯萎病的症状。主要危害叶片，发病初期，植株部叶片萎蔫，迅速向上蔓延，叶片由正常的深绿色变为淡绿色，最终呈苍白的稻草色。纵切病茎可看到维管束中有暗褐色条纹，横切病茎可见到明显的暗褐色环纹（如图5-34）。

② 香石竹枯萎病的病原。病原为石竹尖镰孢菌（*Fusarinm oxysporum* Snyder & Hansen），属半知菌亚门、丝孢纲、瘤座孢目、镰孢属。引起石竹维管束病害，病菌产生分生孢子座，分生孢子有二种：即大型分生孢子和小型分生孢大孢子较粗短，由几个细胞组成，稍弯曲，呈镰刀形；小型分生孢子较小，卵形至矩圆形。当环境不利时，垂死的植株组织和土壤内的病株残体产生大量的小的圆形的厚垣孢子。

③ 香石竹枯萎病的发病规律。病菌在病株残体或土壤中越冬。在潮湿情况下产生子实体，孢子借风雨传播，通过根和茎基或插条的伤口侵入，病菌进入维管束系统向上蔓延，繁殖材料是病害传播的重要来源，被污染的土壤也是传播来源之一。高温高湿有利于病害的发生。酸性土壤及偏施氮肥有利于病菌的侵染和生长。

（2）松材线虫病，又称松枯萎病。分布于南京、安徽、广东、山东、浙江、台湾和香港等地，是松树的一种毁灭性病害，主要危害黑松、赤松、马尾松、海岸松、火炬松、黄松、湿地松、白皮松等植物。

① 松材线虫病的症状。松树受害后症状发展过程分四个阶段：第一阶段，外观正常，树脂分泌减少或停止，蒸腾作用下降；第二阶段，针叶开始变色，树脂分泌停止，通常能够观察到天牛或其他甲虫侵害和产卵的痕迹，第三阶段，大部分针叶变为黄褐色，萎蔫，通常见到甲虫的蛀屑；第四阶段，针叶全部变为黄褐色，病树干枯死亡，但针叶不脱落，此时树体上有次期性害虫栖居（如图5-35）。

1. 雌成虫 2. 雄成虫 3. 雄虫尾部
4. 交合伞 5. 雌虫阴 6-8. 雌虫尾部

图 5-34　香石竹枯萎病（仿蔡耀焯）　　　　　图 5-35　松材线虫（仿唐尚杰）

② 松材线虫病的病原。病原为[*Bursaphelenchuh xylophilus*(Steiner & Buhrer)Nickle]。

③ 松材线虫病的发病规律。松材线虫病每年7~9月份发生。高温干旱气候适合病害发生，低温则抑制病害的发展；土壤含水量低，病害发生严重。在我国，传播松材线虫的主要媒介是松墨天牛。松墨天牛5月份羽化，从罹病树中羽化出来的天牛几乎都携带松材线虫，天牛体内的松材线虫为耐久型幼虫，这阶段幼虫抵抗不良环境能力很强，它们主要分布在天牛的气管中，每只天牛可携带成千上万条线虫。当天牛在树上咬食补充营养时，线虫幼虫从天牛取食造成的伤口进入树脂道，然后蜕皮为成虫，被松材线虫侵染的松树又是松墨天牛的产卵对象，翌年，在罹病松树内寄生的松墨天牛羽化时又会携带大量线虫并"接种"到健康的树上，导致病害的扩散蔓延。病原线虫近距离由天牛携带传播，远距离随调运带有松材线虫的苗木、木材及松木制品等传播。松材线虫生长繁殖的最适温度为20℃，低于10℃时不能发育，在28℃以上繁殖受到抑制，在33℃以上不能繁殖。

2. 枯萎病类的防治措施

（1）加强检疫，防止危险性病害的扩展与蔓延。

（2）对传病昆虫的防治是防止松材线虫扩散蔓延的有效手段。防治松材线虫的主要媒介为松墨天牛，在天牛从树体中飞出时，用0.5%杀螟松乳剂或乳油喷雾，杀死松材内的松墨天牛的幼虫。

（3）清除侵染来源。挖除病株且烧毁，进行土壤消毒，有效控制病害的扩展。

（4）药剂防治。在发病初期用50%多菌灵可湿性粉剂800~1 000倍液，或50%苯来特

500~1 000 倍液，灌注根部土壤。防治松材线虫病可在树木被侵染前用丰索磷、克线磷、氧化乐果、涕灭威等树干注射或根部土壤处理。

5.2.6 枝枯病类

1. 枝枯病类的主要病害

（1）月季枝枯病，又名月季普通茎溃疡病。分布于上海、江苏、湖南、河南、陕西、山东、天津、安徽、广东等地，危害月季、玫瑰、蔷薇等蔷薇属多种植物。

① 月季枝枯病的症状。病菌主要侵染枝干。发病初期，枝干上出现灰白、黄或红色小点，逐渐扩大为椭圆形至不规则形病斑，病斑中央灰白色或浅褐色，边缘紫色，后期病斑下陷，表皮纵向开裂。溃疡斑上着生许多黑色小颗粒，即病菌的分生孢子器。老病斑周围隆起，病斑环绕枝条一周，引起病部以上部分枯死（如图5-36）。

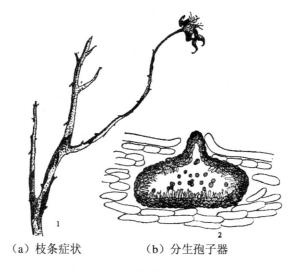

(a) 枝条症状　　(b) 分生孢子器

图 5-36　月季枝枯病（仿蔡耀焯）

② 月季枝枯病的病原。病原为伏克盾壳霉（*Coniothyrium fuckelii* Sacc），属半知菌亚门、腔胞纲、球壳孢目、盾壳霉属。分生孢子器生于寄生植物表皮下，黑色，扁球形，具乳突状孔口，分生孢子梗较短，不分枝，单胞，无色，分生孢子小，浅黄色，单胞，近球形或卵圆形。

③ 月季枝枯病的发病规律。病菌以菌丝和分生孢子器在枝条病组织中越冬。翌年春天，在潮湿情况下分生孢子器内的分生孢子大量涌出，借风雨传播，成为初侵染源。病菌通过休眠芽和伤口侵入寄主。管理不善、过度修剪、生长衰弱的植株发病重。

（2）落叶松枯梢病。主要分布于辽宁、吉林、黑龙江、内蒙古、山东、陕西、山西、河北等地，是落叶松的一种危险性病害。

① 落叶松枯梢病的症状。病菌侵染当年新梢，发病初期，新梢褪绿，渐发展成烟草棕色，枯萎变细，顶部下垂呈钩状。自弯曲部起向下逐渐落叶，仅留顶部叶簇。干枯的基部呈浅黄棕色，弯曲的茎轴呈暗栗色。发病较晚时，因新梢木质化程度较高，病梢直立枯死不弯曲，针叶全部脱落。病梢常有松脂溢出，松脂固着不落、呈块状。若连年发病则病树顶部呈丛枝状。新梢病后十余日，在顶梢残留叶上或弯曲的茎轴上散生近圆形小黑点，即病菌的分生孢子器，有时在枝上有黑色小点，即病菌的性孢子器。8月末至下一年6月，在病梢上看到梭形小黑点，即病菌的子囊果（如图5-37）。

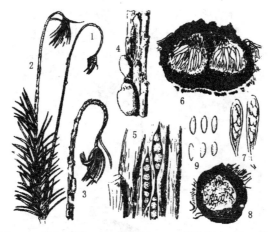

1. 头年病梢　2. 当年病梢　3. 松脂块　4. 病梢放大　5. 病梢上子实体
6. 子囊腔　7. 子囊孢子　8. 分生孢子器　9. 分生孢子

图 5-37　落叶松枯梢病

② 落叶松枯梢病的病原。病原为落叶松球座菌（*Guignardia laricima* Yamamoto et K.Ito），属子囊菌亚门、腔菌纲、座囊菌目、球座菌属。座囊腔为瓶状或梨形，黑褐色，单生、群生或丛生于病梢表皮下，成熟后顶部外露。子囊棍棒状，双壁，基部有短柄，平行排列于座囊腔基部，子囊孢子8个，双行排列于子囊中，无色、单胞，椭圆形。分生孢子器群生于顶梢残留叶簇和病梢上部表皮下，球形或扁球形，黑色。分生孢子梗短，不分枝。分生孢子椭圆形，单胞，无色，常见1~2个油球。性孢子器球形至扁球形，单生或丛生于病枝表皮下，性孢子梗长，无色，具2~3个横隔，性孢子短杆状或椭圆形，无色。落叶松枯梢病的发病规律。病菌以菌丝及未成熟的座囊腔或残存的分生孢子器在病梢及顶梢残叶上越冬。翌年6月以后，座囊腔成熟产生子囊和子囊孢子，子囊孢子借风力传播，侵染带伤新梢，成为当年的主要侵染来源。残存的分生孢子靠雨水和风力传播，成为初侵染源。侵染10~15天后出

现病状，约 7 月中下旬产生分生孢子器，以分生孢子进行再侵染，8 月末开始在病梢上产生座囊腔。6 月下旬～7 月中下旬的孢子飞散期如遇连续降雨，病害发生严重；风口、林缘的落叶松发病重；冻害、霜害为病菌侵入创造条件，发病重；兴安落叶松、长白落叶松、华北落叶松和朝鲜落叶松易感病，日本落叶松发病轻；6～15 年生幼树发病重。

（3）毛竹枯梢病。分布于安徽、江苏、上海、浙江、福建、广东、江西等地，是毛竹的一种危险性病害。

① 毛竹枯梢病的症状。危害当年新竹枝条、梢头。发病初期主梢或枝条的分叉处出现舌状或梭形病斑，由淡褐色逐渐变为深褐色，随着病斑的扩展，病部以上叶片变黄、纵卷直至枯死脱落。严重发病的竹林，前期竹冠赤色，远看似火烧，后期竹冠灰白色，远看竹林似戴白帽。竹林内病竹最终出现枝枯、梢枯、株枯三种类型。剖开病竹，腔内病斑处组织变褐，长有棉絮状菌丝体。病竹枝梢部叶片和小枝脱落后，不再萌生新叶。翌年春天，林内病竹染病部位出现不规则状或长条状突起物，后纵裂或不规则开裂，从裂口处长出 1 至数根黑色刺状物，即病菌的子囊壳。有时病部也散生圆形突起的小黑点，即病菌的分生孢子器（如图 5-38）。

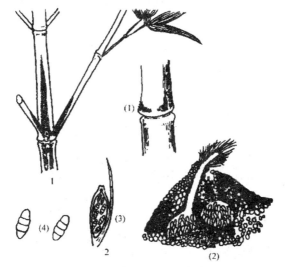

1. 症状　2：(1) 子实体　(2) 子囊壳　(3) 子囊及子囊孢子　(4) 子囊孢子

图 5-38　毛竹枯梢病

② 毛竹枯梢病的病原。病原为竹喙球菌（*Ceratophaeria phyllostachydis* Zhang），属子囊菌亚门、核菌纲、球壳菌目、喙球菌属。子囊壳黑色、炭质，卵圆形或扁圆形，表面无毛，顶部具长喙黑色、外露，喙顶外部具有灰色毛状物，内部有缘丝。子囊棍棒状，束生，有短柄，双层壁，透明，顶部明显加厚，具一孔道。子囊间有假侧丝，略长于子囊，

子囊孢子 8 个，双行排列于子囊内，梭形，初为无色，后为浅黄色，多数具 3 个隔膜，少数 4 个隔膜，分隔处稍缢缩，分生孢子器暗褐色，炭质，近圆锥形，底部着生于病组织内，大部分外露，分生孢子单胞，无色，腊肠形，具 2~4 个油球。

③ 毛竹枯梢病的发病规律。病菌以菌丝体在林内老竹病组织内越冬。林内 1~3 年病竹能产生子实体，比前 2 年的病竹产生的子实体多。每年 4 月雨量充足，月平均气温达 15℃ 以上，病菌子实体在林间开始产生，于 5 月上旬~6 月中旬成熟，随风雨传播，自伤口或直接侵入当年新竹，潜育期 1~3 个月，有的长达 1~2 年，7 月开始产生病斑，7~8 月高温干旱季节为发病高峰期，10 月以后病害停止。山岗、林缘、阳坡、纯林内的新竹发病重。

2. 枝枯病类的防治措施

（1）加强栽培管理，提高园林植物抗病能力。

（2）加强检疫，防止危险性病害的扩展和蔓延。

（3）清除侵染来源。及时清除病死枝条和植株，除去其他枯枝或生长衰弱的植株及枝条，刮除老病斑，减少侵染来源，减轻病害的发生。

（4）药剂防治。树干发病时可用 50% 代森铵或 65% 代森锌可湿性粉剂 1000 倍液喷雾。

5.2.7 黄化病类

1. 黄化病类的主要病害

（1）翠菊黄化病。分布于北京、上海等地，危害翠菊、瓜叶菊、矢车菊、天人菊、美人蕉、天竺葵、福禄考、金盏菊、金鱼草、长春花、菊花、非洲菊、百日草、万寿菊、矮雪轮、大岩桐、荷花、香石竹、蔷薇、茉莉、牡丹等 40 个科的 100 多种植物。翠菊黄化病的症状。翠菊感病后，生长初期幼叶沿叶脉出现轻微黄化，而后叶片变为淡黄色，病叶向上直立，叶片和叶柄细长狭窄，嫩枝上腋芽增多，形成扫帚状丛枝，植株矮小、萎缩，花序颜色减退，花瓣通常变成淡黄绿色，花小或无花（如图 5-39）。

① 翠菊黄化病的病原。植原体（MLD），球形或椭圆形，有时形态变异为蘑菇形或马蹄形。

② 翠菊黄化病的发病规律。病原物主要是在雏菊、春白菊、大车前、飞蓬、天人菊、苦苣菜等各种多年生植物上存活和越冬，通过叶蝉从这些植物传播到翠菊或其他寄主上侵染危害。此外，菟丝子也能传毒，但种子不带毒，汁液和土壤不传毒。温度在 25℃ 时潜育期为 8~9 天，气温在 20℃ 时潜育期 18 天，10℃ 以下不显症状，7~8 月份发病严重。

图 5-39 翠菊黄化病

2. 黄化病类的防治措施

（1）加强检疫，防治危险性病害的传播。

（2）栽植抗病品种。

（3）及时剪除病枝，挖除病株，减轻病害的发生。

（4）防治刺吸式口器昆虫（如蜡、叶蝉等）可喷洒50%马拉硫磷乳油1 000倍液或10%安绿宝乳油1 500倍液、40%速扑杀乳油1 500倍液，可减少病害传染。

5.3 根部病害

根部病害是园林植物病害中种类最少、危害性最大的一类病害。根部病害主要破坏植物的根系，影响水分、矿物质、养分的输送，引起植株的死亡。主要症状类型：根部及根茎部皮层腐烂，产生特征性的白色菌丝、菌核、菌索，根部和根茎部肿瘤，植株枯萎，根部或干基腐朽，产生大型子实体等。引起园林植物根部病害的病原有非侵染性病原（如土壤积水、酸碱度不适、土壤板结、施肥不当等）和侵染性病原（如真菌、细菌、线虫等）。

5.3.1 猝倒病类

1. 猝倒病类的主要病害

（1）幼苗猝倒病，又名幼苗立枯病。分布于全国各地，是园林植物的常见病害之一。主要危害杉属、松属、落叶松属等针叶树苗木，也危害杨树、臭椿、榆树、枫杨、银杏、桑树等多种阔叶树幼苗和瓜叶菊、蒲包花、彩叶草、大岩桐、一串红、秋海棠、唐菖蒲、鸢尾、香石竹等多种花卉，是育苗中的一大病害。

① 幼苗猝倒病的症状。自播种至苗木木质化后都可能被侵害，但各阶段受害状况及表现特点不同，种子和幼苗在播种后至出土前被害时表现为种芽腐烂型，苗床上出现缺行断垄现象；幼苗出土期，若湿度大或播种量多，苗木密集，接除覆盖物过迟，被病菌侵染，幼苗茎叶黏结，表现为茎叶腐烂；苗木出土后至嫩茎木质化之前被害，苗木根颈处变褐色并出现水渍状腐烂，表现为幼苗猝倒型，这是本病的典型特征；苗木茎部木质化后，根部皮层腐烂，苗木直立枯死，但不倒伏，称为立枯型，由此称为苗木立枯病（如图5-40）。

② 幼苗猝倒病的病原。病原有非侵染性病原和侵染性病原两大类。非侵染性原包括圃地积水，排水不良，造成根系窒息；土壤干旱、黏重，表土板结；覆土过厚，平畦播种揭开草帘子时间过晚；地表温度过高，根茎灼伤；农药污染等。侵染性病原主要是真菌中的腐霉菌（*Pythium* spp）、丝核菌（*Rhizoctronia* spp）和镰刀菌（*Fusarium* spp）。

腐霉菌属于鞭毛菌亚门、卵菌纲、霜霉目、腐霉属。菌丝无隔，无性阶段产生游动孢子囊，囊内产生游动孢子，在水中游动到达侵染部位。有性阶段产生厚壁而色泽较深的卵孢子。常见的有危害松、杉幼苗的德巴利腐霉（*Pythium debaryanum* Hesse）和瓜果腐霉[*Pythium aphanidermatum*（Eds.）Fitz.]。

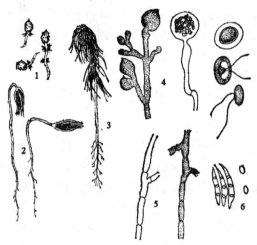

1. 种芽腐烂 2. 幼苗猝倒 3. 苗木立枯 4. 腐霉菌游动孢子和卵孢子
5. 丝核菌菌丝 6. 镰刀菌分生孢子

图 5-40　杉苗猝倒病症状

镰刀菌属于半知菌亚门、丝孢纲、瘤座菌目、镰孢属。菌丝多隔无色，无性阶段产生两种分生孢子：一种是大型多隔镰刀状的分生孢子，另一种为小型单胞的分生孢子。分生孢子着生于分生孢子梗上，分生孢子梗集生于垫状的分生孢子座上。有性阶段很少发生。常见的是危害松、杉幼苗的腐皮镰孢[*Fusarium solani*（Mart.）App.et Wollenw.]和尖镰孢（*Fusarium oxysporum* Schl.）。

丝核菌属于半知菌亚门、丝孢纲、无孢目、丝核菌属。菌丝分隔，分枝近直角，分枝处明显缢缩。初期无色，老熟时浅褐色至黄褐色。成熟菌丝常呈一连串的桶形细胞，菌核即由桶形细胞菌丝交织而成，菌核黑褐色，质地疏松。常见的是危害松、杉幼苗的立枯丝核菌

③ 幼苗猝倒病的发病规律。病菌为弱寄生，有较强的腐生能力，平时能在土壤的植物残体上腐生且能存活多年，以卵孢子、厚垣孢子和菌核度过不良环境。病菌借雨水、灌溉水传播一旦遇到合适的寄主便侵染危害。病菌主要危害 1 年生幼苗，尤其是苗木出土后至木质化前最容易感病；长期连作感病植物，种子质量差，幼苗出土后连遇阴雨，光照不足，幼苗木质化程度差，播种迟，覆土深，雨天操作，揭草不及时，发病重。

2. 猝倒病类防治措施

（1）选好圃地。用新垦山地育苗，苗木不连作，土中病菌少，苗木发病轻。

（2）选用良种。选成熟度高、品质优良的种子，适时播种，增强苗木抗病性。

（3）土壤和种子消毒。用五氯硝基苯为主的混合剂处理土壤和种子。混合比例为75%五氯硝基苯，其他药剂25%（如代森锌或敌克松），用量为 $4\sim6g/m^2$。配制方法是：先将药量称好，然后与细土混匀即成药土。播种前将药土在播种行内垫 1cm 厚，然后播种，并用药土覆盖。

（4）药剂防治。幼苗发病后，用1%硫酸亚铁或70%敌克松500倍稀释液喷雾，或用1:1:120～170的波尔多液，每隔10天喷1次，共喷3～5次。

5.3.2 根腐病类

1. 根腐病类的主要病害

（1）杜鹃疫霉根腐病。分布于杜鹃栽植区，主要危害杜鹃属、紫杉属等园林植物。

① 杜鹃疫霉根腐病的症状。病菌侵染杜鹃的根系或根茎部。发病初期营养根先出现坏死，地上部分生长不良，展叶迟，叶片变小，无光泽，发黄，老叶早衰脱落，新梢纤细短小，主根和根茎受侵染后为褐色腐烂，表皮剥离脱落，叶片凋萎下垂，全株枯死。

② 杜鹃疫霉根腐病的病原。病原为樟疫霉（*Phytophthora cinnamomii* Rands），属鞭毛菌亚门、卵菌纲、霜霉目、疫霉属。孢子囊卵圆形至椭圆形，有乳状突起。

③ 杜鹃疫霉根腐病的发病规律。病菌以厚垣孢子、卵孢子在病株残体上或在土壤中越冬，无寄主时休眠体长期存活，能在土中存活84～365天。

（2）花木根朽病。分布于东北、华北、云南、四川、甘肃等地，是一种著名的根部病害，主要危害樱花、牡丹、芍药、杜鹃、香石竹等200多种针、阔叶树种。

① 花木根朽病的症状。病菌侵染根部或根颈部，引起皮层腐烂和木质部腐朽。针叶树被害后，在根颈部产生大量流脂，皮层和木质部间有白色扇形的菌膜，在病根皮层内、病根表面及病根附近的土壤内产生深褐色或黑色扁圆形的根状菌，秋季在濒死或已死亡的病株干茎和周围地面上出现成丛的蜜环菌的子实体。被害的初期症状，表现为皮层的湿腐，具有浓重的蘑菇味，黑色菌索包裹着根部，紧靠的松散树皮下有白色菌扇，也形成蘑菇。根系及根颈腐烂，最后整株枯死（如图5-41）。

② 花木根朽病的病原。病原为小蜜环菌［*Armillariella mellea* （Vahl ex Fr.）Karst］，属担子菌亚门、层菌纲、伞菌目、小蜜环菌属。子实体伞状，多丛生，菌体高5～10cm，菌盖淡蜜黄色，上表面具有淡褐色毛状小鳞片，菌柄位于菌盖中央，实心，黄褐色，上部有菌环，担孢子卵圆形，无色。

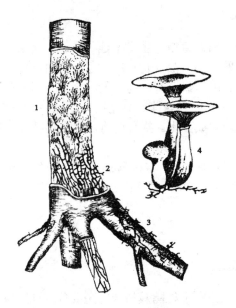

1. 菌扇　2. 皮下菌索　3. 根表菌索　4. 子实体

图 5-41　花木根朽病

③ 花木根朽病的发病规律。小蜜环菌腐生能力强，存在于土壤或树木残桩上。担孢子随气流传播侵染带伤的衰弱木，菌索在表土内扩展延伸，当接触到健根时直接侵入或通过根部表面的伤口侵入。植株生长衰弱，有伤口存在，土壤黏重，排水不良，有利于病害的发生。

2. 根腐病类的防治措施

（1）选好圃地。不积水，透水性良好，不连作，前作不应是茄科等最易感病植物。

（2）选用抗病品种，提高植株抗病力。

（3）精细选种。适时播种，播种前用 0.2～0.5% 的敌克松等拌种。

（4）播种后控制灌水。尽量少灌水，减少发病，出现苗木感病时，在苗木根颈部用 75% 敌克松 4～6g/m² 灌根。苗木出圃时严格检查，发现带病苗木立即烧毁。栽植前，将苗木根部浸入 70% 甲基托布津 500 倍溶液中 10～30 分钟，进行根系消毒处理。

（5）病树治疗。用 70% 的甲基托布津，或 50% 多菌灵可湿性粉剂 500～1 000 倍的药液灌病根。病株周围土壤用二硫化碳浇灌处理，抑制蜜环菌的发生。病树处理及施药时期要避开夏季高温多雨季节，处理后加施腐熟人粪尿或尿素，尽快恢复树势。

（6）挖除重病林。及早挖除病情严重及枯死的植株。

（7）加强检疫，防止病害的扩展和蔓延。

（8）生物防治。施用木霉菌制剂，促进植株健康生长。

5.3.3 根瘤病类

1. 根瘤病类的主要病害

（1）樱花根癌病。分布很广，主要危害樱花、菊、石竹、天竺葵、月季、蔷薇、柳、桧柏、梅、南洋杉、银杏、罗汉松等59个科142属300多种植物。

① 樱花根癌病的症状。主要发生在根颈部，也发生在主根、侧根及地上部的主干和侧枝上。病部膨大呈球形的瘤状物，幼瘤为白色，质地柔软，表面光滑，瘤状物逐渐增大，质地变硬，褐色或黑褐色，表面粗糙、龟裂。由于根系受到破坏，轻者造成植株生长缓慢、叶色不正，重者引起全株死亡（如图5-42）。

② 樱花根癌病的病原。病原为根癌土壤杆菌 [*Agrobacterium tumefaciens*（Smith et Towns.）Conn]，菌体短杆状，具1~3根极生鞭毛。革兰氏染色阴性，在液体培养基上形成较厚的、白色或浅黄色的菌膜。在固体培养基上菌落圆而小，稍突起半透明。

③ 樱花根癌病的发病规律。病菌在癌瘤组织的皮层内越冬，或在癌瘤破裂脱皮时，进入土壤中越冬，病菌在土壤中存活一年以上。雨水和灌溉水是传病的主要媒介。此外，地下害虫如蛴螬、蝼蛄、线虫等在病害传播上也起一定的作用。其中苗木带菌是远距离传播的重要途径。病菌从伤口侵入寄主，引起寄主细胞异常

1. 症状　2. 病原细菌

图5-42　樱花根癌病

分裂，形成癌瘤。从病菌侵入到出现病瘤所需几周或一年以上。适宜的温湿度是根癌病菌进行侵染的主要条件。病菌侵染与发病随土壤湿度的增高而增加；癌瘤的形成以22℃时为适合，在18℃~26℃时形成的根瘤细小，在28~30℃时不易形成，在30℃以上几乎不能形成。土壤为碱性时有利于发病；在pH值6~8范围时病菌的致病力强；土壤黏重、排水不良发病重；管理粗放或地下害虫多发病重。

（2）仙客来根结线虫病。我国发生普遍，寄主范围广，主要危害仙客来、桂花、海棠、仙人掌、菊、石竹、大戟、倒挂金钟、栀子、唐菖蒲、木槿、绣球花、鸢尾、天竺葵、矮牵牛、蔷薇等植物。

① 仙客来根结线虫病的症状。线虫危害仙客来球茎及侧根和支根。球茎上形成大的瘤状物，直径可达1~2cm。侧根和支根上的瘤较小，单生。根瘤初淡黄色，表皮光滑，后变褐色，表皮粗糙，切开根瘤，在剖面上可见发亮的白色颗粒，即为梨形的雌虫体。

② 仙客来根结线虫病的病原。南方根结线虫（*Meloidogyne incognita* Chitwood）。雄虫

蠕虫形，细长，长1.2～2.0mm，尾短而圆钝，有两根弯刺状的交合器；雌虫鸭梨形，阴门周围有特殊的会阴花纹，这是鉴定种的重要依据；幼虫蠕虫形，卵长椭圆形，无色透明（如图5-43）。

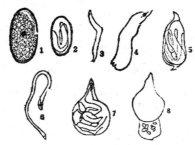

1. 卵　2. 卵内幼虫　3. 性分化前的幼虫　4. 未成熟的雌虫
5. 在幼虫包皮内成熟的雄虫　6. 雄虫　7. 含有卵的雌虫　8. 产卵的雌虫

图5-43　根结线虫生活史

③ 仙客来根结线虫病的发病规律。线虫以二龄幼虫或卵在土壤中或土中的根结内过冬。当土壤温度达到20～30℃，湿度在40%以上时，线虫侵入根部危害，刺激寄主形成巨型细胞形成根结，从入侵到形成根结大约1个月。幼虫脱皮发育为成虫，雌雄交配产卵或孤雌生殖产卵。完成1代约需30～50天，1年发生多代。通过流水、肥料、种苗传播。土壤内幼虫如3周遇不到寄主，死亡率可达90%。温度高、湿度大发病重；沙壤土中发病重。

2. 根瘤病类的防治措施

（1）改进育苗方法。加强栽培管理选择无病土壤作苗圃，实施轮作，间隔2～3年。苗圃地应进行土壤消毒，用硫磺粉50～100g/m²，或5%福尔马林60g/m²，或漂白粉100～150g/m²对土壤处理；用日光曝晒和高温干燥方法，或用克线磷、二氯异丙醚、丙线磷（益收宝）、苯线磷（力满库）、棉隆（必速灭）等颗粒剂进行土壤处理；碱性土壤应施用酸性肥料或增施有机肥料，如绿肥等，以改变土壤pH值，使之不利于病菌生长；雨季及时排水，改善土壤的通透性；中耕时尽量少伤根；苗木检查消毒：用1%硫酸铜溶液浸5分钟或用3%次氯酸钠液浸泡3分钟，再放入2%石灰水中浸3分钟。

（2）病株处理。在定植后的果树上发现病瘤时，用快刀切除病瘤，用100倍硫酸铜溶液或50倍抗菌剂402溶液消毒切口，再外涂波尔多液保护，也可用400单位链霉素涂切口，外涂凡士林保护，切下的病瘤立即烧毁；病株周围的土壤可用抗菌剂402的2 000倍液灌注消毒；在生长期对病株可用10%力满库（克线磷）施于根际附近，用量为45～75kg/ha，可沟施、穴施或撒施，也可把药剂直接施入浇水中，此药是当前较理想的触杀及内吸性杀线虫剂。

（3）防治地下害虫。地下害虫危害造成根部受伤，增加发病机会，因此及时防治地下害虫，减轻发病。

（4）生物防治。在发病前，使用 K84 生物保护剂。

5.3.4 纹羽病类

1. 纹羽病类的主要病害

（1）花木紫纹羽病，又称紫色根腐病。分布于东北、河北、河南、安徽、江苏、浙江、广东、四川、云南等地，危害松、杉、柏、刺槐、杨、柳、栎、漆树、橡胶、芒果等树木。

① 花木紫纹羽病的症状。从小根开始发病，蔓延至侧根及主根，甚至到树干基部。皮层腐烂，易与木质部剥离，病根及干基部表面有紫色网状菌丝层或菌丝束，有的形成一层质地较厚的毛绒状紫褐色菌膜，如膏药状贴在干基处，夏天在上面形成一层很薄的白粉状孢子层，在病根表面菌丝层中有时还有紫色球状的菌核。病株地上部分表现为：顶梢不发芽，叶形变小、发黄、皱缩卷曲，枝条干枯，最后全株死亡（如图5-44）。

② 花木紫纹羽病的病原。病原为紫卷担子菌[*Helicobasidium purpureum*（Tul.）Pat.]，属担子菌亚门、层菌纲、银耳目、卷担菌属。子实体膜质，紫色或紫红色，子实层表面光滑，担子卷曲，担孢子单胞、肾形、无色。病菌在病根表面形成明显的紫色菌丝体和菌核。

③ 花木紫纹羽病的发病规律。病菌以病根上的菌丝体和菌核在土壤内越冬。菌核有抵抗不良环境条件的能力，长期存活在土壤中，环境条件适宜时，萌发菌丝体，菌丝体成束在土内或土表延伸，接触到健康林木根后直接侵入，通过病、健根接触传染蔓延，担孢子在病害传播中不起重要作用。4月开始发病，6～8月为发病盛期，有明显的发病中心。地势低洼，排水不良的地方容易发病。

（2）花木白纹羽病。分布于辽宁、河北、山东、江苏、浙江、安徽、贵州、陕西、湖北、江西、四川、云南、海南等地，危害栎、栗、榆、槭、云杉、冷杉、落叶松、银杏、苹果、梨、泡桐、垂柳、腊梅、雪松、五针松、大叶黄杨、芍药、风信子、马铃薯、蚕豆、大豆、芋等植物。

① 花木白纹羽病的症状。病菌侵害根部，最初须根腐烂，后扩展到侧根和主根。被害部位的表层缠绕有白色或灰白色的丝网状物，即根状菌索。土表根际分布白色蛛网状的菌丝膜，有时形成小黑点，即病菌的子囊壳，烂根有蘑菇味（如图5-45）。

② 花木白纹羽病的病原。病原为褐座坚壳菌[*Rosellinia necatrix*（Hart.）Berl.]，属子囊菌亚门、核菌纲、球壳菌目、座坚壳属。无性阶段形成孢梗束，具横隔膜，上部分枝，

顶生或侧生1~3个分生孢子,分生孢子无色,单胞、卵圆形,易脱落。老熟菌丝在分节的一端膨大,形成圆形的厚垣孢子。菌核黑色,近圆形,直径1mm,大的达5mm。有性世代形成子囊壳,不常见,繁殖器官在全株腐朽后才产生。

(a) 症状　　(b) 担孢子　　　　　　(a) 病根菌丝　(b) 分生孢子　(c) 子囊孢子

图5-44　紫纹羽病　　　　　　　　　图5-45　花木白纹羽病

③ 花木白纹羽病的发病规律。病菌以菌核和菌索在土壤中或病株残体上越冬。通过病、健根的接触和根状菌索的蔓延。病菌的孢子在病害传播上作用不大。当菌丝体接触到寄主植物时,从根部表面皮孔侵入,先侵害小侧根,后在皮层下蔓延至大侧根,破坏皮层下的木质细胞,深层组织不受侵害。根部死亡后,菌丝穿出皮层,在表面缠结成白色或灰褐色菌索,以后形成黑色菌核,有时亦形成子囊壳及分生孢子。3月中下旬开始发病,6~8月发病盛期,10月停止发病。土质黏重、排水不良、低洼积水地,发病重。高温有利于病害的发生。

2. 纹羽病类的防治措施

(1) 选好圃地,透水性良好,不连作,前作不应是茄科等最易感病植物。
(2) 选用抗病品种,提高植株抗病力。
(3) 精细选种,适时播种,播种前用0.2~0.5%的敌克松等拌种。
(4) 生物防治,施用木霉菌制剂或5406抗生菌肥料覆盖根系,促进植株健康生长。

5.3.5　白绢病类

1. 白绢病类的主要病害

(1) 花木白绢病。分布于长江以南各省,危害芍药、牡丹、凤仙花、吊兰、美人蕉、水仙、郁金香、香石竹、菊、福禄考、油茶、油桐、楠、茶、泡桐、青桐、橄、梓、乌桕、柑橘、苹果、葡萄、松树等 60 余个科 200 多种植物。

① 花木白绢病的症状。主要危害根茎基部。在近地面的根茎处开始发病,逐渐向上部和地下部蔓延,病部呈褐色,皮层腐烂。受害植物叶片失水凋萎,枯死脱落,植株生长停滞,花蕾发育不良,枯萎变红。主要特征是病部呈水渍状,黄褐色至红褐色湿腐,上面有白色绢丝状菌丝层,呈放射状蔓延到病部附近土面上,病部皮层易剥离,基部叶片易脱落。君子兰和兰花等发生在根茎部及地下肉质茎处。有球茎、鳞茎的花卉植物,发生于球茎和鳞茎上。发病中后期,在白色菌丝层中出现黄白色油菜籽大小的菌核,后变为黄褐色或棕色(如图 5-46)。

1. 病根　2. 菌核

图 5-46　花木白绢病

② 花木白绢病的病原。病原的有性阶段少见,无性阶段为齐整小核菌(*Sclerotium rolfsii* Sacc.),属半知菌亚门、丝孢纲、无孢目、小核菌属。菌丝体白色,疏松,或集结成菌丝束贴于基物上,菌核表生,状如油菜籽,初为白色,后为褐色。花木白绢病的发病规律。病菌以菌丝与菌核在病株残体、杂草或土壤中越冬,菌核在土壤中存活 5~6 年,在环境条件适宜时,由菌核产生菌丝进行侵染。病菌由病苗、病土和水流传播,直接侵入或从伤口侵入,潜育期 1 周左右。病菌发育的适宜温度为 32~33℃,最高温度 38℃,最低温度 13℃。在江、浙一带 5~6 月份梅雨季节为发病高峰,北方地区 8~9 月为发病高峰。高温、高湿是发病的主要条件,土壤湿润、株丛过密有利于发病;介壳虫危害加重病害的发生;连作地发病重;酸性砂质土发病重。

2. 白绢病类的防治措施

(1) 选择排水良好,不连作的地块为圃地。
(2) 选用抗病品种,提高植株抗病力。
(3) 精细选种,适时播种。

5.4　习　题

1. 园林植物叶部病害的危害特点是什么?
2. 炭疽病类的典型症状是什么?锈病类的防治措施有哪些?
4. 如何开展园林植物叶部病害的综合治理工作?结合实际进行操作。
5. 简述月季枝枯病的症状特点?
6. 简述杨树烂皮病和杨树溃疡病的区别?

7. 枝干病害的发生特点与其他病害类型有什么不同？
8. 幼苗猝倒病的发生有何特点，怎样防治？
9. 细菌性根癌病的症状有何特点，怎样防治？
10. 怎样防治根结线虫病？

第6章 实验实训

6.1 实验1：昆虫的外部形态特征

1. 实验目的

通过观察，掌握昆虫体躯外部形态特征及昆虫的触角、口器、胸足和翅的基本构造和类型。

2. 实验材料和用具

（1）材料 蝗虫、蝼蛄、蜜蜂、蝉、家蝇、蝶类、蛾类、蜻蜓、螳螂、小蠹虫、瓢甲、芫菁、天牛、金龟甲、步甲、象甲、白蚁等浸渍标本、合装标本或针插标本；蚜虫、蓟马玻片标本。

（2）用具 体视显微镜、放大镜、挑针、镊子、培养皿、泡沫板、昆虫外部形态模型及挂图等。

3. 实验内容

（1）昆虫体躯基本构造的观察。
（2）昆虫触角基本构造和类型的观察。
（3）昆虫口器基本构造和类型的观察。
（4）昆虫胸足的构造及类型的观察。
（5）昆虫翅的构造及类型的观察。

4. 实验方法与步骤

序号	技能训练点	训练方法	训练参考时间
1	昆虫体躯的基本构造	以蝗虫为例，用镊子将翅掀起直立、从侧面观察外骨骼包被虫体，躯体由许多环节组成，分成三体段：头、胸、	20分钟

(续表)

序号	技能训练点	训练方法	训练参考时间
1	昆虫体躯的基本构造	腹。头部有1对触角、1对复眼、3个单眼、一副口器；胸部有3对胸足及2对翅；腹部末端有尾须、外生殖器及肛上板、肛侧板	20分钟
2	昆虫的头式	以蝗虫、步甲、蝉为例，观察它们口器着生方向，判断它们属于何种头式	10分钟
3	咀嚼式口器的构造	以蝗虫为例，用镊子和剪刀依次取下蝗虫的上唇，一对上颚、一对下颚、下唇、舌五部分放在实体显微镜下观察各部分形态和构造	20分钟
4	刺吸式口器的构造	以蝉为例，在头的下方有一个管状下唇。用右手食指慢慢地将下唇向下按，迎着光线在正面基部可见一个三角形小片，即上唇。将下唇下按，使包藏在下唇槽内的上、下颚口针外露，左右一对较粗的是上颚，中间一根金黄色的是一对下颚口针的愈合管，其中有食物道和唾液道，用解剖针自颚基向上挑动即可分开。最后将各部分取下按挂图贴于纸上观察	30分钟
5	虹吸式口器的构造	以蝶类为材料，观察头部下方有一条细长卷曲似发条状的虹吸管	10分钟
6	舐吸式口器的构造	在实体显微镜下观察蝇类示范玻片标本	10分钟
7	昆虫触角的类型	用放大镜观察蜜蜂触角的柄节、梗节和鞭节的基本构造，应特别注意鞭节是由许多亚节组成。然后，观察蝗虫、蝉、金龟甲、象甲、蝴蝶、雄蚊、家蝇、蜜蜂、舞毒蛾、瓢虫、叩甲的触角，它们各属何种类型	30分钟
8	昆虫胸足的类型	以蝗虫前足为例，观察足的基节、转节、腿节、胫节、跗节和前跗节的构造。对比观察其后足，以及步行虫的足；蜜蜂、龙虱的后足；金龟子、蝼蛄、螳螂的前足，辨别它们的变化特点及类型。在实体显微镜下观察舞毒蛾幼虫的趾钩	30分钟
9	昆虫翅的类型	将蝗虫后翅展开，观察翅脉、翅的三缘、三角、三褶和四区。对比观察蜚蠊、金龟甲、蟋蟀的前翅；蝴蝶、蝉、蜻蜓、蓟马的前后翅；蝇类的后翅。比较它们的异同	20分钟

5．实验要求

（1）实验前对实验内容要有所了解。

（2）观察前掌握体视显微镜的使用方法。

（3）观察中要做好记录，必要时进行绘图。

（4）本实验要求安排3学时。

6．实验报告

（1）写出供试标本的触角、足、翅的类型。

（2）精心贴制咀嚼式口器和刺吸式口器制片作业。

附： 双目实体显微镜的使用方法和保养

一、双目实体显微镜的构造和使用

双目实体显微镜的特点是观察物为正立放大像，而且具有明显的立体感及距离感。

1．构造。双目实体显微镜的类型很多，但基本结构相似。目前，使用最多的是连续变倍实体显微镜。其结构主要由底座、支柱、镜体、目镜套筒及目镜、物镜、调焦螺旋、紧固螺丝、载物圆盘等部分组成（如图6-1）。

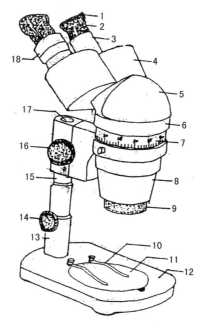

图 6-1　XTB-01 型连续变倍实体显微镜

1．眼罩　2．目镜　3．目镜筒　4、5．棱镜盒　6．变倍物镜旋转器　7．变倍数值度盘　8．物镜筒　9．大物镜　10．卡子　11．载物台　12．底座　13．弹簧支柱套筒　14．弹簧支柱紧固螺丝　15．17．柱轴　16．调焦螺旋　18．视力调整装置

2．使用方法及其注意事项

（1）根据观察物颜色，选择载物台黑白面，把观察物体放在载物台上，裸露标本和浸渍标本必须先放在载玻片上或培养皿中，然后放在载物台上。

（2）根据观察物体的大小选择适当的放大倍率，换上所需的目镜。

（3）转动左右目镜座，调整两目镜间距，再调整工作距离，最后用调焦手轮（或调焦螺旋）至物像清晰为止。调焦时，先粗调后细调，先低倍后高倍地寻找观察物。注意谨防损坏调焦螺旋内的齿轮。

（4）如需变换倍数，可旋转变倍转盘，看放大指示环下面的标记，直至所需倍数为止。

（5）两目镜各装有视度调节机构，根据使用者两眼视力不同，可进行调节。取还镜都要保持镜身垂直。

二、双目实体显微镜的保养

1. 体视显微镜为精密的光学仪器，必须放置在阴凉、干燥、无灰尘和无酸碱蒸气的地方，特别要注意防潮、防尘、防霉、防震、防腐蚀。

2. 透镜表面的污垢，可用脱脂棉蘸少许乙醚与酒精的混合液或二甲苯轻轻擦净。透镜表面的灰尘，切勿用手擦拭，可用吸耳球吹去，或用干净的毛笔、擦镜纸轻轻擦去。

3. 清洁整理完成后，罩好防尘罩，放入镜箱。

6.2 实验2：昆虫的内部器官及昆虫生物学特性

1. 实验目的

通过解剖观察，了解昆虫内部器官的位置，掌握昆虫主要内部器官的构造。了解昆虫的变态类型及昆虫的不同发育阶段各虫态的形态特征，了解成虫的性二型及多型现象，为进一步识别昆虫奠定基础。

2. 实验材料和用具

（1）材料　蝗虫、柑橘凤蝶、黄斑蟪、蝉、天牛、小蠹虫、叶甲、菜粉蝶等生活史标本；各种昆虫卵的形态；蛴螬、松毛虫、天牛、象鼻虫、天蛾、尺蛾的幼虫浸渍标本；舞毒蛾、天牛、金龟甲、蝇类的蛹；蚜虫、尺蛾、袋蛾、介壳虫的成虫性二型，白蚁类、蜂类多型现象标本。

（2）用具　体视显微镜、放大镜、挑针、镊子、培养皿。

3. 实验内容

（1）昆虫的解剖方法。

（2）昆虫的内部器官解剖观察。

（3）昆虫生活史的观察。

（4）昆虫卵的观察。

（5）昆虫幼虫的观察。
（6）昆虫蛹的观察。
（7）昆虫成虫性二型和多型现象的观察。

4．实验方法与步骤

序号	技能训练点	训练方法	训练参考时间
1	昆虫的解剖方法	取新鲜的蝗虫，先剪去足和翅，然后自腹部末端沿着近背中线稍偏左一边向前剪开至上颚（使剪刀尖向上挑）。用同样方法剪腹面，将左半片轻轻取下，剩下大半体躯的虫体则放在蜡盘中，用针斜插把虫体固定于蜡盘上，再放入生理盐水浸没虫体	10分钟
2	昆虫内部器官的位置关系	先看纵贯体腔中央的消化道；用挑针拨动消化道，在消化道的两侧可见呼吸系统连接气门的气管侧纵干及其分支；在消化道的上方，背壁上可见与其平行的背血管；用镊子取出消化道，在腹壁中央可见神径系统的腹神径索（腹神径索很细，附有脂肪，易扯断）；生殖器官通常在腹部末端数节的体腔内	30分钟
3	观察生活史标本	不完全变态以蝗虫为例，观察蝗虫一生所经历的几个虫期，若虫和成虫在形态上的异同；完全变态以家蚕为例，观察家蚕一生所经历的几个虫期，观察幼虫各体段的附器与成虫相比有何不同	20分钟
4	昆虫的卵形状、大小	观察供试昆虫的卵，注意卵粒形态、卵块排列、卵外有无保护物	10分钟
5	昆虫的幼虫类型	观察天蛾、尺蛾、叶蜂等多足型幼虫；观察金龟甲、瓢甲等寡足型幼虫；观察天牛、蝇类等无足型幼虫，它们胸足、腹足的数目和位置有何不同	30分钟
6	昆虫蛹的类型	观察蝉、蝶、蛾、金龟甲、天牛、蝇类等蛹的形状、大小、颜色，判断各属何种类型的蛹。蛹外有无保护物、注意茧的形状、大小、质地、颜色等特征。	10分钟
7	昆虫成虫性二型和多型现象	观察尺蛾、介壳虫、蜜蜂、白蚁等标本，注意区分性二型和多型现象	10分钟

5　实验要求

（1）实验前对实验内容要初步了解。
（2）观察中要做好记录，必要时进行绘图。
（3）本实验要求安排2学时。

6．实验报告

（1）绘制所解剖标本的消化道离体图，并注明各部位的名称。
（2）写出实验材料中幼虫、蛹各属何种类型。
（3）写出供试标本的变态类型。
（4）制作完全变态、不完全变态生活史标本一套。

6.3 实验3：昆虫分类（一）

1. 实验目的

通过观察，熟悉与园林植物有关的等翅目、直翅目、半翅目、同翅目、缨翅目及主要科的特征。

2. 实验材料和用具

（1）材料　直翅目、等翅目、半翅目、同翅目、缨翅目及各主要科的分类示范标本。
（2）用具　扩大镜、解剖镜、镊子、解剖针、培养皿、瓷盘、软木片等。

3. 实验内容

（1）观察直翅目的特征。
（2）观察等翅目的特征。
（3）观察半翅目的特征。
（4）观察同翅目的特征。
（5）观察缨翅目的特征。

4. 实验方法与步骤

序号	技能训练点	训练方法	训练参考时间
1	直翅目的特征	观察蝗科、蝼蛄科、螽斯科、蟋蟀科的触角、翅、口器、前足和后足、产卵器的构造和形状，听器的位置及形状，尾须形态，找出直翅目及各科的特征	30分钟
2	等翅目的特征	观察白蚁触角、翅、口器，总结等翅目的特征。	15分钟
3	半翅目的特征	观察蝽科、网蝽科、猎蝽科、盲蝽科、缘蝽科的口器、触角、翅、臭腺孔开口部位等。着重观察比较蝽科、缘蝽科、猎蝽科膜区上的翅脉区别	30分钟
4	同翅目的特征	观察蝉、斑衣蜡蝉、叶蝉、飞虱、蚜虫、介壳虫的口器、翅、足及蝉的发音位置，蚜虫的腹管位置及形状，介壳虫的雌雄介壳形状及虫体的形状，注意比较各科的区别	30分钟
5	缨翅目的特征	在体视解剖镜下观察蓟马科、管蓟马科的玻片，注意翅的形状及有无斑纹，产卵器形状	15分钟

5. 实验要求

（1）观察前对实验材料能初步认识。
（2）观察中要做好记录，必要时进行绘图；

(4) 本实验要求安排 2 学时。

6. 实验报告

(1) 将供试标本按分科特征鉴定出所属科。
(2) 列表区别供试标本。

6.4 实验 4: 昆虫分类（二）

1. 实验目的

通过观察，掌握与园林植物有关的鞘翅目、鳞翅目、膜翅目、双翅目、脉翅目以及主要科的特征。

2. 实验材料和用具

(1) 材料　鞘翅目、鳞翅目、膜翅目、双翅目、脉翅目及各主要科的分类示范标本。
(2) 用具　扩大镜、解剖镜、镊子、解剖针、培养皿、瓷盘、软木片等。

3. 实验内容

(1) 观察鞘翅目及各科的特征。
(2) 观察鳞翅目及各科的特征。
(3) 观察膜翅目及各科的特征。
(4) 观察双翅目和脉翅目及各科的特征。

4. 实验方法与步骤

序号	技能训练点	训练方法	训练参考时间
1	鞘翅目及各科的特征	① 以步甲、天牛为材料，观察翅、口器、触角、足和跗节数。观察金龟甲、天牛的幼虫，总结鞘翅目的特征。② 以步甲或金龟甲为代表，比较肉食亚目和多食亚目的特征。③ 对比观察步甲与虎甲，叩头甲与吉丁甲，叶甲与天牛的特征。④ 观察金龟甲、瓢甲、小蠹虫、象甲等幼虫的特征。	30 分钟
2	鳞翅目及各科的特征	① 以凤蝶和夜蛾为材料，对比观察蝶亚目和蛾亚目的特征。注意观察蝶蛾能卷曲的喙、翅的鳞片、翅的斑纹、翅的形状。	30 分钟

（续表）

序号	技能训练点	训练方法	训练参考时间
2	鳞翅目及各科的特征	②观察蝶蛾幼虫的特征，并在镜下观察幼虫腹足趾钩。③对比观察粉蝶、凤蝶、螟蛾、夜蛾、天蛾、枯叶蛾、卷叶蛾、尺蛾、蓑蛾、毒蛾、刺蛾、透翅蛾、舟蛾、斑蛾等成虫、幼虫的基本特征及相互区别	30分钟
3	膜翅目及各科的特征。	①以叶蜂和姬蜂为例，观察膜翅目及亚目特征，注意翅、触角、翅脉、产卵器及胸腹部连接情况。②观察叶蜂、姬蜂、茧蜂、赤眼蜂、小蜂特征	30分钟
4	双翅目和脉翅目及各科的特征	①观察蚊、蝇、虻等标本，了解口器、后翅变成的平衡棒的形式。②观察草蛉、种蝇、实蝇、食蚜蝇、瘿蚊的特征	30分钟

5. 实验要求

（1）观察前对实验材料能初步认识。

（2）观察中要做好记录，必要时进行绘图；

（3）本实验要求安排2学时。

6. 实验报告

（1）列表比较鞘翅目、鳞翅目、膜翅目、双翅目、脉翅目的主要形态特征。

（2）指出所观察鞘翅目、鳞翅目、膜翅目的重要科成虫2~3条主要识别特征。

6.5 实验5：园林植物病害的症状

1. 实验目的

通过观察，认识园林植物病害主要症状类型，掌握各类型特点，正确区分病状和病症，为准确诊断园林植物病害奠定基础。

2. 实验材料和用具

（1）材料 当地园林植物不同症状类型的标本。如葡萄霜霉病、月季黑斑病、菊花褐斑病、君子兰软腐病、合欢枯萎病、苗木立枯病、猝倒病、草坪禾草黑穗病、海棠锈病、仙客来灰霉病、月季白粉病、大叶黄杨白粉病、仙客来花叶病、花木白绢病、杜鹃叶肿病、碧桃缩叶病、观赏植物毛毡病、根癌病等标本。

（2）用具　体视显微镜、放大镜、挑针、镊子、搪瓷盘、有关挂图、照片、多媒体教学设备等。

3．实验内容

（1）病状类型观察。
（2）病症类型观察。

4．实验方法与步骤

序号	技能训练点	训练方法	训练参考时间
1	病状的类型	①观察葡萄霜霉病、月季黑斑病、菊花褐斑病等标本，识别病斑的大小、病斑颜色等。②观察君子兰软腐病等标本，识别各腐烂病有何特征，是干腐还是湿腐。③观察合欢枯萎病的特点，是否保持绿色，观察茎秆维管束颜色和健康植株有何区别。④观察苗木立枯病和猝倒病，视茎基病部的病斑颜色，有无腐烂，有无隘缩。⑤观察杜鹃叶肿病、碧桃缩叶病、毛毡病、果树根癌病、泡桐丛枝病等标本，分辨与健株有何不同，哪些是瘤肿、丛枝、叶片畸形⑥仙客来花叶病、番茄蕨叶病、苹果花叶病等标本，识别叶片绿色是否浓淡不均，有无斑驳，斑驳的形状颜色	60分钟
2	病症的类型	①观察大叶黄杨白粉病、月季白粉病、草坪禾草黑穗病、牵牛花白锈病、贴梗海棠锈病等标本，识别病部有无粉状物及颜色。②识别林木煤污病、兰花霜霉病、草坪禾草霜霉病或葡萄霜霉病、柑桔青霉病等标本，识别病部霉层的颜色。③观察兰花炭疽病、腐烂病、白粉病等标本，分辨病部黑色小点、小颗粒。④观察矢车菊、桂竹香菌核病等标本，识别菌核的大小、颜色、形状等。⑤观察君子兰软腐病等标本，有无脓状粘液或黄褐色胶粒	60分钟

5．实验要求

（1）实验前对实验内容要有所了解。
（2）观察中要做好记录，必要时进行绘图。
（3）本实验要求安排2学时

6．实训报告

（1）列表描述所观察到的园林植物病害的病状与病症类型。

6.6 实验6：侵染性病原——真菌

1. 实验目的

通过观察，了解真菌营养体、繁殖体的一般形态，能够掌握鞭毛菌亚门、接合菌亚门、子囊菌亚门各代表属的形态特征，为鉴定病害奠定基础。

2. 实验材料和用具

（1）材料 花卉腐霉病、紫纹羽病菌索；根霉属接合孢子玻片、白粉菌或霜霉菌吸器玻片、无性子实体和有性子实体玻片；绵腐病、葡萄霜霉病、牵牛花白锈病玻片；瓜叶菊白粉病、月季白粉病、腐烂病、黑星病玻片或标本。

（2）用具 显微镜、载玻片、盖玻片、挑针、解剖刀、蒸馏水小滴瓶、纱布块等。

3. 实验内容

（1）玻片标本制作。
（2）菌丝的观察。
（3）吸器、菌核及菌索的观察。
（4）真菌繁殖体的观察。

4. 实验方法与步骤

序号	技能训练点	训练方法	训练参考时间
1	玻片标本的制作	取清洁载玻片，中央滴蒸馏水一滴，用挑针挑取少许瓜果腐霉病菌的白色绵毛状菌丝放入水滴中，用两支挑针轻轻拨开过于密集的菌丝，然后自水滴一侧用挑针支持，慢慢加盖玻片即成，注意加盖玻片时不宜太快，以防形成大量气泡，影响观察或将欲观察的病原物冲溅到玻片外	30分钟
2	菌丝的类型	挑取不同菌丝制片镜检，观察菌丝是否分隔	15分钟
3	吸器、菌核及菌索的区别	取白粉病或霜霉病菌的吸器装片镜检，观察吸器的形态，比较吸器与假根有什么不同。观察油菜菌核病或矢车菊、桂竹香菌核病及紫纹羽病菌菌索，比较其形态、大小、色泽等。	30分钟
4	真菌的繁殖体	①观察酵母菌装片的芽孢子是否从母细胞长出。②取大叶黄杨白粉病病部上的白色粉状物，镜检粉孢子形态、颜色，孢子是否串生。③用解剖刀刮樱花褐斑穿孔病、牡丹灰霉病斑上的霉状物制片，观察分生孢子梗、分生孢子的形态。④取谷子白发病病部黄褐色粉末制片或卵孢子玻片，观察卵孢	45分钟

| 4 | 真菌的繁殖体 | 子的形态特征。⑤镜检根霉属接合孢子玻片，观察接合孢子的形态和颜色。⑥取草坪禾草黑粉病的黑粉玻片，观察厚膜孢子的形态，其孢子壁是否较其他类型的孢子壁厚。⑥观察分生孢子梗束、分生孢子座、分生孢子盘、分生孢子器、子囊壳、闭囊壳、子囊盘的担子果等玻片，比较各种子实体的形态特征。其上着生的孢子哪些是分生孢子、子囊和子囊孢子、担子和担子孢子 | 45分钟 |

(续表)

5. 实验要求

（1）实验前对实验内容要有所了解。
（2）观察中要做好记录，必要时进行绘图。
（3）本实验要求安排 2 学时。

6. 实验报告

（1）根据观察，绘制有隔菌丝和无隔菌丝。
（2）根据观察，绘制芽孢子、厚膜孢子、分生孢子、卵孢子、接合孢子、子囊孢子、担孢子。

6.7　实验 7：常用农药性状的观察

1. 实验目的

通过观察，了解农药剂型和简易鉴别方法，掌握常见农药的配制方法。

2. 实验材料和用具

（1）材料　当地常用的农药品种：如 80%敌敌畏乳油、50%乙酰甲胺磷乳油、50%辛硫磷乳油、40.7%乐斯本乳油、2.5% 溴氰菊酯乳油、10%吡虫啉乳油、1.8%阿维菌素乳油、25%杀虫双水剂、5%安克力颗粒剂、25%灭幼脲 3 号悬浮剂、磷化铝片剂、BT 乳剂、白僵菌粉剂、73%克螨特乳油、25%三唑锡可湿性粉剂、40%五氯硝基苯粉剂、25%粉锈宁乳油、10%福星乳油、72.2%普力克水剂、2.5%百菌清烟剂、10%克线磷颗粒剂等（可根据当地具体情况自行选择，但剂型要尽量全）。

（2）用具　天平、牛角匙、试管、量筒、烧杯、玻璃棒等。

3. 实验内容

（1）常见农药类型的辨识。
（2）粉剂、可湿性粉剂的简易鉴别。
（3）乳油质量简易测定。

4. 实验方法与步骤

序号	技能训练点	训练方法	训练参考时间
1	常见农药类型的辨识	利用给定的上述农药品种，正确地辨识粉剂、可湿性粉剂、乳油、颗粒剂、水剂、烟雾剂、悬浮剂等剂型在外观上的差异	30分钟
2	粉剂、可湿性粉剂的简易鉴别	取少量药粉轻轻撒在水面上，长期浮在水面的为粉剂，在1min内粉粒吸湿下沉，搅动时可产生大量泡沫的为可湿性粉剂。另取5g可湿性粉剂倒入盛有200ml水的量筒内，轻轻搅动放置30min，观察药液的悬浮情况，沉淀越少，药粉质量越高。如有3/4的粉剂颗粒沉淀，表示可湿性粉剂的质量不高	45分钟
3	乳油质量简易测定	将2~3滴乳油滴入盛有清水的试管中，轻轻振荡，观察油水融合是否良好，稀释液中有无油层漂浮或沉淀。稀释后油水融合良好，呈半透明或乳白色稳定的乳状液，表明乳油的乳化性能好；若出现少许油层，表明乳化性尚好；出现大量油层、乳油被破坏，则不能使用	45分钟

5. 实验要求

（1）实验前对实验内容要有所了解。
（2）观察中要做好记录，必要时进行绘图。
（3）本实验要求安排2学时。

6. 实验报告

（1）列表叙述所给农药的剂型。
（2）测定1~2种可湿性粉剂及乳油的悬浮性和乳化性，并记述其结果。

6.8 实训1：波尔多液和石硫合剂的配制和质量检查

1. 实训目的

通过实习，掌握波尔多液和石硫合剂的配制及鉴定其优劣的方法。

2. 实训材料和用具

（1）材料　硫酸铜、生石灰、硫磺粉、木柴、水等。

（2）用具　烧杯、量筒、试管、试管架、台秤、玻璃棒、研钵、试管刷、石蕊试纸、天平、铁丝、石蕊试纸、铁锅（或 1000ml 烧杯）、灶（电炉）、木棒、水桶、波美比重计等。

3. 实训内容

（1）配制波尔多液。
（2）波尔多液的质量鉴别。
（3）配制石硫合剂。
（4）石硫合剂的原液浓度测定。
（5）制剂悬浮率计算。

4. 实训方法与步骤

序号	技能训练点	训练方法	训练参考时间
1	波尔多液的配制	分组用以下方法配制 1%的等量式波尔多液（1:1:100）：①用 1/2 水溶解硫酸铜，另用 1/2 水溶解生石灰，然后，同时将两液注入第三个容器内，边倒边搅即成。②用 4/5 水溶解硫酸铜，另用 1/5 水溶解生石灰，然后以硫酸铜溶液倒入石灰水中，边倒边搅即成。③用 1/2 水溶解硫酸铜，另用 1/2 水溶解生石灰，然后将石灰水注入硫酸铜溶液中，边倒边搅即成。④用 1/5 水溶解硫酸铜，另用 4/5 水溶解生石灰，然后将浓硫酸铜溶液倒入稀石灰水中，边倒边搅即成	30 分钟
2	波尔多液的质量鉴别	①观察比较不同方法配制的波尔多液，其颜色质地是否相同。质量优良的波尔多液应为天蓝色胶态乳状液。②用石蕊试纸测定其碱性，以红色试纸慢慢变成蓝色（即碱性反应）为好。③用磨亮的铁丝插入波尔多液片刻，观察铁丝上有无镀铜现象，以不产生镀铜现象为好。④将波尔多液过滤后，取其滤液少许置于载玻片上，对液面轻吹约 1min，液面产生薄膜为好。或取滤液 10~20ml 置于三角瓶中，插入玻璃管吹气，滤液变浑浊为好。⑤将制成的波尔多液分别同时倒入 100ml 的量筒中静置 90min，按时记载沉淀情况，沉淀越慢越好，过快者不可采用	45 分钟
3	石硫合剂的配制	用熬制方法配制比例为 2:1:10 的石硫合剂，方法为取硫磺粉 100g，生石灰 50g，水 500g。先将硫磺粉研细，然后用少量热水搅成糊状。再用少量热水将生石灰化开，倒入锅内，加入剩余的水，煮沸后慢慢倒入硫磺糊，加大火力，至沸腾时再继续熬煮 45~60min，直至溶液被熬成暗红褐色（老酱油色）时停火，静置冷却过滤即成原液。观察原液色泽、气味和对石蕊试纸的反应。熬制过程中应注意：火力要强而匀，使药液保持沸腾而不外溢，熬制时应事先将药液深度做出标志，然后用热水	120 分钟

序号	技能训练点	训练方法	训练参考时间
3	石硫合剂的配制	不断补充所蒸发的水量，切忌加冷水或一次加水过多，以免因降低温度而影响原液的质量。也可在熬制时根据经验，事先将估计蒸发的水量一次加足，中途不再加水。熬制过程中应不停搅拌。也可结合生产实际，用大锅熬煮，并进行喷洒	120 分钟
4	石硫合剂的原液浓度测定	将冷却的原液倒入量筒，用波美比重计测量其浓度，注意药液的深度应大于比重计之长度，使比重计能漂浮在药液中。观察比重计的刻度时，应以下面的药液面表明的度数为准。测出原液浓度后，根据需要，用公式或石硫合剂浓度稀释表计算稀释加水倍数	35 分钟
5	制剂悬浮率计算	悬浮率(%)=(悬浮液柱的容量/波尔多液柱的总容量)×100%	10 分钟

5. 实训要求

（1）实训前对实训内容要有所了解。

（2）实训时要做好记录。

（3）本实训要求安排 4 学时。

6. 实训报告

（1）比较不同方法配制成的波尔多液的质量优劣。

（2）设有波美 30 度的石硫合剂，需稀释为波美 0.3 度药液 100kg，问需原液多少？

6.9 实训 2：植物病虫害调查方法和预测预报

1. 实训目的

（1）通过当地各主要园林植物病虫害调查统计，了解当地某一时期病虫发生情况，熟悉主要病虫的危害与发生特点，为搞好测报预报提供依据。

（2）掌握 1～2 种主要病虫害调查的方法，明确病虫害发生情况，为开展防治工作奠定基础。

2. 实训材料和用具

园林植物病虫害标本采集用具、记录本等。

3. 实训内容

（1）园林植物病虫害调查的方法。
（2）园林植物品种抗性调查。
（3）园林植物病虫害的预测预报。

4. 实训方法与步骤

序号	技能训练点	训练方法	训练参考时间
1	园林植物病虫害调查的方法	根据园田的具体条件和病虫害发生的特点，选用不同的取样方法进行随机取样。常用的方法有棋盘式（面积）、双对角线式（面积）、单对角线式、棋盘式（长度）、双对角线式（长度）、单对角线式（长度）、抽行取样法、"Z"取样法等。在样点内选取一定量的样株，然后在每一样株冠幅的上、下、内、外等部位和东、南、西、北各方位选取若干枝条、叶片或果实等进行调查。关于调查的类型，按调查的目的要求，可采用基本情况调查、专题调查和系统定点调查。调查时，应根据当地的生产和需要，针对主要病虫害，分成若干小组进行调查，然后汇总各小组调查结果，进行病（虫）情分析，最后提出防治意见	120分钟
2	园林植物品种抗性调查	通过练习目测病虫发生危害的严重程度和记载方法，调查比较园林植物不同品种对当地1～2种主要病虫害的抗性表现	40分钟
3	园林植物病虫害的预测预报	以小组为单位，选择1～2种主要病虫发生时期，进行田间调查，并对两查两定（病害：查普遍率，定防治田块；查发病程度，定防治适期。虫害：查虫口密度，定防治田块；查发育进度，定防治适期）的调查结果进行整理分析，结合天气及病虫发育情况进行预测预报	80分钟

5. 实训要求

（1）实训前对实训内容要有所了解。
（2）实训时要做好记录。
（3）本实训要求安排4学时。

6. 实训报告

（1）写出一种病害或虫害发生发展情况的调查报告。
（2）结合当地园林植物的实际情况，写出一种主要病虫害的发生时期与防治适期的预测预报。

6.10 实训3：园林植物食叶害虫及危害状识别

1. 实训目的

通过实习，能够掌握当地园林植物主要食叶害虫的形态及危害状。

2. 实训材料和用具

（1）材料　刺蛾、袋蛾、尺蛾、夜蛾、毒蛾或当地危害严重的其他鳞翅目食叶害虫及鞘翅目的叶甲、膜翅目的叶蜂等的虫害标本（成虫、卵、幼虫与蛹），危害状标本。也可临时采集新鲜食叶害虫标本。

（2）用具　食叶害虫的图片及影视材料、数码相机、剪刀、植物标本夹、体视显微镜、放大镜、镊子、挑针、记录本、铅笔等。

3. 实训内容

（1）刺蛾各虫态形态及危害状观察。
（2）袋蛾的形态观察。
（3）尺蛾各虫态形态及危害状观察。
（4）夜蛾与毒蛾各虫态形态及危害状观察。
（5）叶甲与叶蜂形态及危害状观察。

4. 实训方法与步骤

序号	技能训练点	训练方法	训练参考时间
1	刺蛾的形态及危害状	肉眼观察不同刺蛾各虫态形态，比较不同刺蛾各虫态的形态区别。被害状观察，注意比较初龄幼虫与高龄幼虫的危害状	50分钟
2	袋蛾的形态	主要通过肉眼观察不同袋蛾的护囊大小及外形，即可区分识别不同种类的袋蛾	50分钟
3	尺蛾的形态及危害状	肉眼观察各种尺蛾的形态特征及危害状，注意观察尺蛾幼虫的行走姿势（示范）及拟态现象	50分钟
4	夜蛾与毒蛾的形态及危害状	肉眼观察夜蛾与毒蛾代表种类成虫形态，扩大镜观察卵、幼虫、蛹的形态。观察夜蛾与毒蛾的危害状	50分钟
5	叶甲与叶蜂的形态及危害状	用扩大镜观察叶甲触角、足及叶蜂的翅脉形态特征。观察叶蜂幼虫危害状及叶甲危害状	40分钟

5. 实训要求

（1）实训前对实训内容要有所了解。
（2）实训时要做好记录。
（3）本实训要求安排4学时。

6. 实训报告

（1）列表描述所观察害虫各虫态的形态及其危害状。

6.11 实训4：园林植物蛀干害虫及危害状识别

1. 实训目的

通过实习，掌握主要蛀干害虫的形态特征和危害状，达到能准确识别的目的。

2. 实训材料和用具

（1）材料　主要蛀干害虫的黄斑星天牛、光肩星天牛、青杨天牛、松天牛、华山松大小蠹、松纵坑切梢小蠹、茶材小蠹、杨干象、一字竹象、芳香木蠹蛾、咖啡木蠹蛾、白杨透翅蛾、松梢螟等生活史标本和各虫态标本。

（2）用具　蛀干害虫的图片及影视材料、数码相机、体视显微镜、剪刀、植物标本夹、放大镜、镊子、挑针、记录本、铅笔等。

3. 实训内容

（1）常见天牛类的观察。
（2）常见小蠹类的观察。
（3）常见象甲类的观察。
（4）常见木蠹蛾类的观察。
（5）常见透翅蛾类的观察。
（6）常见螟蛾类的观察。

4. 实训方法与步骤

序号	技能训练点	训练方法	训练参考时间
1	天牛类的形态特征及危害状	观察本地常见的天牛，如黄斑星天牛、光肩星天牛、星天牛、桑天牛、青杨天牛等成虫、幼虫的形态特征，危害的部位及危害状，掌握区分相近种的主要识别依据	40分钟
2	小蠹类的形态特征及危害状	观察常见的小蠹虫，如华山松大小蠹、纵坑切梢小蠹、横坑切梢小蠹、松十二齿小蠹的形态特征及其坑道系统的特点	40分钟
3	象甲类的危害状	观察杨干象等蛀干害虫的形态特征及危害状	40分钟
4	木蠹蛾类的形态特征及危害状	观察芳香木蠹蛾、咖啡木蠹蛾的形态特征和危害状	40分钟
5	透翅蛾类的危害状	观察白杨透翅蛾的形态特征和危害状	40分钟
6	螟蛾类的危害状	观察松梢螟的形态特征和危害状	40分钟

5. 实训要求

（1）实训前对实训内容要有所了解。
（2）实训时要做好记录。
（3）本实训要求安排4学时。

6. 实训报告

（1）简述各类蛀干害虫的危害状特点。
（2）绘制天牛成虫背面观图和幼虫前胸背板特征图。

6.12 实训5：园林植物地下害虫及危害状识别

1. 实训目的

通过实习，能够掌握当地园林植物主要地下害虫的形态及危害状。

2. 实训材料和用具

（1）材料　蝼蛄、金龟子、金针虫、小地老虎及蟋蟀各虫态标本，被害状标本和挂图。
（2）用具　地下害虫的图片及影视材料、数码相机、体视显微镜、剪刀、植物标本夹、放大镜、镊子、挑针、记录本、铅笔等。

3. 实训内容

（1）蝼蛄形态及危害状观察。
（2）金龟子（蛴螬）形态及危害状观察。
（3）金针虫形态观察。
（4）地老虎形态及危害状观察。
（5）蟋蟀危害状观察。

4. 实训方法与步骤

序号	技能训练点	训练方法	训练参考时间
1	蝼蛄的形态及危害状	肉眼观察蝼蛄的形态，比较成、若虫的形态特征。观察蝼蛄危害状，比较地上部分危害状与鼠类的区别	50分钟
2	金龟子（蛴螬）的形态及危害状	肉眼观察金龟子成虫及幼虫形态，对照挂图识别其幼虫危害苗木根、成虫危害叶片后形成的孔洞	50分钟
3	金针虫的形态特征	扩大镜观察金针虫成虫与幼虫的形态特征，识别当地主要金针虫种类	60分钟
4	地老虎的形态及危害状	观察小地老虎各虫态的形态特征，对照挂图或被害幼苗识别其危害状	50分钟
5	蟋蟀的危害状	取大蟋蟀、油葫芦危害状标本，注意比较危害状的区别	30分钟

5. 实训要求

（1）实训前对实训内容要有所了解。
（2）实训时要做好记录。
（3）本实训要求安排4学时。

6. 实训报告

（1）列表描述所观察到的地下害虫各虫态的形态特征及危害状。

6.13 实训6：园林植物叶部病害及危害状识别

1. 实训目的

通过实习，掌握园林植物主要叶部病害的症状特点及病原类型。

2．实训材料和用具

（1）材料　叶部病害的盒装标本、瓶装标本、散装标本，挂图、幻灯片、录像片等。
（2）用具　显微镜、镊子、滴瓶、纱布、扩大镜、挑针、刀片、盖玻片、载玻片等。

3．实训内容

（1）叶部图片及影视资料观看。
（2）以下列病害为代表，识别其症状特点及病原菌形态。（叶部病害材料，可根据当地具体情况加以选择。）

4．实训方法与步骤

序号	技能训练点	训练方法	训练参考时间
1		观察所有叶部病害的挂图、幻灯片、录像片等	30分钟
2	辨识白粉病的症状及病原	识别瓜叶菊白粉病、凤仙花白粉病、黄栌白粉病等病害的危害状，同时分别用挑针挑取白粉及小黑点，制片镜检分生孢子、闭囊壳及附属丝形态。用挑针轻轻挤压盖玻片，查验挤压出来的子囊及子囊孢子，注意白粉病的共同特点	30分钟
3	锈病的症状及病原菌	识别细叶结缕草锈病、海棠锈病等病害的危害状。切片镜检细叶结缕草锈病的夏孢子及冬孢子堆，冬孢子双胞、有柄，注意锈病的共同特点	30分钟
4	霜霉病（含疫病）的症状及病原菌	观察禾草霜霉病、荔枝霜霉病等病害的危害状，挑取霉层镜检，识别孢子梗及孢子囊的形态，注意霜霉病的共同特点	30分钟
5	叶斑病（含炭疽病）的症状及病原菌	观察兰花炭疽病、樱花褐斑病、月季黑斑病、鱼尾葵叶斑病等病害的危害状，取材料切片镜检，识别分生孢子盘、分生孢子器或分生孢子梗及分生孢子形态，注意叶斑病（含炭疽病）的共同特点	30分钟
6	灰霉病的症状及病原菌	观察仙客来灰霉病、非洲菊灰霉病等病害的危害状，刮取霉层镜检，识别分生孢子梗及分生孢子的形态，注意灰霉病的共同特点	30分钟
7	叶畸形病的症状及病原菌	观察桃缩叶病、杜鹃饼病、茶饼病等病害的危害状，刮取霉层镜检，识别各种孢子的形态，注意叶畸形的共同特点	20分钟
8	煤污病的症状及病原菌	观察花木煤污病病害的危害状。刮取霉层镜检，注意识别各种孢子的形态	20分钟
9	病毒病的症状及病原菌	观察美人蕉花叶病、杨树叶片病、香石竹病毒病等病害的危害状，取材料切片镜检，注意病毒病的共同特点	20分钟

5. 实训要求

（1）实训前对实训内容要有所了解。
（2）实训时要做好记录。
（3）本实训要求安排 4 学时。

6. 实训报告

（1）列表描述所观察到的叶部病害的识别要点、病原类型。

6.14 实训 7：园林植物枝干病害及危害状识别

1. 实训目的

通过实习，掌握园林植物主要枝干病害的症状及病原菌的形态特征。

2. 实训材料和用具

（1）材料　枝干病害的盒装标本、瓶装标本、散装标本，挂图、幻灯片、录像片等。
（2）用具　显微镜、镊子、滴瓶、纱布、扩大镜、挑针、刀片、盖玻片、载玻片等。

3. 实训内容

（1）枯黄萎病的危害状识别。
（2）炭疽病类的危害状识别。
（3）枝干腐烂、溃疡病类的危害状识别。
（4）丛枝病类的危害状识别。
（5）锈病类的危害状识别。
（6）线虫病的危害状识别。

4. 实训方法与步骤

序号	技能训练点	训练方法	训练参考时间
1	枯黄萎病的危害状	①用放大镜、显微镜观察翠菊黄化病、香石竹枯萎病、仙人掌茎腐病、银杏茎腐病的危害状，注意它们的异同。②制片并观察尖孢镰孢菌，了解其病原菌的形态特征	30 分钟

（续表）

序号	技能训练点	训练方法	训练参考时间
2	炭疽病类的危害状	用放大镜、显微镜观察山茶炭疽病、梅花炭疽病的危害状。注意它们的异同，识别病原菌的形态特征	30分钟
3	枝干腐烂、溃疡病类的危害状	用放大镜、显微镜观察月季枝枯病、毛竹枯梢病、落叶松枯梢病、国槐溃疡病、杨树烂皮病、杨树溃疡病、柑桔溃疡病、松烂皮病的危害状，注意它们的异同，识别病原菌的形态特征	30分钟
4	丛枝病类的危害状	用放大镜、显微镜观察竹丛枝病、泡桐丛枝病的危害状。注意它们的异同，识别病原菌的形态特征	30分钟
5	锈病类的危害状	用放大镜、显微镜观察竹秆锈病、松瘤锈病、松芍药锈病、细叶结缕草锈病的危害状，注意它们的异同，识别病原菌的形态特征	30分钟
6	线虫病的危害状	用放大镜、显微镜观察松材线虫病的危害状，注意它们的异同。识别病原菌的形态特征	30分钟

5．实训要求

（1）实训前对实训内容要有所了解。
（2）实训时要做好记录。
（3）本实训要求安排3学时。

6．实训报告

（1）列表描述所观察到的园林植物枝干病害的识别要点、病原类型。

6.15 实训8：园林植物根部病害及危害状识别

1．实训目的

通过实习，掌握园林植物主要根部病害的症状及病原物的形态。

2．实训材料和用具

（1）材料　根部病害的盒装标本、瓶装标本、散装标本，挂图、幻灯片、录像片等。
（2）用具　显微镜、镊子、滴瓶、纱布、扩大镜、挑针、刀片、盖玻片、载玻片等。

3. 实训内容

（1）苗木猝倒病及危害状观察。
（2）苗木茎腐病及危害状观察。
（3）苗木紫纹羽病及危害状观察。
（4）苗木白绢病及危害状观察。
（5）仙客来根结线虫病及危害状观察。
（6）根癌病及危害状观察。

4. 实训方法与步骤

序号	技能训练点	训练方法	训练参考时间
1	苗木猝倒病及危害状	观察种芽腐烂型、猝倒型、立枯型、叶枯型等四种症状类型及病害的危害状，识别腐霉菌、丝核菌、镰刀菌的形态特征	30分钟
2	苗木茎腐病及危害状	观察银杏茎腐病的病害标本，识别菜豆壳球孢菌的形态特征	30分钟
3	苗木紫纹羽病及危害状	观察松树或杨树紫纹羽病的病害标本，注意根部表面产生紫红色丝网状物或紫红色绒布状菌丝膜的症状，识别病原菌的形态特征	30分钟
4	苗木白绢病及危害状	观察油茶白绢病、水仙白绢病的病害标本，注意根茎部皮层变褐坏死，病部及周围根际土壤表面产生白色绢丝状菌丝体，并出现菜籽状小菌核的症状，识别病原菌的形态特征	30分钟
5	仙客来根结线虫病及危害状	①观察仙客来根结线虫病的病害标本，注意被害嫩根产生许多大小不等的瘤状物的症状，识别病原菌的形态特征。②观察根结线虫的特征	30分钟
6	根癌病及危害状	观察樱花根癌病的病害标本	30分钟

5. 实训要求

（1）实训前对实训内容要有所了解。
（2）实训时要做好记录。
（3）本实训要求安排3学时。

6. 实训报告

（1）列表描述所观察到的根部病害的识别要点、病原类型。

6.16 实训 9：园林植物病害的诊断

1. 实训目的

通过实习，掌握园林植物病害的诊断方法，目的在生产实践中对园林植物病害做出准确地判断。

2. 实训材料和用具

园林植物病害标本采集用具、记录本等。

3. 实训内容

（1）侵染性病害的诊断步骤。
① 真菌性病害的诊断。
② 细菌性病害的诊断。
③ 病毒病害的诊断。
④ 类菌质体和类立克次氏体病害的诊断。
⑤ 线虫病害的诊断。
⑥ 寄生性种子植物的诊断。
（2）非侵染性病害的诊断。

4. 实训方法与步骤

序号	技能训练点	训练方法	训练参考时间
1	侵染性病害诊断的四个步骤	①田间诊断：就是现场观察，根据症状特点，区别是虫害、伤害还是病害，进一步区别是非浸染性病害还是侵染性病害。②观察症状时，注意是点发性病状还是散发性病状；是坏死性病变、刺激性病变，还是抑制性病变。许多病害有明显病症，当出现病症时就能确诊。有些病害外表看不见病症，但只要认识其典型病状也能确诊，如病毒病。③室内鉴定：借助扩大镜、显微镜、电子显微镜、保湿保温器械设备等在室内鉴定，根据不同病原的特点，采取不同手段，进一步观察病原物的形态特征、生理生化等。新病害还须请分类专家确诊病原。④病原分离培养和接种	30分钟
2	真菌性病害的诊断过程	被害部位产生各种病症，如各种色泽的霉状物、粉状物、绵毛状物、小黑点（粒）、菌核、菌索、伞状物等，诊断时，用扩大镜观察病	30分钟

（续表）

序号	技能训练点	训练方法	训练参考时间
2	真菌性病害的诊断过程	部霉状物或经保温保湿使霉状物重新长出后制成临时装片,置于显微镜下观察	30分钟
3	细菌性病害的诊断过程	①病害症状共同的特点是病状多表现急性坏死型,病斑初期呈半透明水渍状,边缘常有褪绿的黄晕圈。气候潮湿时,从病部的气孔、水孔、皮孔及伤口处溢出粘稠状菌脓,干后呈胶粒状或胶膜状。②检查病组织中是否有细菌存在,最简单的方法是用显微镜检查有无溢菌现象等。诊断新的或疑难的细菌病害,必须进行分离培养、生理生化和接种试验等才能确定病原	30分钟
4	病毒病害的诊断过程	①病毒病的特点是有病状没有病症,病状以叶片和幼嫩的枝梢表现最明显。病株常从个别分枝或植株顶端开始,逐渐扩展到植株其他部分。②病毒病还有如下特点:田间病株多是分散、零星发生,没有规律性;有些病毒是接触传染和昆虫传播,在田间分布比较集中;病毒随气温变化有隐症现象,但不能恢复正常状态。根据以上特点观察比较后,必要时可采用汁液摩擦接种、嫁接传染或昆虫传毒等接种试验,有的还可用不带毒的菟丝子作桥梁传染,少数病毒病可用病株种子传染,以证实其传染性,这些是诊断病毒病的常用方法。确定病毒病后,要进行寄主范围、物理特性、血清反应等试验,以确定病毒的种类	30分钟
5	类菌质体和类立克次氏体病害的诊断过程	病害的病状多为黄化型系统性病害。表现的症状较难与植物病毒病害相区别。可采用以下两种方法:用电子显微镜,对病株组织或带毒媒介昆虫的唾腺组织制成的超薄切片检查有无类菌质体和类立克次氏体的存在;治疗试验,对受病组织施用四环素和青霉素。对青霉素抵抗能力强,而施用四环素后病状消失或减轻的,病原为类菌质体,施用四环素和青霉素之后症状都消失或减轻的,为类立克次氏体	30分钟
6	线虫病害的诊断过程	线虫多数引起植物地下部发病,病部产生虫瘿、肿瘤、茎叶畸形、扭曲、叶尖干枯、须根丛生及植株生长衰弱,似营养缺乏症状,因此,可将虫瘿或肿瘤切开,挑出线虫制片或做成病组织切片镜检。有些线虫不产生虫瘿和根结,从病部比较难看到虫体,就需要采用漏斗分离法或叶片染色法检查,根据线虫的形态特征,寄主范围等确定分类地位。必要时可用虫瘿、病株种子、病田土壤等进行人工接种	30分钟
7	寄生性种子植物的诊断过程	半寄生的种子植物多在寄主树冠的枝条上长出形态与寄主植物有显著区别的簇生状枝梢,有的枝梢在茎基部又可形成匍匐茎,在寄主枝干的表面生长,并有多处通过吸根与寄主的树干连接在一起。半寄生的种子植物都是常绿的,能开花结果。当冬季寄主植物落叶后,很显眼地看见树干上有几簇丛生的小枝梢	30分钟
8	非侵染性病害的诊断的过程	①病株在田间的分布具有规律性。②症状具有特异性,除了高温引起的灼伤和药害等个别原因引起局部病变外,病株常表现全株性发病。如缺素症,涝害等。③株间不互相传染。④病株只表现病状,无病症	30分钟

5. 实训要求

（1）实训前对实训内容要有所了解。
（2）实训时要做好记录。
（3）本实训要求安排4学时。

6. 实训报告

（1）深入园圃及绿地现场，对园林植物病害进行初步诊断。

6.17 实训10：昆虫标本的采集、制作与鉴定

1. 实训目的

通过实习，掌握昆虫标本的采集、制作、鉴定和保存的技术和方法，了解当地园林植物常见害虫和天敌昆虫种类及发生情况，为识别害虫、保护利用益虫和从事病虫害防治工作奠定基础。

2. 实训材料和用具

捕虫网、采集袋、毒瓶、浸渍瓶、采集盒、诱虫灯、锯、石膏、昆虫针、三级台、展翅板、还软器、标签、标本盒、中性树胶、载玻片、盖玻片、体视显微镜、放大镜、镊子等。

3. 实训内容

（1）昆虫标本的采集。
（2）昆虫标本的制作。
（3）昆虫标本的保存。
（4）昆虫标本的鉴定。

4. 实训方法与步骤

1. 昆虫标本的采集

（1）昆虫标本的采集用具

① 捕虫网　由网圈、网袋和网柄三部分组成，按用途和结构分空网、水网和扫网。
② 采集袋　类似一般的挂包，再缝上许多小袋，可将毒瓶、指形管等装入其中。
③ 毒瓶　是装有氰化钾的广口瓶。用于毒杀善飞的昆虫。制作时，先把约 5mm 厚的氰化钾（KCN）放入瓶底，压实，上铺约 10mm 细木屑，压实，上面放一层约 5mm 厚的石膏粉，压平实后，用毛笔或滴管加水使石膏固定结块，放入吸水纸，塞上瓶塞。蝶、蛾不能与其他昆虫共用一个毒瓶，以免撞坏磷粉。氰化钾有剧毒，不能直接对准口鼻，平时要妥善保管，以免对人造成毒害。若被打碎，需深埋。临时毒瓶可用敌敌畏或乙醚来代替，用棉花沾少量的敌敌畏，放在瓶底，用硬纸板隔开即成。但毒杀效果较慢且易失效，须经常更换。
④ 诱虫灯　诱集夜间活动的昆虫，可用 20W 或 40W 黑光灯、电网杀虫灯或汽灯。
⑤ 吸虫管　用玻璃瓶或玻璃管制成，瓶塞上插两根细玻璃管。用来捕捉小型昆虫。
⑥ 活虫采集盒　是金属小盒，用来装活昆虫，盖上有小孔可以透气。
⑦ 三角纸包　用韧性大、光滑且能吸水的纸裁成 3∶2 的长方形，折成三角纸包。
⑧ 刀、剪、锯、放大镜、镊子等。
（2）昆虫标本的采集方法
采集方法根据昆虫的习性来确定，常用有网捕法、震落法、诱集法、观察法、搜索法。网捕是用来捕捉善飞的昆虫．诱集法有灯光诱集、食物诱集和场所诱集及性诱法诱集。采集时尽量采集到昆虫的各个虫态，尽可能多采一些同种个体．不要损伤昆虫个体的任何部分．连同被害状一同采集，要记录时间、地点、寄主、危害情况等，写上标签并编号。

2. 昆虫标本的制作

根据昆虫的不同特点和用途，制成针插、浸渍、生活史和玻片标本
（1）针插标本的制作
① 制作用具
昆虫针　用于固定昆虫，长度 37～40mm，按照粗细分为 0、1、2、3、4、5 号。号数越大，针越粗。另外还有插小型昆虫之用的微针，长约 10mm（如图 6-2）。
三级台　使虫体、标签在昆虫针上高度一致。分为三级，各级高度分别为 8、16、24mm（如图 6-3）。
展翅板　用于昆虫展翅，可用硬泡沫塑料板或较软的木料制成。
另外，还有台纸、还软器、整姿板、粘虫胶等。
② 制作方法
虫体针插　根据标本大小，选用不同型号的昆虫针。夜蛾一般用 3 号针，天蛾等大型蛾类用 4 或 5 号针，叶蝉、小型蛾用 1 或 2 号针。若昆虫身体已干硬，应先进行软化。针插位置和虫体高度都有统一要求，如直翅目插在前胸背板右面靠后处；半翅目从中胸小盾片中央偏右插入；鞘翅目插在右鞘翅基部约 1/4 处；鳞翅目、膜翅目从中胸背面正中央插

入；双翅目及同翅目从中胸中间偏右插入。虫体在针上的高度，用三级台来标定虫体上部的留针长度（如图6-4）。

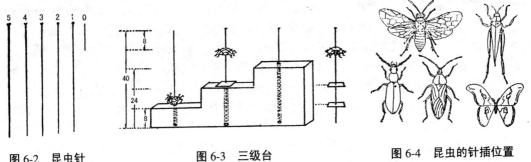

图6-2 昆虫针　　　　图6-3 三级台　　　　图6-4 昆虫的针插位置

微小昆虫如飞虱、寄生蜂等，可用重插法或三角纸点胶法来制作。

整肢与展翅　直翅目、半翅目、同翅目、鞘翅目等虫体插针后，需将触角和足的姿势加以整理即可。而蝶蛾、蜻蜓、蜂等昆虫，插针后还需展翅。展翅时，翅的位置要标准。鳞翅目昆虫以两前翅后缘呈一直线为准，后翅前缘压在前翅后缘下，左右对称。蜻蜓目、脉翅目昆虫则以后翅的前缘呈一直线为准，前翅后缘稍向前倾。蝇类和蜂类以前翅的尖端与头相齐为准。最后把左右前后翅都固定后，盖上载玻片，放在通风干燥处，干燥后取下放入标本盒内。

装标签　每一个针插标本，须有采集签和鉴定签。用三级台标定两种标签的高度。

修补　在标本制作的过程中，虫体如有损坏，可用胶进行修补。

（2）浸渍标本的制作

昆虫的卵、幼虫、蛹或直翅目、鞘翅目、半翅目、同翅目等成虫都可制成浸渍标本保存。浸渍前使虫饥饿1～2天，排净体内粪便；活的幼虫先用热水杀死（绿色幼虫除外）。

① 一般浸渍液　有酒精液、福尔马林液、冰醋酸、福尔马林、酒精混合液等。

② 保色浸渍液　有一般保色液、绿色幼虫液、红色幼虫液、黄色幼虫液等。标本放入浸渍液后，要加盖密封，并贴上标签。浸渍液需定期更换。

（3）生活史标本制作

它是按昆虫一生发生的顺序：卵、幼虫、蛹、成虫、及危害状，一同装入标本盒内，并放驱虫剂，在盒的左下角放上标签。

（4）玻片标本的制作

对于微小型昆虫，如蚜虫、赤眼蜂等，需制成玻片标本。步骤：材料准备、氢氧化钾液加热处理、清洗、染色、混合液脱水、透明、用油替换混合液、封片，最后贴上标签。

3. 昆虫标本的保存

昆虫标本在保存过程中易受虫蛀和霉变，其次是光照退色、灰尘污染及鼠害等。因此，对长期保存的标本要特别注意防霉、防虫蛀，盒内要放入防虫药品，且要定期对标本进行烘烤处理或药剂熏杀。若标本被虫蛀，立即高温烘烤或药剂熏蒸；若标本发霉，用二甲苯处理。

4. 昆虫标本的鉴定

通过查阅有关专著、杂志等资料，将采集的昆虫标本进行鉴定，或寄送有关专家审定。

5. 实训要求

（1）实训前对实训内容要有所了解。
（2）实训时要做好记录。
（3）本实训要求安排 4 学时。

6. 实训报告

（1）识别当地园林植物主要害虫，完成昆虫标本采集、制作与保存。
（2）写出昆虫针插标本制作的步骤。
（3）昆虫标本的采集制作过程中，应注意哪些问题？

6.18 实训 11：园林植物病害标本的采集、制作与鉴定

1. 实训目的

通过实习，掌握植物病害的采集、制作与鉴定的方法，熟悉当地园林植物常见病害种类、症状特征及发生情况，为识别园林植物病害和从事病虫害防治工作奠定基础。

2. 实训材料和用具

采集箱、标本夹、标本纸、刀、剪子、锯、放大镜、挑针、镊子、铅笔、记录本、标签、载玻片、盖玻片、蒸馏水、标本瓶、显微镜、烧杯、酒精灯及病害标本保存液和挂图等。

3. 实训内容

（1）植物病害标本的采集。

(2) 植物病害标本的制作。
(3) 植物病害标本的鉴定。

4. 实训方法与步骤

1. 植物病害标本的采集

(1) 采集用具
① 采集箱或采集袋　用于采集易损坏的组织，如果实、根、块根、茎、块茎等。
② 标本夹　用来压标本的木夹。适用于夹压各种含水分不多的枝叶病害标本。
③ 标本纸　应选用吸水力强的纸张，可较快吸除标本内的水分。
④ 放大镜、镊子、刀、剪子、锯、放大镜、塑料袋、铅笔、记录本等。

(2) 采集方法及注意问题
将植株的有病部位（如根、叶）连同健全部分，用刀取下。适于干制的，应随采随压在标本夹中。对柔软肉质多汁类标本，用塑料袋包好，再放在采集箱中。合格标本须具备：① 症状典型 ②病症明显 ③避免混杂 ④随采随记录 ⑤采重复份量 ⑥随采随压制

2. 植物病害标本的制作

采回的标本，除部分作分离鉴定外，对于典型症状最好先摄影，然后按标本的性质等制成各种类型的标本。病害标本的制作方法有干制（蜡叶）法、浸渍法等。

(1) 干制法
把叶、茎、去掉果肉的病果及水分不多、较小适于干制的标本，可夹于标本夹内数天即成。蜡叶干制标本是记录植物病症特性的简单而经济的方法。主要原则是在短期内把标本干燥压平，并能保持比较真实的原色。故制作的好坏，关键在于随采随压、勤换纸、勤翻晒。

(2) 浸渍法
有些标本，如腐烂的果实、幼苗和嫩叶等，为了保存原有的特点须放在浸渍液中保存。
一般浸渍液　有酒精浸渍液、福尔马林浸渍液、福尔马林、酒精混合液等。
保色浸渍液　有保绿浸渍液、保红浸渍液、黑色及紫黑色浸渍液等。

3. 植物病害标本的鉴定

病害标本鉴定应根据在田间的分布情况和症状特点，初步确定是侵染或非侵染性病害。
(1) 按病原分类　真菌、细菌、病毒、线虫等。通过镜检进一步鉴定属霜霉、灰霉、白粉等哪类真菌病害的种类。也可进行保湿培养或其他培养方法诱发病原物，再进行鉴定。
(2) 症状类别区分　将采到的病害进行分类鉴定。并把症状明显的病害按不同方法保存。

5. 实训要求

（1）实训前对实训内容要有所了解。
（2）实训时要做好记录。
（3）本实训要求安排4学时。

6. 实训报告

（1）识别当地园林植物主要病害，完成植物病害标本采集制作。
（2）每人采集制作园林植物病害标本10~15种，每种标本的数量至少5件。

习题参考答案

第 1 章

1. 昆虫具有哪些特征？与其它动物有什么不同？

答：成虫整个体躯分头、胸、腹三体段。胸部具有 3 对分节的足，通常还有 2 对翅，在生长发育过程中，需要经过一系列内部结构及外部形态的变化，即变态，具外骨骼。

2. 昆虫的口器有哪些类型？

答：各种昆虫因食性和取食方式不同，口器在构造上也有不同的类型。取食固体食物的为咀嚼式，取食液体食物的为吸收式，兼食固体和液体两种食物的为嚼吸式。吸收式口器按其取食方式又可分为刺吸式、锉吸式、刮吸式、虹吸式、舐吸式。

3. 举例说明昆虫常见的触角、足和翅的类型？

答：（1）昆虫触角的形状因昆虫的种类和雌雄不同而多种多样。常见的有：丝状（线状）：如蝗虫、螽蟖；刚毛状：如蝉、蜻蜓等；念珠状：如白蚁等；锯齿状：如叩头甲等；栉齿状：如芫菁雄虫、某些甲虫等；膝状：如蜜蜂、象甲等；球杆状或棒状：如蝶类；锤状：如小蠹甲、瓢虫等；羽毛状：如雄性蚕蛾、毒蛾等；环毛状：如雄性蚊子；具芒状：如蝇类；鳃片状：如金龟甲。

（2）足的类型有：① 步行足：如步行甲、蚂蚁、瓢虫、蝽象等的足；② 跳跃足：如蝗虫、蟋蟀等的后足；③ 捕捉足：如螳螂、猎蝽的前足；④ 开掘足：如蝼蛄的前足；⑤ 游泳足：如龙虱、水龟虫等水生昆虫的后足；⑥ 携粉足：如蜜蜂的后足。

（3）翅的类型：
① 膜翅：如蜂类、蜻蜓的前后翅，甲虫、蝗虫、蝽象等的后翅；② 复翅：如蝗虫等昆虫的前翅；③ 鞘翅：如甲虫类的前翅；④ 半鞘翅：如蝽象前翅；⑤ 鳞翅：如蛾蝶类的翅；⑥ 缨翅：如蓟马的翅；⑦ 平衡棒：如蝇的后翅。

4. 根据哪些特征可以把鳞翅目蛾类幼虫与膜翅目叶蜂的幼虫区分开？

答：鳞翅目蛾类幼虫一般有 2～5 对腹足，腹足端部常具趾钩。膜翅目叶蜂的幼虫一般有 6~8 对腹足，腹足端部无趾钩。

5．不同变态类昆虫各虫态的生物学意义如何？

答：不完全变态的昆虫幼虫与成虫形态、习性和生活环境相似，仅体小、翅和附肢短，性器官不成熟。但也有一些昆虫如蜻蜓的成虫陆生，幼虫营水生生活，幼虫在形态和生活习性上与成虫明显不同。还有一些昆虫如粉虱和雄性介壳虫，幼虫在转变为成虫前有一个不食不动的类似蛹的时期。

完全变态类的幼虫不仅外部形态和内部器官与成虫很不相同，而且，生活习性也完全不同。从幼虫变为成虫过程中，口器、触角、足等附肢都需要经过重新分化。因此，在幼虫与成虫之间要历经"蛹"来完成剧烈的体型和器官的变化。

卵是一个不活动的虫态，昆虫对产卵和卵的构造本身都有特殊的保护性适应。幼虫期的明显特点是大量取食，积累营养，迅速增大体积，对园林植物的危害最严重，因而常常是防治的重点时期。蛹是个不活动的虫期，蛹期不取食，也很少进行主动的移动，缺少防御和躲避敌害的能力，而内部则进行着激烈的器官组织的解离和生理活动。成虫期的主要任务是交配产卵，繁殖后代。因此，成虫期本质上是昆虫的生殖期。

6．休眠与滞育有何不同？

答：休眠是由于不良环境条件直接引起的昆虫暂时停止生长发育的现象。当不良环境条件解除后，即可恢复正常的生命活动。滞育是由于环境条件（但通常不是不良环境条件）和昆虫的遗传特性的影响或诱导而造成昆虫的生长发育暂时停止的现象。昆虫一旦进入滞育，即使给以最适宜的条件，也不能打破滞育。

7．昆虫的哪些生物学习性可被利用来防治害虫？

答：（1）利用昆虫的趋性：可设置黑光灯诱杀有趋光性的昆虫，如灯蛾、夜蛾等；利用趋化性，用糖醋液来诱杀地老虎类。（2）利用害虫的假死习性进行人工扑杀。（3）利用害虫的群集习性进行人工扑杀。

8．温度、湿度、光、风、土壤因素和生物因素对昆虫的主要影响是什么？

答：温度是影响昆虫的重要环境因子，也是昆虫的生存因子。昆虫是变温动物，体温随环境温度的高低而变化。体温的变化可直接加速或抑制代谢过程。因此，昆虫的生长、发育、生殖、遗传、分布和行为等生命活动直接受外界温度的支配。

昆虫对湿度的要求依种类、发育阶段和生活方式不同而有差异。最适范围，一般在相对湿度 70%~90%，湿度过高或过低都会延缓昆虫的发育，甚至造成死亡。降雨不仅影响环境湿度，也直接影响害虫发生的数量，其作用大小常因降雨时间、次数和强度而定。

光强度对昆虫活动和行为的影响，表现于昆虫的日出性、夜出性、趋光性和背光性等昼夜活动节律的不同。许多昆虫对光周期的年变化反应非常明显，表现于昆虫的季节生活史、滞育特征、世代交替以及蚜虫的季节性多型现象。

风对环境的湿度有影响，可以降低气温和湿度，从而对昆虫的体温和水分发生影响。但风对昆虫的影响主要是昆虫的活动，特别是昆虫的扩散和迁移受风影响较大，风的强度、速度和方向，直接影响其扩散和迁移的频度、方向和范围。

食物是昆虫最重要的生存因子，对昆虫的分布有决定性作用。在自然界昆虫染病致死或被其它动物所寄生或捕食的现象是相当普遍的。每一种昆虫都存在大量的捕食者和寄生物，这些自然界的敌害被称为天敌。天敌是影响害虫种群数量的一个重要因素。

第 2 章

1. 园林植物病害与损伤有何本质区别？

答：园林植物病害有一定的病理变化过程，病变首先表现在生理上，其次是组织上，最后是形态上。而园林植物的损伤没有发生病理变化过程。

2. 侵染性病害与非侵染性病害在发生特点上有什么不同？

答：侵染性病害能相互传染，有侵染过程，田间出现中心病株，有从点到面扩展危害的过程；非侵染性病害不能互相传染，没有侵染过程，常大面积成片发生，全株发病。

3. 简述植物病原真菌、细菌、病毒和植原体的发生特点及防治技术？

答：（1）真菌典型的生活史包括无性阶段和有性阶段。一般情况有性孢子萌发形成菌丝体，菌丝体在适宜的条件下产生无性孢子，无性孢子萌发形成新的菌丝体，再产生无性孢子，在一个生长季节中，这样反复多次，即为无性阶段。生长季节末期，真菌产生有性孢子。植物病原真菌的孢子或菌丝借助于气流、水、动物和带菌的种苗、接穗、插条、球根或土壤等进行传播，寄生性强的主要通过直接侵入或自然孔口侵入，寄生性弱的从伤口侵入。适温高湿利于病害的发生，症状表现多种多样。

真菌病害的防治主要是加强检疫、清除侵染来源、加强栽培管理提高植物抗病能力、选用抗病品种和健壮苗木、发病期喷药等措施进行防治。

（2）植物病原细菌主要从自然孔口或伤口侵入，侵染最主要的条件是高湿度。细菌性病害的病斑初期有半透明水渍状晕圈出现，后期空气潮湿时有菌脓溢出。其症状有斑点、溃疡、穿孔、癌肿、枯萎等类型。一般在病株或残体上越冬，主要通过雨水的飞溅、流水（灌溉水）、昆虫、线虫、风和带细菌病害的种苗、接穗、插条、球根或土壤等进行传播。一般高温、多雨，尤以暴风雨后，湿度大，施用氮肥过多等有利于细菌病害的发生和流行。

细菌病害的防治，主要在于预防，其中以杜绝和消灭植物病原细菌的侵染来源为主，此外，应避免形成伤口，及时保护伤口，防止细菌侵入。

（3）病毒主要通过叶蝉和蚜虫等刺吸式口器的害虫、病健株之间的接触、嫁接等栽培操作活动及种苗调运等方式进行传播。病毒由微伤口侵入植物后，进入韧皮部，在筛管内随营养液体的流动进行系统侵染，常引起花叶、黄化、矮化、萎蔫、畸形等类型的病状。

目前，对于病毒病尚没有可行的防治药物，因此，在压制传毒昆虫的基础上，采用无毒苗显得十分必要。

（4）植原体可寄生在植物和传毒昆虫体内。在植物体内只存在于韧皮部筛管和伴胞细胞内，通过筛孔在筛管中流动而感染整个植株。植原体主要通过叶蝉类昆虫吸食活动传播，也有繁殖过程中苗木间的传播。常引起黄化、丛枝、萎缩、花器变形等症状类型。

植原体病害的防治应在消灭传毒昆虫的基础上，采用茎尖组织培养脱毒法，建立无病苗圃，对种苗采取严格的检疫措施。用四环素、金霉素、地霉素、土霉素等抗菌素对病株反复浸根，防治效果较好。此外还可以用环剥病枝皮层等方法进行防治。

4．请说明病原物寄生性与致病性之间的关系？

答：病原物的寄生性与致病性是两个不同的概念，前者是指病原物对寄主的依赖程度，后者是指病原物对寄主破坏性的大小。病原物的寄生性与致病性是密切相关的，寄生性不同的病原物，其致病性也不同。两者可以是一致的，也可以是不一致的。一般说来，寄生性强的病原物对寄主破坏性小，寄生性弱的病原物反而对寄主的破坏性大。

5．如何理解寄主植物的垂直抗病性与水平抗病性？

答：垂直抗病性是指一个植物品种只对病原物的某些生理小种起作用。即指同一植物的不同品种受同一种病原物的不同生理小种侵害时，其抗性表现有明显的差异。

水平抗病性是指一个植物品种对相应病原物的所有生理小种起作用。同一植物的一系列不同品种受同一种病原物的不同生理小种所侵害，其抗性表现比较一致。即特定寄主植物品种所表现的抗性水平对病原物所有的生理小种都相同。

垂直抗病性由主基因或寡基因控制，其抗性水平高，稳定性不如水平抗性。但通过抗性基因的聚合，可以育成抗性高而持久的品种。水平抗病性由多基因控制，抗性水平低等或中等，但稳定性持久。

6．阐述如何寻找并利用植物病害侵染循环的薄弱环节，达到控制植物病害的目的。

答：病害有无再侵染与防治有密切的关系，对只有初侵染的病害，只要清除越冬病原物，消灭初侵染源就可使病害得到防治。对于有再侵染的病害，除清除越冬病原物外，及时铲除发病中心，消灭再侵染源，是行之有效的防治措施。

病原物越冬期间处于休眠状态，是其侵染循环中最薄弱的环节，加之潜育场所比较固定集中，容易控制和消灭。因此，查明病原物的越冬场所，加以控制或消灭，是防治植物病害争取主动的有力措施。如对在病株残体上越冬的病原物，可采取收集并烧毁枯枝落叶，或将病残组织深埋土内的办法消灭病原物。种子、苗木、鳞茎、球茎、块根或其它繁殖材料带菌时，需加强植物检疫，进行种子处理、苗木消毒，杜绝病害的扩大蔓延。铲除锈病的转主寄主，切断其侵染循环，控制锈病发生。实行土壤消毒、苗圃轮作和施用充分腐熟的有机肥料是防止土壤、肥料大量带菌的重要措施。

植物病害通过传播得以扩展蔓延和流行。因此，了解病害的传播途径和条件，设法杜绝传播，可以中断侵染循环，控制病害的发生与流行。

7．请说明柯赫氏法则的证病步骤。

答：柯赫氏法则的证病步骤如下：
（1）共存性观察：被疑为病原物的生物必须经常被发现于感病植物上。
（2）分离：必须把该生物从感病植物体上分离出来，并得到纯培养物。
（3）接种：用纯培养物接种健康植株，又引起相同的病害。
（4）再分离：再度分离并得到纯培养物，此纯培养物性状与接种所用的纯培养物完全相同。

第3章

1．为什么说园林技术措施是治本的措施？

答：园林技术措施防治就是通过改进栽培技术措施，使环境条件不利于病虫害的发生，而利于园林植物的生长发育，直接或间接地消灭或抑制病虫发生和危害。这种方法不需要额外投资，而且又有预防作用，可长期控制病虫害，因而是最基本的防治方法。

2．化学农药防治园林植物病虫害的优缺点是什么？怎样发扬优点，克服缺点？

答：化学防治具有快速、高效、使用方便、不受地域限制、适于大规模机械化操作等优点，但也容易引起人畜中毒、污染环境、杀伤天敌，引起次要害虫的大发生。但化学防治可能是唯一有效的方法，今后相当长时期内化学防治仍占重要地位。至于化学防治的缺点，可通过发展选择性强、高效、低毒、低残留的农药，改变施药方式，减少用药次数等逐步加以解决，并与其它防治方法相结合，扬长避短，充分发挥化学防治的优越性，减少其毒副作用。

3．阻止危险性病虫害传播，应强化哪些措施？

答 ：（1）禁止危险性病虫害及杂草随着植物及其产品由国外输入或国内输出。（2）将国内局部地区已发生的危险性病虫害及杂草封锁在一定的范围内，防止其扩散蔓延，并采取积极有效的措施，逐步予以清除。（3）当危险性病虫害及杂草传入新的地区时，应采取紧急措施，及时就地消灭。

4. 使用化学农药时，为什么要考虑农药的品种与剂型？

答：（1）不同的农药品种，其杀虫、杀菌、除草的范围各不相同，必须对症下药；（2）不同的剂型，其使用范围差异很大，如颗粒剂只能进行土壤处理，不能喷粉或兑水喷雾。在具体的防治病虫害及杂草的过程中，必须针对农药的品种特性及剂型加以选择。

计算题：用 1%阿维菌素乳油 10mL 加水稀释成 2 000 倍药液，求稀释液质量。

答：稀释液重量=1×2 000=2 000 (ml)=2 (kg)

第 4 章

1. 园林植物叶部害虫、吸汁害虫的危害特点是什么？

答：园林植物食叶害虫的危害特点是：（1）危害健康的植株，猖獗时能将叶片吃光，削弱树势，为天牛、小蠹虫等蛀干害虫侵入提供适宜条件。（2）大多数食叶害虫营裸露生活，受环境因子影响大，其虫口密度变动大。（3）多数种类繁殖能力强，产卵集中，易爆发成灾，并能主动迁移扩散，扩大危害的范围。

园林植物吸汁害虫的危害特点是（1）以刺吸式口器吸取幼嫩组织的养分，导致枝叶枯萎。（2）能分泌大量蜜露，引致煤污病的发生。（3）多数种类为媒介昆虫，可传播病毒和植原体病害。

4. 如何开展园林植物叶部害虫的综合治理工作？结合实际进行操作。

答（1）加强园林技术措施，提高植株的抗虫能力。（2）加强预测预报，控制害虫发源地。（3）根据害虫习性，掌握有利防治时机。（4）结合当地实际，充分利用天敌生物的控灾能力。（5）合理使用化学农药。

5. 吸汁类害虫有哪些共同特性？

答（1）成虫和若虫均能危害。（2）发生代数多，虫口密度大，高峰期明显。（3）个体小，繁殖力强，发生初期危害状不明显，易被人忽视。（4）扩散蔓延迅速，借风力、苗木等远距离传播。

6. 如何防治蚜虫？应注意哪些问题？

答：（1）注意检查虫情，抓紧早期防治。盆栽花卉上零星发生时，可用毛笔蘸水刷掉，刷时要小心轻刷、刷净，避免损伤嫩梢、嫩叶，刷下的蚜虫，要及时处理干净，以防蔓延。

（2）保护和利用天敌。适当栽培一定数量的开花植物，有利于天敌活动。瓢虫、草蛉等天敌已能大量人工饲养后适时释放。另外蚜霉菌等亦能人工培养后稀释喷施。（3）烟草末40g加水1kg，浸泡48h后过滤制得原液。使用时加水1kg稀释，另加洗衣粉2~3g或肥皂液少许，喷施。搅均后喷洒植株，有很好的防治效果。（4）药剂防治。尽量少用广谱触杀剂，选用对天敌杀伤较小的、内吸和传导作用大的药物。虫口密度大时，可喷施10%吡虫啉可湿性粉剂2 000倍液、50%辟蚜雾乳油3 000倍液、10%多来宝悬浮剂或50%抗蚜威可湿性粉剂4 000倍液，或地下埋施涕灭威防治卷叶危害的蚜虫。（5）物理防治。利用涂有黄色胶液的纸板或塑料板诱杀有翅蚜虫，或采用银白色锡纸反光，拒栖迁飞的蚜虫。

7．防治介壳虫有哪些关键措施？

答：（1）加强植物检疫，禁止有虫苗木输出或输入。（2）园林技术措施防治。通过园林技术措施来改变和创造不利于介壳虫发生的环境条件。（3）化学防治。冬季和早春植物发芽前，可喷施1次波美度3~5石硫合剂、3~5%柴油乳剂、10~15倍的松脂合剂或40~50倍的机油乳剂，消灭越冬代若虫和雌虫。在初孵若虫期进行喷药防治。常用药剂有：10%吡虫啉可湿性粉剂1 500倍液，每隔7~10d喷1次，共喷2~3次，喷药时要求均匀周到。用10%吡虫啉乳油5~10倍液打孔注药，或地下埋施15%涕灭威颗粒剂。（4）生物防治。介壳虫天敌多种多样，种类十分丰富，因此，在园林绿地中种植蜜源植物、保护和利用天敌。在天敌较多时，不使用药剂或尽可能不使用广谱性杀虫剂，在天敌较少时进行人工助迁或人工饲养繁殖，发挥天敌的自然控制作用。

8．危害园林植物的螨类主要有哪些种类？怎样防治？

答：危害园林植物的螨类主要有：针叶小爪螨、榆全爪螨、朱砂叶螨、山楂叶螨、二点叶螨、柑橘全爪螨、柏小爪螨、卵形短须螨等，教材上主要介绍前两种。

主要防治措施有：（1）加强栽培管理，搞好圃地卫生，及时清除园地杂草和残枝虫叶，减少虫源；改善园地生态环境，增加植被，为天敌创造栖息生活繁殖场所。

（2）越冬期防治。叶螨越冬的虫口基数直接关系到翌年的虫口密度，因而必须做好有关防治工作，以杜绝虫源。对木本植物，刮除粗皮、翘皮，结合修剪，剪除病、虫枝条，诱集越冬雌螨，翌年春天收集烧毁。

（3）药剂防治。发现红蜘蛛在较多叶片危害时，应及早喷药。防治早期危害，是控制后期猖獗的关键，可喷施15%达螨灵乳油1 500倍液、50%阿波罗悬浮剂5 000倍液、73%克螨特乳油2 000倍液。喷药时，要求做到细微、均匀、周到，要喷及植株的中、下部及叶背等处，每隔10~15d喷1次，连续喷2~3次，效果好。

（4）生物防治。叶螨天敌种类很多，注意保护瓢虫、草蛉、小花蝽、植绥螨等天敌。

9．天牛类害虫有哪些？如何防治？

答：危害园林植物的天牛类害虫主要有：黄斑星天牛、光肩星天牛、青杨天牛、松天牛、星天牛等。

主要防治措施有：（1）适地适树，采取以预防为主的综合治理措施。加强管理，增强树势。

（2）人工防治。① 利用成虫羽化后在树冠活动（补充营养、交尾和产卵）的一段时间，人工捕杀成虫。② 寻找产卵刻槽，可用锤击、手剥等方法消灭其中的卵。③ 用铁丝钩杀幼虫。特别是当年新孵化后不久的小幼虫，此法更易操作。

（3）饵木诱杀。对公园及其它风景区古树名木上的天牛，可采用饵木诱杀，并及时修补树洞，干基涂白等，以减少虫口密度，保证其观赏价值。

（4）保护利用天敌。如人工招引啄木鸟。

（5）药剂防治。在幼虫危害期，先用镊子或嫁接刀将有新鲜虫粪排出的排粪孔清理干净，然后塞入磷化铝片剂或磷化锌毒签，并用粘泥堵死其它排粪孔，或用注射器注射80%敌敌畏。在成虫羽化前喷施8%绿色威雷触破式微胶囊剂。

11．根部害虫的发生特点是什么？

答：根部害虫的发生特点为：
（1）分布广，食性杂，危害重。常造成缺苗断垄，地上部分叶片枯黄，甚至植株死亡。
（2）取食根部、茎基部、种子等。
（3）在地下串土危害，造成根土分离。
（4）发生时间长，危害较隐蔽。
（5）防治困难。

12．如何配制毒饵诱杀蝼蛄和地老虎？

答：用 10%吡虫啉可湿性粉剂，拌入 50kg 煮至半熟或炒香的饵料（麦麸、米糠等）作毒饵，傍晚均匀撒于苗床上诱杀蝼蛄。

在春季成虫羽化盛期，用糖醋液诱杀地老虎成虫。糖醋液配制：糖∶醋∶酒∶水＝9∶3∶1∶10∶1，再加 10%吡虫啉可湿性粉剂均匀混合，盛于盆中，近黄昏时放在苗圃地中。

第 5 章

1．园林植物叶部病害的危害特点是什么？

答：园林植物叶部病害的危害特点是：（1）初侵染源主要来自于病落叶，潜育期短，有多次再侵染发生；（2）病害主要通过风、雨、昆虫和人类活动传播（3）常引起叶片斑点，支离破碎，甚至提前落叶、落花，严重削弱花木的生长势。

2．炭疽病类的典型症状是什么？锈病类的防治措施有哪些？

答：炭疽病类的典型症状是：病斑较大，近圆形或不规则形，轮纹状，黄褐色至褐色，中央灰白色，后期其上散生或轮生许多小黑点，病健交界处稍隆起。潮湿条件下，小黑点上生有淡红色黏液（分生孢子堆）。

锈病类的防治措施：（1）在园林设计栽培时，合理配置园林植物是防治转主寄生的锈病发生的重要措施。为了预防海棠锈病，在园林植物配置上避免海棠和桧柏类针叶树混栽，如因景观需要必须一起栽植，则应考虑将桧柏针叶树栽在下风向，并加强栽培管理，提高抗病性；（2）结合庭院清理和修剪，及时将病枝芽、病叶等集中烧毁，以减少病原（3）在休眠期喷洒 3 波美度的石硫合剂可以杀死在芽内及病部越冬的病原菌。生长季节喷洒 25%粉锈宁可湿性粉剂 1 500 倍液。12.5%烯唑醇可湿性粉剂 3 000 倍液，可起到较好的防治效果。

4．如何开展园林植物叶部病害的综合治理工作？结合实际进行操作。

答：（1）改善环境条件，控制病害发生。如土肥水的科学管理，通风透光条件的改善，合理密植。（2）减少侵染来源和喷药保护是园林植物叶部病害防治的主要措施。（3）生长季节一旦叶部病害发生严重，化学防治成为必要的措施。

5．简述月季枝枯病的症状特点？

答：月季枝枯病的症状主要发生于枝干。发病初期，枝干上出现灰白、黄或红色小点，逐渐扩大为椭圆形至不规则形病斑，病斑中央灰白色或浅褐色，边缘紫色，后期病斑下陷，表皮纵向开裂。溃疡斑上着生许多黑色小颗粒，即病菌的分生孢子器。老病斑周围隆起，病斑环绕枝条一周，引起病部以上部分枯死。

6．简述杨树烂皮病和杨树溃疡病的区别？

答：杨树烂皮病的典型症状为：病斑淡褐色，病部皮层变软。水渍，易剥离和具酒糟味，病部失水干缩和开裂，皮层纤维分离，木质部浅层褐色，后期病部出现大而稀疏的针头状黑色小突起（分生孢子器），遇雨后挤出橘黄色卷丝（孢子角），枝、干枯死，进而全株死亡。

杨树溃疡病的典型症状为：此病有溃疡型和枝枯型 2 种症状。溃疡型：褐色病斑，圆形或椭圆形，大小在 1cm，质地松软，手压有褐色臭水流出。有时出现水泡，泡内有略带腥味的黏液。5、6 月份水泡自行破裂，流出黏液，随后病斑下陷，很快发展成长椭圆形或长条形斑，病斑上散生许多小黑点（分生孢子器），最后病斑停止发展，在周围形成一隆起的愈伤组织，中央裂开，形成典型的溃疡斑。枯梢型：在当年定植的幼树主干上先出现不明显的小斑，呈红褐色，2～3 月后病斑迅速包围主干，致使上部梢头枯死，随后在枯死部位出现小黑点。

9. 枝干病害的发生特点与其它病害类型有什么不同？

答：枝干病害的发生特点表现为：枝干病害种类不如叶、花、果病害多，但对园林植物的危害性很大，往往引起枝枯或全株枯死。

10. 幼苗猝倒病的发生有何特点，怎样防治？

答：（1）发生特点：下列情况下发病重，即长期连作感病植物，土壤中积累了较多的病原菌；种子质量差、发芽率低；幼苗出土后遇连续阴雨、阳光不足、幼苗木质化程度差、抗病力低；在栽培上播种迟、覆土深、揭草不适时、施用未腐熟的有机肥等。

（2）防治措施：① 选好圃地。用新垦山地育苗，苗木不连作，土中病菌少，苗木发病轻。② 选用良种。选成熟度高、品质优良的种子，适时播种，增强苗木抗病性。③ 土壤和种子消毒。用五氯硝基苯为主的混合剂处理土壤和种子。混合比例为75%五氯硝基苯，其它药剂25%（如代森锌或敌克松），用量为 4～6g/m^2。配制方法是：先将药量称好，然后与细土混匀即成药土。播种前将药土在播种行内垫1cm厚，然后播种，并用药土覆盖。④ 药剂防治。幼苗发病后，用1%硫酸亚铁或70%敌克松500倍稀释液喷雾，或用1:1:120～170的波尔多液，每隔10天喷1次，共喷3～5次。

11. 细菌性根癌病的症状有何特点，怎样防治？

答：（1）发生特点：下列情况下发病重 土壤中积累了较多的病原菌；连作；种子质量差、发芽率低；幼苗出土后遇连续阴雨、阳光不足、幼苗木质化程度差、抗病力低；在栽培上播种迟、覆土深、揭草不适时、施用生肥等；土壤黏重、排水不良发病重；管理粗放或地下害虫多发病重。

（2）防治措施：参照根结线虫病防治之外，还可以：① 病苗须经药液处理后方可栽植，可在500～2 000mg/kg链毒素中浸泡30min或在1%硫酸铜溶液中浸泡5min。发病植株可用300～400倍的"402"浇灌或切除肿瘤后用300～2 000mg/kg链毒素或用500～1 000mg/kg土霉素涂抹伤口。② 生物防治。用放射型土壤杆菌菌株84处理种子、插条、裸根苗及接穗，浸泡或喷雾。处理过的材料，在栽种前要防止过干。

12. 怎样防治根结线虫病？

答：（1）发生特点：危害根部、根茎交界处或茎干，形成大小不一的木栓化瘤。病原细菌可在病瘤内或土壤病株残体上生活1年以上，若2年得不到侵染机会，细菌就会失去致病力和生活力。病原细菌传播的途径有灌溉水、雨水、插条、嫁接、园艺工具、地下害虫等传播。远距离传播靠病苗和种条。苗木根部伤口多时发病重。

（2）防治措施 ① 病土须经热力或药剂处理后方可使用，病区应实施2年以上的轮作。

② 病苗处理用 100 倍硫酸铜溶液或 50 倍抗菌剂 402 溶液消毒切口,再外涂波尔多液保护,也可用 400 单位链霉素涂切口,外涂凡士林保护,切下的病瘤立即烧毁;病株周围的土壤可用抗菌剂 402 的 2 000 倍液灌注消毒;在生长期对病株可用 10%力满库(克线磷)施于根际附近,用量为 45～75kg/ha ③ 生物防治。在发病前,使用 K84 生物保护剂。

参 考 文 献

[1] 李成德. 森林昆虫学 [M]. 北京：中国林业出版社，2004.
[2] 江世宏. 园林植物病虫害防治 [M]. 重庆：重庆大学出版社，2007.
[3] 江世宏. 昆虫标本名录 [M]. 北京：北京农业大学出版社，1993.
[4] 江世宏，王永全. 中国昆虫叩甲图志 [M]. 北京：中国农业出版社，1999.
[5] 张中社. 园林植物病虫害防治 [M]. 北京：高等教育出版社，2005.
[6] 张执中. 森林昆虫学 [M]. 北京：中国林业出版社，1993.
[7] 张随榜. 园林植物保护 [M]. 北京：中国农业出版，2001.
[8] 张文吉. 新农药应用指南 [M]. 北京：中国林业出版社，1995.
[9] 李孟楼. 森林昆虫学通论 [M]. 北京：中国林业出版社，2002.
[10] 李传道. 森林病害的流行与治理 [M]. 北京：中国林业出版社，1996.
[11] 李清西，钱学聪. 植物保护 [M]. 北京：中国农业出版社，2002.
[12] 李亚杰. 中国杨树害虫 [M]. 沈阳：辽宁科学技术出版社，1983.
[13] 王丽平，曹洪青. 园林植物保护 [M]. 北京：化学工业出版社，2006.
[14] 王绪捷. 河北森林昆虫图册 [M]. 河北： 河北科学技术出版社，1985.
[15] 王琳瑶，张广学. 昆虫标本技术 [M]. 北京：科技出版社，1983.
[16] 王德民. 农药实用技术大全 [M]. 天津：天津科学技术出版社，1996.
[17] 王险峰. 除草剂使用手册 [M]. 北京：中国农业出版社，2000.
[18] 王金生. 分子植物病理学 [M]. 北京：中国农业出版社，1999.
[19] 方三阳. 森林昆虫学 [M]. 哈尔滨：东北林业大学出版社，1988.
[20] 方中达. 植病研究方法 [M]. 北京：中国农业出版社，1996.
[21] 林焕章，张能唐. 花卉病虫害防治手册 [M]. 北京：中国农业出版社，1999.
[22] 林晃，虞轶俊. 南方果树主要病虫害防治指南 [M]. 北京：中国农业出版社，1998.
[23] 蔡帮华. 昆虫分类学（中册）[M]. 北京：科学出版社，1973.
[24] 蔡祝南、张中义等. 花卉病虫害防治大全 [M]. 北京：中国农业出版社，2003.
[25] 陈吕洁. 松毛虫综合管理 [M]. 北京：中国林业出版社，1990.
[26] 陈杰林. 害虫综合治理 [M]. 北京：中国农业出版社，1993.
[27] 韩召军. 植物保护通论 [M]. 北京：高等教育出版社，2001.
[28] 韩熹莱. 农药概论 [M]. 北京：北京农业大学出版社，1995.

[29] 徐明慧. 园林植物病虫害防治 [M]. 北京：中国林业出版社，2005.

[30] 徐公天. 园林植物病虫害防治 [M]. 北京：中国农业出版社，2003.

[31] 许志刚等. 普通植物病理学 [M]. 北京：中国农业出版社，1997.

[32] 袁锋. [M]. 北京：中国农业出版社，1996.

[33] 袁庆华、张卫国等. 牧草病虫鼠害防治技术 [M]. 北京：化学工业出版社，2004.

[34] 宋瑞清、董爱荣. 城市绿地植物病害及其防治 [M]. 北京：中国林业出版社，2001.

[35] 宋建英. 园林植物病虫病防治 [M]. 北京：中国林业出版社，2005.

[36] 管致和. 昆虫学概论 [M]. 2版. 北京：中国农业出版社，1993.

[37] 陆自强. 观赏植物昆虫 [M]. 北京：中国农业出版社，1995.

[38] 迟春富，严善春. 城市绿地植物虫害及其防治 [M]. 北京：中国林业出版社，2001.

[39] 宗兆锋，康振生. 植物病理学原理 [M]. 北京：中国农业出版社，2002.

[40] 曾士迈，肖悦岩. 植物病理学 [M]. 北京：中央广播电视大学出版社，1989.

[41] 郑进，孙丹萍. 园林植物病虫害防治 [M]. 北京：中国科学技术出版社，2005.

[42] 刘永齐. 经济林病虫害防治 [M]. 北京：中国农业出版社，2001.

[43] 夏希纳等. 园林观赏树木病虫害无公害防治 [M]. 北京：中国农业出版社，2004.

[44] 贺振. 花卉病虫害防治 [M]. 北京：中国林业出版社，2000.

[45] 丁万隆. 药用植物病虫害防治彩色图谱 [M]. 北京：中国农业出版社，2002.

[46] 萧刚柔. 中国森林昆虫 [M]. 北京：中国农业出版社，1992.

[47] 蒲蛰龙. 害虫生物防治原理 [M]. 北京：科学出版社，1984.

[48] 汪廉敏等. 黄杨绢野螟的危害及防治 [J]. 植物保护. 1988.

[49] 黄少彬. 园林植物病虫害防治 [M]. 北京：中国林业出版社，2000.

[50] 周尧. 昆虫图集 [M]. 郑州：河南 2001.

[51] 胡金林. 中国农林蜘蛛 [M]. 天津：天津科学技术出版社，1984.

[52] 唐祖庭. 昆虫分类学 [M]. 北京：中国林业出版社，1989.

[53] 吴福桢等. 中国农业百科全书昆虫卷 [M]. 北京：中国林业出版社，1990.

[54] 钱学聪. 农业分类学 [M]. 北京：中国农业出版社，1993.

[55] 彩万志等. 普通昆虫学 [M]. 北京：中国农业大学出版社，2001.

[56] 黑龙江省牡丹江林业学校. 森林病虫害防治 [M]. 北京：中国林业出版社，2003.

[57] 上海市园林学校. 园林植物保护学 [M]. 北京：中国林业出版社，1990.

[58] 北京农业大学. 昆虫学通论（上、下）[M]. 北京：中国农业出版社，1980.

[59] 湖南林业学校. 林果病虫害防治 [M]. 北京：中国林业出版社，1988.

[60] 中华人民共和国农业部. 农药登记公告汇编 [M]. 北京：中国农业大学出版，2006.

[61] 中国森木种子公司. 林木种实病虫害防治手册 [M]. 北京：中国林业出版社，1988.

[62] 中国林业科学研究院. 中国森林昆虫 [M]. 北京：中国农业出版社，1983.

[63] Alborn H.T. Turlings T.C.J, Jones T. H. et al., Anelicitorof plant volatiles from beet armyworm Oral secretion Scienc, 1997, 276: 945.

[64] Lou Y. G., Cheng J. A. Herbivore induced plant volatiles: Primary characteristlcs, ecological function sandpits release mechanism. Acta Ecol. Sin., 2000; 20(6): 1097~1106.

[65] Souissi R. Nenon J. P. Ru B. L et al. OLfactory responses of parasitoid *Apoanagyrus lopezi* to odor of plants, mealybugs and plant-mealybgug complexes. J. Chemical Ecology. 1998; 24(1): 37~48.

[66] Snodgrass R.E. Priciples of insect morphology.New Youk:McGraw-Hill,1935.

[67] Matheson R.. Entomology for introductory courses, 2nd ed. Ithaca, New Youk:Comstock Publishing Associates, 1951.